EDUARDO FERREYRA

CLIMA FEROZ

¿Catástrofe Inminente o,

La mayor estafa en la historia?

i

Clima Feroz

Primera edición: Agosto 2010

Maquetación: Eduardo Ferreyra
Diseño de tapa y arte: Juan Eduardo Ferreyra

Printed in Spain – Impreso en España

ISBN: 978-0-557-58679-0
Depósito legal:

INDICE

Clima Feroz

Prólogo

Una de las más profundas obligaciones de los científicos –y también de los periodistas- es proveer información fáctica sobre los hechos de la ciencia básica, la tecnología, el ambiente y la salud humana y hacerlo de una manera que pueda ser entendida por el público en general y, sobre todo, por aquellos que están encargados de diseñar las políticas que afectarán a los millones de habitantes de cualquier nación.

Sin embargo, hay un numeroso grupo de científicos que han decidido ignorar esta obligación y aceptar, en su lugar, la fama y el fácil reconocimiento que otorga la prensa a los anuncios y profecías catastróficas.

Esta peculiar clase de científicos, en realidad una modesta minoría, ha conseguido sin embargo atraer una desmedida atención sobre insistentes problemas e inminentes catástrofes que supuestamente amenazarían a la humanidad con una inevitable extinción.

Cuando reina la ignorancia, el asunto puede ser fácilmente convertido en miedo, a veces en pánico, y se transforma en situaciones que son hábilmente aprovechadas por una legión de extremistas ecológicos, periodistas sensacionalistas, científicos ávidos de "prensa y cámara" que les asegurarán fondos para seguir investigando presuntos riesgos; políticos "visionarios", burócratas hambrientos de poder; empresarios corruptos; y rapaces abogados. ¿Quiénes pierden? **Todos perdemos**.

Perdemos cuando los científicos no buscan más a la verdad sino que procuran la fácil celebridad de los medios de prensa y con ella el dinero que los gobiernos invierten en investigación haciendo afirmaciones que no han sido, o no pueden ser verificadas a corto plazo. Todos perdemos, la sociedad entera pierde, cuando los periodistas dejan de informar la verdad para contar solamente *"mentiras nobles"*.

Pero muy especialmente perdemos todos cuando permitimos que la gente que vive y trabaja la tierra, la gente que en verdad nos provee los alimentos que nos permiten sobrevivir, los obreros, técnicos y profesionales de la industria y del comercio comprueben cómo sus costos se van elevando cada vez más a causa del aumento de las regulaciones impulsadas por los ecologistas, los políticos y la gente que lucra y gana cada día más poder por medio de inicuos litigios y regulaciones prohibitivas.

Perdemos todos y seguiremos perdiendo mientras sigamos permitiendo que la verdad científica sea reemplazada por el más puro charlatanismo –cuando no lo es por el fraude científico más escandaloso. Por ello es que este libro presenta la información científica que le permitirá a cualquier persona formarse una opinión bastante acertada sobre una cantidad de temas relacionados con la ecología y el calentamiento global y tomar decisiones basadas en hechos científicos concretos y comprobables. Las reglas de oro de cualquier ciudadano responsable deben ser:

1. Buscar evidencias concretas y no argumentos emocionales;
2. Descartar todas las afirmaciones que carecen de base científica, aunque provengan de eminentes autoridades.
3. Formarse una opinión basada en los hechos científicos comprobados disponibles y en su propio sentido común.

Porque en el fondo de la cuestión ecológica yace una pregunta que aún se encuentra sin respuesta: **¿Qué pasó con el sentido común?**

Existe la opinión generalizada que, si a todas las ideas se les permite ser libremente expresadas e impulsadas, las mejores o las más válidas terminarán por prevalecer. Quizás esto sea cierto pero no hemos llegado nunca al estado en el cual *todas las ideas son libremente expresadas e impulsadas*. Los medios de prensa, incluyendo diarios, televisión y hasta los editores de revistas científicas parecen ya haber tomado partido por uno de los bandos: el bando *catastrofista*. ¿Por qué? Simplemente porque el escándalo, las catástrofes y las malas noticias venden diarios o elevan los ratings de los noticiosos de TV. La verdad y las buenas noticias no se cotizan en el mercado de los medios de difusión. Lo que importa es *"lo que la gente ha sido impulsada a creer que es la verdad"*.

De tal forma, intentar aclarar las cosas, publicar desmentidas, demostrar las falsedades de todo el catastrofismo ambientalista es una tarea que tiene muy pocas posibilidades de éxito. Los científicos que osan hablar diciendo la verdad terminan como verdaderos parias de la comunidad científica. Son catalogados de *"herejes"*, o *"negacionistas"*, agrupándolos junto a quienes niegan el horrible Holocausto de los campos de concentración nazis.

Sin embargo, a pesar de tener esto muy bien asumido, las personas honestas ya sean científicos, periodistas, escritores o simples ciudadanos lo intentarán de todas formas.

Después de largos años de estudio e investigación en el tema ecología y accionar político de las organizaciones ecologistas, he llegado a una conclusión que suena a Perogrullada: la solución a nuestros problemas futuros se reducen al *atinado uso de la ciencia* y a la *correcta aplicación* del concepto de **JUSTICIA**.

Como en cualquier tribunal, se deben analizar las evidencias reales y comprobadas y confrontarlas con la acusación. El jurado, una vez escuchados los alegatos de las partes, y examinadas las pruebas presentadas, por chocantes, escandalosas o repugnantes que pudiesen resultar, emiten su veredicto para que los Jueces hagan Justicia.

¿Y qué es la **JUSTICIA**? La Justicia es apenas la aplicación correcta e imparcial de una Ley sabia, pareja para todos los habitantes de una Sociedad. La **LEY**, por su parte, no es otra cosa que el trémulo e imperfecto intento de la sociedad para codificar a la **DECENCIA**... y que todos nos guiemos por esos códigos, más tácitos que escritos para poder ser personas **DECENTES**.

Decencia, decencia,... ¿se acuerdan? Decencia era aquello que nos enseñaron nuestros abuelos cuando éramos niños, y ellos ya gozaban en pleno de la Sabiduría, cosa que se logra aunando conocimientos, experiencia y mucho, **mucho sentido común**. Decentes son todos aquellos que intentan que la verdad sea conocida, aunque sepan de antemano que es una causa perdida.

Es importante conocer la opinión vertida por el periodista francés Luc Ferry en la revista *L'Express*, a mediados del año 1993, en un artículo titulado *De Rojos a Verdes*. Como es imposible transcribirlo todo, sólo citaré algunos párrafos muy interesantes:

> *"Ecologistas al Rescate: ¿Cómo sustraerse al temor, cómo no apelar una vez más y siempre a los ecólogos para que vengan a salvarnos? La cuestión es que todo este asunto probablemente no es más que un gigantesco dislate."*
>
> *"Tal es la tesis que sostiene Yves Lenoir, con mucha convicción y con talento. ¿Otro enemigo de los ecologistas, uno de esos enajenados que tratan de hacer surfing sobre la ola verde? De ninguna manera. Ingeniero, militante de la Asociación Ecologista Bulle Bleue, miembro de la Agrupación de Científicos para la Información sobre Energía Nuclear, coautor, juntamente con Brice Lalonde del «Informe Poincaré», Lenoir es todo un defensor de la ecología, lo que no le impide, virtud muy rara en nuestros días, esforzarse por reivindicar a la verdad. Todos los que se interesan honradamente por las cuestiones del medio ambiente no deberían expresarse sobre el tema del efecto invernadero sin tener en cuenta sus argumentos"*

Más adelante sigue diciendo Luc Ferry:

> *"¿Por qué, entonces, esa manipulación? ¿Quiénes son los responsables y cómo han podido instaurarse en la opinión pública y aún en la mente de muchos científicos? Para entenderlo, y tal es el segundo eje de la obra, hay que recordar que, con la llegada de*

Gorbachov al poder, las condiciones de la expansión del sector nuclear militar desaparecen."

"La ciencia aplicada, que consume miles de millones de dólares al año, se ve privada del formidable programa de la «guerra de las galaxias». Lo que el gran público (ies decir, nosotros!) ignora es que los lobbies de la ciencia aplicada se van a ver literalmente obligados a lucubrar otros programas, so pena de quedar sin trabajo.".

.. "El cambio de capítulo beneficiará a grandes multinacionales (por ejemplo, a las que van a descubrir los productos que reemplazarán a los CFC, utilizados en los aerosoles, refrigerantes, etc.), al sector de las economías de energías, a los movimientos políticos verdes en pleno auge, apoyándose todos ellos en la pasión más común en cada uno de nosotros y con la que se puede contar siempre: el miedo al cataclismo planetario y al instinto de conservación."

"El problema, desgraciadamente, es que muchos de estos ecologistas están en otra cosa, especialmente en denunciar a los cuatro vientos «la ilógica de la civilización occidental». Es el objetivo de la gigantesca «desconstrucción» del humanismo moderno a la que se entrega sin cautela el biólogo inglés Rupert Sheldrake en «Alma de la Naturaleza». Para él, se trata simplemente de revalorizar al «animismo de la Edad Media y de reconciliarse con la idea de que la Tierra es un enorme ser vivo."

Y termina diciendo:

"Que el cuidado del medio ambiente sea una necesidad nadie lo pone en duda. Pero decretar que prevalezca sobre la verdad es un error que los ecologistas serán los primeros en lamentar".

Este libro trata precisamente sobre eso: de cómo y por qué los intereses económicos y corporativos, por un lado, y las razones geopolíticas tendientes a mantener el status neocolonial de las naciones subdesarrolladas, están usando al tema del calentamiento global y el ambiente para lograr sus fines. Trata sobre cómo la Ciencia (con mayúscula) ha sido ignorada y dejada de lado en la argumentación ecologista actual.

¿Recuerdan cómo los ecologistas, con la activa cooperación de los medios de prensa, consiguieron que los intereses comerciales e industriales fueran excluidos de las discusiones sobre política ambiental? Se le recordaba al público de manera constante que cualquier persona que tuviese conexiones con el comercio o la industria no podía ser confiable porque estaba detrás de egoístas intereses personales.

Sin embargo, la inmensa mayoría del público ignora que todas las promociones de causas ecologistas están impulsadas más por un claro interés personal y no por el interés en preservar al ambiente. ¿Por qué? Porque si los ecologistas *alguna vez resolvieran un problema ecológico quedarían fuera del negocio.* Habrían matado a la gallina de los huevos de oro.

Los líderes de las principales organizaciones ecologistas por lo general no tienen intenciones de resolver los problemas ambientales: sólo los explotan en su propio beneficio o en el de su organización. Ya sea que se trate de un científico en busca de un contrato o un subsidio para investigación, un dirigente ecologista tratando de estimular el reclutamiento de nuevos miembros y de mayores contribuciones, un periodista que sueña con jugosas historias de terror ecológico para estremecer a sus lectores y mantener el tiraje, un abogado que intenta hacer promulgar regulaciones que le permitirán ganar futuros juicios, o un líder mundial que quiere pasar a la Historia como el fundador de la *Agencia Global Para el Control del Clima*, o la *Agencia Mundial de Protección al Ambiente*, o la instauración de un *Gobierno Único Global*, un *Nuevo Orden Mundial*, o cualquier otro intento de ganar más y más poder, el factor motivador **es siempre el interés personal**.

Por ello es que el movimiento ecologista ha tenido un crecimiento tan espectacular: en este campo hay algo para todos excepto para nosotros los consumidores, la gente común que terminamos agobiados con todas las facturas a pagar.

Es importante que se sepa que no es necesaria una conspiración mundial. Simplemente existe **una asociación natural,** un elemental "**acuerdo entre caballeros**".

El notable periodista norteamericano de la década de 1920, Henry L. Mencken, nos ha dejado una gran cantidad de pensamientos y frases que se aplican hoy con tanta precisión como se aplicarían en el Imperio Romano. Entre mis favoritas están aquellas frases sueltas que se encadenan para formar la idea básica del contenido de este libro y mi intención de publicarlo:

- *"Un periódico es un dispositivo para hacer al ignorante más ignorante y al loco más loco."*
- *"La emoción más permanente del hombre inferior es el miedo –miedo a lo desconocido, lo complejo, lo inexplicable. Lo que él quiere por encima de todo es la seguridad."*
- *"Todo el objeto de la política práctica es mantener al populacho alarmado –y por ello clamoroso para ser conducido a la seguridad– amenazándolo con una serie interminable de imaginarios fantasmas y peligros."*
- *"La necesidad urgente de salvar a la humanidad es casi siempre una falsa fachada para el ansia irrefrenable de gobernarla."*

Mientras más pueda asustarse al público para que otorgue mayores poderes al gobierno para que les proteja de los nuevos e imaginarios peligros apocalípticos, mayor será la recompensa para los miembros del gobierno, los medios de prensa y, por encima de todos, los promotores de las teorías terroríficas. La mayoría ni siquiera está pensando en términos de un gobierno central más fuerte, que realmente gobierne, sino en su interés personal más inmediato, el aumento del presupuesto que está bajo su control. Como esta gente sufre del síndrome de los **«dedos pegajosos»,** siempre algo se les queda pegado.

¿Hay alguna defensa posible contra esto? Sólo el informarse en todas las fuentes posibles. Hoy esto es posible gracias a la Internet, donde la censura es inexistente o casi imposible. Por ello, el hombre más peligroso para cualquier gobierno es aquel que es capaz de razonar... sin consideración a las supersticiones que prevalecen ni a los tabús sociales o políticos. Casi inevitablemente él llega a la conclusión de que el gobierno bajo el cual debe vivir es deshonesto, insano, intolerable... Por ello Mencken nos advertía:

- *"El peor de los gobiernos es a menudo el más moralista. Uno compuesto de cínicos es a menudo muy tolerante y humano. Pero cuando los fanáticos están en control, no hay límites para la opresión."*

Por ello, en el campo de las políticas ecologistas, ni siquiera son necesarias las mentiras, falsedades, exageraciones o las deformaciones de la verdad: por el simple método de seleccionar los aspectos inconvenientes de algún problema, e ignorando los aspectos beneficiosos, es suficiente para convertir cualquier tema, incluida la aspirina, la penicilina, vacunas antipolio, o la cloración del agua en un espantoso peligro contra el cual la gente pedirá desesperadamente protección al gobierno.

A través del creciente reconocimiento que esta es la escalera más corta para progresar en cualquier carrera, más y más grupos y personas están abordando el tren del ecologismo. Para todos aquellos que están (aún) en la industria o el comercio, les aconsejo que no solamente unan fuerzas sino que convenzan a aquellos amigos que están tratando de hacerse simpáticos a las organizaciones ecologistas, contribuyendo financieramente a sus campañas de alerta ecológico, que simplemente están haciendo cierta la profecía de Lenín: *"Los capitalistas se tropezarán unos con otros en su intento de proveer la cuerda con la que serán colgados".*

Repito por última vez: en el fondo de la cuestión ecológica yace una pregunta que todavía se encuentra sin respuesta:

¿Qué demonios pasó con el sentido común?

Capítulo 1

CAMBIO CLIMÁTICO

Calentamiento Global, una Histeria de Masas

'El actual debate sobre el calentamiento global es esencialmente un debate sobre la libertad. A los ecologistas les gustaría ser los controladores de cualquier aspecto posible (e imposible) de nuestras vidas.' -**Vaclav Klaus**
Presidente de la República Checa,
'Planeta Azul en Cadenas Verdes'

La Demencia del Clima

A lo largo de la historia las sociedades han sido barridas por erupciones de manías e histerias masivas. La insólita locura que giró alrededor de los bulbos de tulipanes negros en la Europa del Siglo 17 es apenas uno de los innumerables ejemplos, lo mismo que la arraigada creencia en la existencia de una 'Piedra Filosofal' capaz de convertir al plomo en oro purísimo. Paul Tabori afirma en su extraordinario libro *Historia de la Estupidez Humana*, 'Podría prepararse una antología completa con los casos de hombres de ciencia engañados y estafados. Y a menudo ocurrió que la facilidad con que caían en el lazo estaba en relación directa con la erudición y la fama que poseían.'

Estas epidemias de locura temporaria incorporan insatisfacciones, miedos y esperanzas de esos tiempos mientras que ofrecen un camino brillante a un nuevo y promisorio futuro. Están caracterizadas por una naturaleza milenaria, en donde la amenaza de un castigo por los pecados cometidos está acompañada de la promesa de salvación a través de la nueva fe.

1

El poder de las manías de masas está reforzado por la severa desaprobación de cualquier cuestionamiento a su verdad 'revelada'. Cualquier duda no es vista como un error que necesita ser corregido sino como una maldad consciente y deliberada que merece la expulsión de la sociedad o la exterminación. Con adherentes a quienes sólo se les permite apoyar al dogma establecido, estos movimientos tienden a ganar seguidores con rapidez. Pero también son prontamente afligidos por una creciente desconexión con la realidad –que son incapaces de reconocer y ajustar sus creencias de acuerdo con una realidad cambiante.

Dado que ningún creyente se atreve a expresar otra cosa que no sea la certeza de su dogma, las manías sociales tienden a persistir por algún tiempo después de que su desconexión con la realidad se ha vuelto evidente para todos. Frente a tal realidad recalcitrante, los líderes de esas creencias están forzados a emitir proclamas cada vez más extremas. A menudo esto conduce a una cúspide de fanatismo y desconexión justo antes de una realidad crecientemente obvia les fuerza a hacer pequeñas admisiones de errores. Entonces el encantamiento se rompe y la fe colapsa. La manía, la moda, el furor, se desvanecen con rapidez.

El Calentamiento Global, o Cambio Climático Antropogénico es la manía de nuestro tiempo. Igual que con los tulipanes negros, y las leyendas de El Dorado, la Piedra Filosofal, o promesas de ganancias fáciles como el fraude de Ponzi, añadido a algunas leyendas urbanas, miles de científicos han sido víctimas de hábiles estafadores y convertidos a su fe y su manía de 'salvar al planeta'.

Mientras que hay buena evidencia científica de que el dióxido de carbono atmosférico está aumentando en parte debido al uso de los hidrocarburos combustibles y que el dióxido de carbono absorbe radiación infrarroja en ciertas frecuencias del espectro, también hay buena evidencia científica de que la teoría de un calentamiento catastrófico por su aumento son puras especulaciones sin comprobación ni demostración cierta.

Mark Twain escribió hace más de un siglo: '*Hay algo fascinante en la ciencia: uno obtiene tan gran cantidad de conjeturas con tan pequeña inversión de hechos.*'

En los momentos actuales, existe abundante información y evidencias científicas indicando claramente que:

- La cantidad de calentamiento por el aumento del dióxido de carbono ha sido sobreestimada en exceso.
- La mayor parte de la fracción de incertidumbre sobre el grado de calentamiento ocurrido durante el siglo pasado es atribuible a un sesgo de las mediciones y a la variabilidad natural.
- Las predicciones de consecuencias catastróficas son enteramente especulativas y nada probables.
- El resultado neto del calentamiento por una futura duplicación del nivel de CO_2 atmosférico se inscribe en el orden de los 0,5º C.

- Si el calentamiento global ha sido causado realmente por el hombre, y ayuda a impedir una nueva edad glacial, esto sería lo más afortunado que le haya acontecido a la especie humana desde hace unos 75.000 años atrás cuando apenas conseguimos escapar a la extinción por causa de un período frío excepcionalmente severo.

A pesar de lo anterior, existe un movimiento que exige la imposición de políticas, leyes y regulaciones para reducir emisiones de CO_2 a la atmósfera, apoyado en lo que llaman 'el consenso científico', al que se califica de 'abrumador'. Por definición, en la ciencia no puede existir consenso sobre una teoría o una hipótesis, apenas puede haber una opinión generalizada que no pasa de ser precisamente eso: una opinión.

Las leyes que existen en la ciencia están, en su gran mayoría, relacionadas con la física, la química y las matemáticas. Primero fueron hipótesis, luego de mucha observación y discusiones evolucionaron a teorías y, cuando dejaron de aparecer argumentos o evidencias que falsificaban la teoría —la demostraban como errónea- se convirtieron en 'leyes'. Así hay leyes como la Ley de Ohm, las leyes de la termodinámica que determinan la conservación y transformación de la energía, por nombrar sólo algunas conocidas por la gente.

Pero mientras exista un argumento o evidencia que arroja serias dudas sobre la validez de una hipótesis o una teoría, seguirán siendo nada más que eso: una teoría que es necesario seguir investigando hasta despejar todas las dudas. El proceso desde la creación de una hipótesis hasta su conversión en ley o hecho aceptado universalmente se resume de la siguiente manera:

- Las hipótesis tienen que ser a priori intrínsecamente plausibles.
- Deben ser ensayadas mediante la experimentación.
- En este proceso la información debe ser recolectada y cotejada abierta y transparentemente.
- La información tiene que estar disponible para inspección/verificación por otros practicantes de la ciencia, por cierto por cualquiera con un interés serio y legítimo, sin retaceos ni obstáculos.
- La hipótesis y la información deben estar abiertas a desafíos y debate.
- Aunque, inevitablemente, con diversos grados de seguridad en cuanto a su validez última, en el análisis final, todas las hipótesis permanecen siendo exactamente eso, sujeta a verificación por observación de los fenómenos y hechos de la naturaleza.

En menos palabras, *la ciencia jamás está asentada o establecida*, sino que siempre está sujeta a un juicioso escepticismo apuntalado por las evidencias. A este respecto, las indicaciones a favor o en contra de una hipótesis debe verse como igualmente significativas –en realidad, las en último término mucho más. La primera obligación de un científico, como decía Carl Poper, es **ser escéptico de su propio trabajo** y su meta es la de probar **que él mismo está errado**. Cuando no ha podido probarse a sí mismo que está equivocado, es probable entonces que la hipótesis pase a la categoría de 'Teoría'. Recordemos que la Teoría de la Relatividad de Einstein permanece, hasta el día de hoy, siendo una teoría sin demostración. No es una LEY. Como él mismo lo decía: *'Ni mil científicos podrían probar que mi teoría es cierta; pero basta sólo uno para demostrar que está errada.'*

La Hipótesis del Calentamiento Global causado por el hombre no ha cumplido con ninguna de las proposiciones enunciadas más arriba, y hay demasiadas evidencias fácticas y observaciones irrefutables que impide que pase a la fase siguiente de 'teoría'. Y este es el motivo y misión de este capítulo: mostrar al lector la ingente cantidad de evidencias que desmienten –falsifican– la Hipótesis del Calentamiento Global Catastrófico. Más adelante se verán estas discrepancias entre la propuesta de los impulsores de la hipótesis y las evidencias presentadas por los científicos a los que llaman 'escépticos' del cambio climático.

Calentadores y Escépticos

Desgraciadamente, los académicos, los activistas de las ONGs ecologistas, los políticos y burócratas que impulsan la hipótesis y la imposición de leyes, regulaciones e impuestos para la emisión de dióxido de carbono, y el uso de las energías llamadas 'alternativas', son *'no-productores'* en el entorno industrial y agrícola. Ignoran totalmente la realidad económica de las actividades productivas y los límites prácticos de las tecnologías. Son iletrados *'tecno-económicos'* que tienen una comprensión tipo Culto Cargo[(1)] de la producción de bienes y servicios.

Sus recetas se comparan a un ritual de creencia religiosa en que admitiendo un pecado original (el Calentamiento Global), y haciendo los sacrificios adecuados (impuestos sobre las emisiones y reducción de los niveles de vida de la población), producirán de alguna manera mágica, no definida, los cambios correctos que llevarán a un nuevo mundo de brillantes promesas de energías renovables limpias e inagotables, con un mínimo de inconvenientes para todos.

Los principales profetas de este Culto Cargo están representados por jóvenes investigadores cuyas futuras carreras están basadas en el alarmismo climático. Por el contrario, los científicos de edad media o avanzada, más equilibrados (escépticos) son en una abrumadora mayoría investigadores con experiencia bien establecida en sus respectivos campos de la ciencia. Los alarmistas se refieren de manera constante a un catecismo de evidencia selectiva o 'escenarios' resultantes de proyecciones computadas para apoyar sus afirmaciones. Los escépticos citan voluminosas bibliotecas de estudios científicos de sus propios campos de experticia, que contradicen las afirmaciones alarmistas.

Aún cuando la evidencia alarmista es desacreditada de manera concluyente (por ejemplo el famoso 'Palo de Hockey', de Mann, Bradley, Hughes, de 1998[(2)]), los alarmistas del clima la siguen usando de acuerdo con la vieja técnica *goebbeliana* de '*mentir, mentir, que algo siempre queda, porque una mentira repetida las veces suficientes se convierte en una verdad.*' Rechazan o ignoran toda evidencia conflictiva sin importar cuán sólida o convincente sea. Cuando sus propias afirmaciones fracasan, ellos revisan las evidencias, no su hipótesis. Han hecho esfuerzos para modificar la realidad, sobre todo manipulando los datos de temperatura recolectado de miles de estaciones en todo el mundo. A la información en bruto, o 'cruda', le aplican algoritmos que modifican los valores con la excusa de extirpar errores de medición, proximidad a sitios poblados, errores en los instrumentos, etc.

Los ejemplos recientes –hasta Agosto de 2009– involucran a la actual tendencia al enfriamiento, la ausencia de una signatura en la tropósfera tropical de un '*punto caliente*', el enfriamiento de la Antártida, el enfriamiento de los océanos, un nivel del mar sin cambios –o ligero descenso- glaciares que han comenzado a avanzar, etc. Todos estos fenómenos han sido objeto de dudosas manipulaciones de sus datos tratando de '*hacer una cartera de cocodrilo con un cuero de sapo*' de información empírica que rehúsa conformarse a sus esperanzas y sus teorías.

El calentamiento global, convenientemente rebautizado '*cambio climático*', se ha transformado en una nueva fe basada en creencias, inmune a toda razón conflictiva y evidencias científicas. Aunque mantiene porfiadamente su reclamo de estar basada en la ciencia, su relación con la ciencia genuina, la de la metodología científica rigurosa, la de la lógica consistente e irrefutable, no es muy diferente a la de la nueva religión *Cienciología*, o '*Scientology*', con la que comparte una cantidad de cosas comunes.

Lo realmente increíble acerca de todo esto es que personas que se llaman a ellos mismos 'científicos' se han comprometido tan profundamente con una creencia que, por lo menos, es altamente incierta, y cuya realidad se hará inevitablemente aparente en un futuro no muy distante. Da la impresión de que esas personas piensan que de alguna manera mágica su fe inquebrantable terminará determinando y dando forma a esa realidad. También queda claro que aquello que afirman temer tanto es, perversamente, lo que en realidad más desean ver hecho realidad.

Donde los creyentes del **Cambio Climático Catastrófico** (CCC) se separan de las disputas académicas y se convierte en una manía fundamentalista peligrosa es en el virtuosismo y fervor de sus prosélitos. Esto se comprueba en el encono y abuso que se dirige a quienes osan cuestionar sus dogmas. Ha llegado tan lejos como que notorios líderes de este movimiento comparan al escepticismo del CCC con la '*negación del Holocausto*', sugiriendo que el disenso del CCC sea considerado una ofensa criminal y los ofensores del Dogma sean juzgados públicamente en una especie de Tribunal de Núremberg climático.

Hace poco el periodista Jonathan Manthorpe del Vancouver Sun, en Canadá, escribió un artículo donde expresaba su acuerdo con algunos argumentos contrarios al dogma del CCC contenido en un libro publicado por geólogo australiano Ian Plimer. Informó más adelante que había recibido una gran cantidad de mensajes electrónicos, dos tercios de los cuales era de gente común que estaba de acuerdo con las conclusiones de su artículo; y otra parte de científicos que también acordaban con Plimer pero tenían algunas objeciones en temas menores. Manthorpe notó también que '*...las cartas perturbadoras fueron de científicos creyentes en el calentamiento humano.*' Y añadió: '*He conocido en mi vida muchas personas desagradables, pero jamás había visto un torrente semejante de repugnante, arrogante y directamente estúpido abuso como el que me dirigió esta semana gente que firman como 'Doctores', como si ello fuese una marca de Derecho Divino que está más allá de todo desafío o cuestionamiento.*'

La actual tendencia hacia el enfriamiento global, que no es informada por la prensa de la manera en que informa sobre 'olas de calor', se ha vuelto cada vez más difícil de negar o explicar para los 'calentadores', y hay una creciente evidencia de muchos otros puntos de la hipótesis del CCC que son incorrectos. Frente al fracaso de sus predicciones, los profetas del CCC se están volviendo cada vez más estridentes y Apocalípticos. Mientras más frío se hace el clima más histéricas se hacen sus advertencias sobre el catastrófico calentamiento que vendrá.

El Tren de la Salsa

Además de los verdaderos creyentes del dogma, el CCC atrajo a un enorme contingente de aprovechados, arribistas y trepadores, compañeros de viaje en el *Tren de la Salsa*. Políticos, burócratas, activistas de ONGs ecologistas, y representantes del mundo de los negocios y las finanzas se han dado cuenta de las ventajas de subirse a algunos de los muchos vagones del *Tren del Cambio Climático Catastrófico*. Ahora hay involucrados inmensos intereses creados y hay una fortísima presión para lograr la imposición de las políticas que hagan obligatorias las políticas de regulaciones e impuestos y la creación del mercado de bonos de carbono –o Indulgencias Plenarias –antes de que el apoyo popular se disipe.

A pesar de todo esto, al final todo el asunto es nada más que un engaño vacío e irrelevante, basado en un problema que no existe, que ha sido sacado de la galera de un mago igual que un conejo. Las naciones en vías de desarrollo no abandonarán su desarrollo aún si algunas naciones desarrolladas lo hacen. Un modesto aumento en los precios de la energía no dará por resultado una disminución de las emisiones y los desmesurados aumentos en los costos de las medidas que sí lo haría darían como resultado una terrible recesión y severas perturbaciones económicas a nivel global. Esto no es mera especulación.

Los efectos de ese tipo de políticas ya se han hecho sentir en varios campos de la actividad productiva. En los países que han aumentado el costo de su energía para reducir las emisiones se está produciendo la emigración de fábricas a países que no se han plegado el Tratado de Kioto.

Un caso paradigmático es el de España, cuya política de altísimos subsidios a las energías alternativas, solar y eólica, ha provocado un incremento sustancial del precio de la energía que la industria necesita para producir. La industria pesada de los aceros especiales ha comenzado a trasladar sus fábricas a otros países donde la presión tributaria y el precio de la electricidad no es prohibitivo, como lo demostró el largo y concienzudo estudio del Instituto Juan de Mariana [3] sobre el problema, y enviado a congresistas de los Estados Unidos para su estudio, en vistas de las políticas que al respecto pretende imponer la nueva administración del Presidente Obama. De acuerdo con el estudio, la creación de cada puesto de trabajo 'verde' causa la desaparición de 2,2 puestos de trabajo convencionales, habiendo colaborado con el elevado desempleo que se ve en la Península Ibérica.

El esquema propuesto de intercambio de permisos de emisión, o bonos de carbono, el llamado *Mercado del Carbono*, se convertirá en otra capa cargada de burocracia montada sobre las espaldas de un sector productivo ya tambaleante, con un despreciable efecto sobre las emisiones –aparte de las que se producirán por la inevitable declinación de las actividades productivas y económicas. Para verificar la inefectividad del sistema de créditos de carbono sólo es necesario ver los resultados obtenidos donde fueron implementados en la Unión Europea. Desde que el Tratado de Kioto fue ratificado las emisiones globales de CO2 aumentaron 18%. Las emisiones de las naciones firmantes subieron 21%. Aquellos países que no lo firmaron aumentaron sus emisiones un 10%, y en los Estados Unidos el aumento fue del 6%.

Pero lo peor es que, aún si se implementa el Tratado de Kioto según fue firmado por las naciones, incluidos los Estados Unidos, el resultado neto será una disminución del 0,06ºC de la temperatura predicha para el 2050 –o un retraso de 16 años en alcanzar ese calentamiento. Según el estudio realizado en 1999 por Tom Wigley del NCAR (National Center for Atmospheric Research) al respecto (Figura 1).

El gráfico representa una proyección del crecimiento de las temperaturas de la Tierra de acuerdo con los modelos computados o simulaciones del clima, y dos líneas de tendencia indicando la progresión de la tendencia de acuerdo a si se implementa al Tratado de Kioto en su totalidad, o si no se hace nada al respecto. El resultado es que con Kioto a pleno se evitaría que la temperatura subiese 0.06º C menos que si no se hiciese nada, lo que en el debate del clima se conoce como 'business as usual,' –las cosas como siempre.

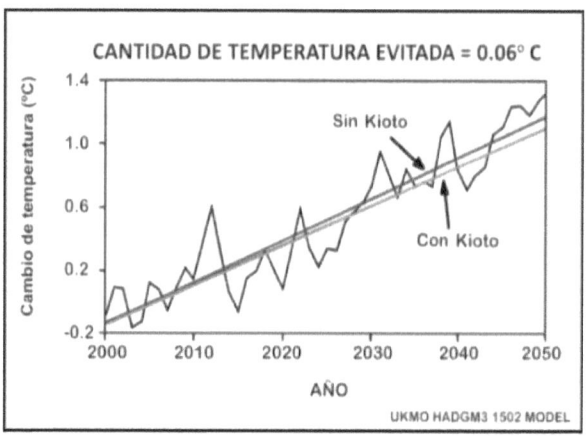

Figura 1: Cantidad de temperatura evitada para el 2050 aplicando Kioto o sin aplicarlo

Esto es, apenas **seis centésimas** de grado Celsius una cantidad que necesita de un instrumento muy especial para medir. Los humanos ni siquiera distinguen diferencias de una décima de grado, mientras que un grado es casi imperceptible. La otra posibilidad es que las medidas de Kioto retrasarían 16 años el momento en que las temperaturas lleguen al nivel predicho por los modelos computados. El costo para lograrlo se remota a varios trillones de dólares durante 20 años –y todo por una alarma sin fundamento científico comprobado.

Los Modelos Computados del Clima
¿Son confiables las simulaciones computadas del clima? ¿Qué grado de precisión y perfección tienen actualmente? Los investigadores del clima emplean poderosas computadoras y miles de horas-hombre para programar millones de líneas de código en lenguaje de máquina para intentar reproducir el funcionamiento del sistema climático. Como se trata de un sistema caótico, la principal dificultad reside en que **es imposible simular o modelar al CAOS**.

El clima está compuesto por varios miles, o millones de variables y constantes que interactúan caóticamente la mayor parte de las veces, otras veces siguiendo patrones de comportamiento más o menos conocidos, pero muchos de cuyos valores matemáticos están todavía en discusión, no sólo en la magnitud sino en el valor de su signo. Por ejemplo, las nubes pueden tener un valor de realimentación negativo o positivo – algunas veces uno y otras veces otro, dependiendo de su altura, ubicación y forma. Fácil es imaginar que el resultado de una ecuación tendrá un valor que será totalmente distinto si algunas de sus variables tienen signos y valores diferentes. Hasta hay constantes que no lo son, como la 'constante solar' que varía de acuerdo a la actividad del Sol, y que en la mayoría de los modelos del clima está casi ausente o con valores muy reducidos. Por ello es que el Panel Intergubernamental del Cambio Climático (IPCC) declara siempre que no hace 'predicciones ni pronósticos', sino que los modelos del clima que emplea en sus informes entregan 'proyecciones' que dan lugar a 'escenarios probables'.

Quienes no hacen caso de esa advertencia son los medios que acostumbran a publicar titulares con cuerpo catástrofe diciendo: 'Científicos predicen un aumento del nivel del mar de 7 metros', cuando citan a las declaraciones de Al Gore, reciente ganador de un Nobel de la Paz (y un Oscar por añadidura!) por su documental 'Una Verdad Inconveniente,' instando a los políticos y a la gente a saltar al precipicio inmolándose en aras de 'salvar al planeta.'

¿Por qué es tan importante la precisión y confiabilidad de los modelos de clima, y su capacidad para predecir el clima futuro con cierta precisión? Porque toda, absolutamente toda la hipótesis del CCC se apoya en las 'predicciones que no lo son' de los modelos, y que los periodistas, políticos y muchos científicos interpretan como verdaderas precisiones que merecen la mayor confiabilidad. No son más que expresiones de deseos, más concretamente, los deseos de quienes programan los modelos. Es demasiado conocido el Axioma de Oro de la computación y la programación: 'Basura Entra, Basura Sale,' pero nunca está de más hacer notar que las computadoras son nada más que 'idiotas velocísimos' que obedecen órdenes a la velocidad de la luz. Refiriéndose a lo que es posible hacer con un buen programa y el uso de variables y constantes, el matemático John von Neuman solía decir: 'Con cuatro variables les puedo dibujar un elefante –y con cinco le hago mover la trompa.'

Es fundamental que el lector comprenda que con un programa de computación y el uso selectivo de técnicas estadísticas es posible probar cosas totalmente diferentes usando los mismos datos. Hasta es posible intentar borrar eventos históricos, al ver más adelante como se creó y usó un programa computado y análisis estadísticos para hacer desaparecer al Período Cálido Medieval y a la Pequeña Edad de Hielo de la historia del clima con el propósito de convencer a los políticos de que las temperaturas del Siglo 20 eran las altas de los últimos mil años.
La Figura 2 en la próxima ha sido tomado del AR4, el Informe de Evaluación de 2007 del IPCC, donde figuran las 'proyecciones/predicciones' de los modelos del clima más famosos, y las curvas de la temperatura realmente registradas hasta fines de 2008.

Sobre el mismo le he añadido las temperaturas que se han registrado en la realidad, mostrado que los modelos hicieron predicciones –o escenarios– que están totalmente alejados de la realidad. Según mi opinión, los modelos computados del clima son comparables a los bonitos juegos de video tipo PlayStation®, aunque infinitamente más caros e igual de adecuados para *profetizar* el comportamiento del clima futuro.

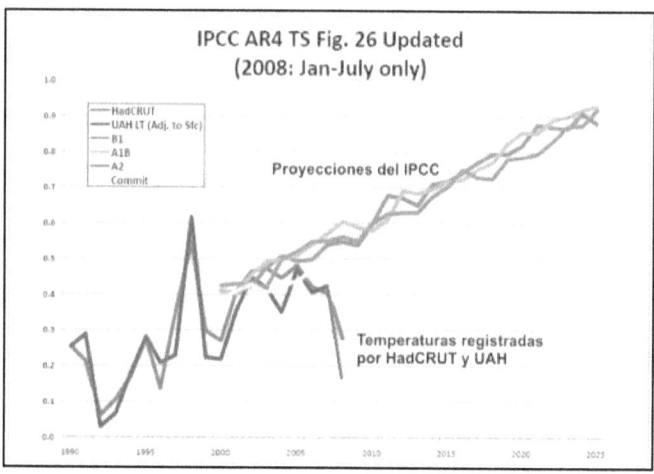

Figura 2: Las temperaturas registradas por el Centro Hadley (HadCRUT3) y la Universidad de Alabama, Huntsville (UAH) muestran una total divergencia con las 'proyecciones' que el IPPC intenta convencer a la gente y los políticos del peligro del clima futuro.

Pero, llegados a este punto, es conveniente que sepamos qué es el clima y cómo ha sido durante los miles de millones de años desde la creación de la Tierra.

El Clima de la Tierra

Hay algunos conceptos sobre el clima que son engañosos y llevan a la gente a creer en cosas que no son. Entonces es oportuno poner las cosas en su lugar. Lo primero que es necesario hacer es diferenciar entre 'clima' y 'tiempo'. El tiempo es lo que está sucediendo en la atmósfera en un momento del día, afectando al ambiente y a las personas. El tiempo puede ser fresco a la mañana y cálido a mediodía –o al revés, puede ser más cálido por la mañana hasta que una ola polar llega a mediodía y baja la temperatura varios grados. El tiempo puede estar lluvioso o despejado, ventoso o calmo, húmedo o seco... El tiempo se refiere a eventos en una corta duración, generalmente en el día o a lo sumo una semana.

Las excepciones –que las hay– se dan en lugares donde el tiempo y el clima se confunden durante casi todo el año, como en los grandes desiertos y la Antártida, donde las variaciones en temperatura, precipitaciones son bastante moderadas.

El clima es la manera en que los eventos del tiempo extienden a regiones más amplias y a períodos más largos. Así se habla de clima de verano, o de invierno, o clima otoñal o primaveral. En pocas palabras, el tiempo es lo que está pasando hoy, y el clima es lo que observamos durante períodos largos. Las condiciones climáticas también pueden variar de acuerdo con modificaciones que se realizan en algunas regiones, como ser grandes forestaciones y deforestaciones, o construcción de embalses, diques y lagos, que modifican el aporte de humedad a la atmósfera. Un ejemplo es el clima de la provincia de Córdoba, que hasta mediados de la década de 1960 era seco y hoy casi se han duplicado sus lluvias, haciéndose mucho más húmedo que antaño.

Pero hay un par de cosas que no existen: un *clima global* y una *temperatura global*. La Tierra tiene una inmensa variedad de climas, desde los desérticos tórridos a los desérticos congelados, pasando por los templados, semitropicales, tropicales, marítimos, mediterráneos, etc. Tampoco tiene sentido físico una *temperatura global*. Las temperaturas en la Tierra son diferentes en todas partes y a toda hora, el hemisferio que enfrenta al Sol es más cálido que el que está en sombra, los polos son más fríos que el ecuador y varias otras perogrulladas que a mucha gente le pasan desapercibidas. Los meteorólogos y climatólogos gustan de medir la temperatura de algún sitio del mundo, registran la mínima y la máxima, y obtienen el promedio. Dicen, *esta fue la temperatura de hoy en Londres*, por ejemplo. Luego la suman a unas cuantas miles más recogidas de todas partes del mundo, sacan el promedio de esos promedios y dicen, *esta es la temperatura media global*.

Esto es semejante a sumar todos los números de la guía telefónica, sacar el promedio, discar ese número y esperar a que nos responda el *usuario promedio*. La temperatura promedio es una argucia estadística que resulta útil y conveniente a los meteorólogos para darse una idea de cómo están las cosas allá fuera de la ventana. Hay veces que uno piensa en que sería muy conveniente que los meteorólogos y climatólogos mirasen con mayor frecuencia al mundo real a través de la ventana, en lugar fijarse tanto en el mundo virtual que les muestra el monitor de su computadora.

Otro concepto que se le ha estado entregando a la gente es del cambio de clima causado por las actividades del hombre, en especial por las emisiones de gases de invernadero a la atmósfera. Se le ha querido convencer al público que si no fuese por las actividades del hombre, el clima no cambiaría y seguiría siendo el hermoso clima que tenemos en este benigno interglacial. Lo cierto es que el clima jamás ha dejado de cambiar, muchas veces de manera abrupta, y lo seguirá haciendo por siempre. Los libros de texto de climatología nos muestran cuadros sinópticos con la clasificación de las diferentes eras geológicas, y la escala usada para mostrarlos depende del período de años que nos interese, desde pocos años hasta cientos de miles o de millones, y miles de millones de años. Veamos algunos ejemplos:

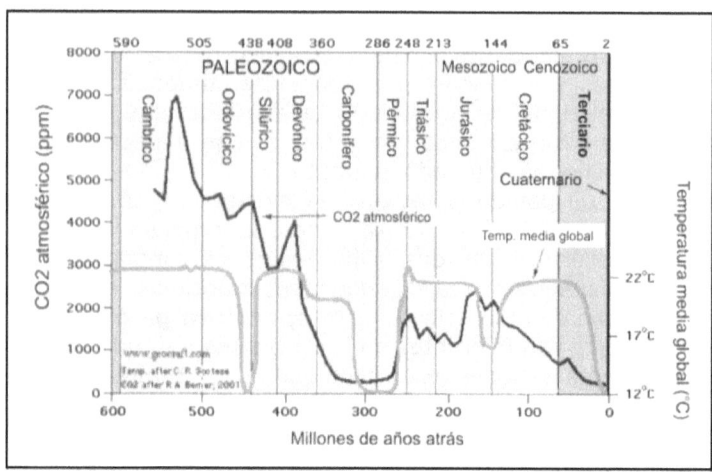

Figura 3: Eras geológicas de 650 millones de años hasta nuestros días. La curva negra representa los niveles de dióxido de carbono en la atmósfera; la línea celeste a la temperatura media en esos momentos. Se puede comprobar que no existe correlación entre las variaciones del CO2 y las temperaturas. Adaptado de C.R. Scotese, 2000 y R.A. Berner, 2001. http://www.scotese.com/climate.htm

También se ve durante la mayor parte de la historia climática desde hace 600 millones de años, la temperatura media global ha sido mucho más alta que la actual. Y también que la concentración de CO_2 atmosférico fue mucho más elevada que hoy, llegando a estar durante unos 200 millones de años por encima de las 3000 partes por millón. Resulta una desmentida muy poderosa el hecho de que a finales del Ordovícico los niveles de CO_2 fuesen de unas 4500 ppm y las temperaturas se hubiesen desplomado abruptamente de los 22ºC a menos de 12º C.

También se observa que el famoso 'efecto invernadero desbocado' que mencionan como posibilidad aterradora, que haría que la Tierra tuviese un clima parecido al del planeta Venus es una imposibilidad total. Nunca pasó la temperatura de la Tierra de los 25ºC de media, mientras que la temperatura de la atmósfera de Venus es de unos 458ºC. Otra diferencia determinante de la imposibilidad de semejante evento, es que la atmósfera de Venus está compuesta de un 95% de CO2 mientras que el dióxido de carbono en la Tierra todavía no alcanza al 0,04%. La presión atmosférica de Venus es 90 veces más grande que la terrestre.

Otro detalle, es que si bien Marte también tiene una atmósfera con una concentración de CO2 del 90%, su atmósfera es mucho menos densa que la de la Tierra y unido a su distancia del Sol, hace que las temperaturas de Marte estén por debajo del punto de congelación. En realidad, la vida en la Tierra ha sido posible por un afortunado suceso: se formó dentro del 5% de la distancia al Sol que permite la formación de la vida como la conocemos. Si la órbita del planeta estuviese un 5% más cerca, o 5% más lejos del Sol, no hubiese existido vida en la Tierra, ni ecologistas que se horroricen por el calor del clima futuro.

Como se dijo más arriba, el clima cambia de manera constante, a intervalos de distinta duración. La Figura 4 muestra la progresión de la temperatura desde hace 800.000 años hasta el actual interglacial. Los datos se obtienen analizando el contenido de distintos gases y sus isótopos que han quedado atrapados en el hielo de la Antártida y Groenlandia. Se ve que antes de nuestro Holoceno, el actual período cálido, hubo dos períodos interglaciales más. La Tierra ha sido casi siempre un planeta más frío que en la actualidad, y la repetición de los ciclos indica que más temprano que tarde volverá una nueva Edad de Hielo.

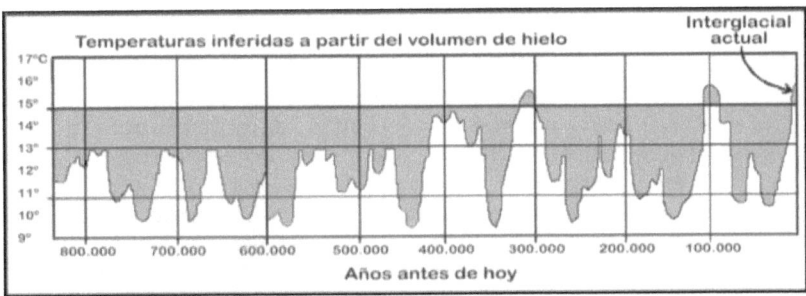

Figura 4: Temperaturas inferidas a partir de muestras de hielo Antártico.

¿Dónde Estamos Ahora?

Actualmente nos encontramos pasados del esperado punto final de un período interglacial que comenzó hace más de 10.000 años. Estamos ahora en un punto en el calendario paleoclimático donde se espera el inicio de un nuevo período glacial de 100.000 años, que muy bien puede haber comenzado ya. ¿Una pequeña muestra de ello podría ser el frío invierno del Hemisferio Norte de 1997? ¿O de los inviernos de 1999 y los últimos 3 desde 2007 hasta 2009? ¿O los frescos veranos de los últimos cuatro años en el Hemisferio Sur? ¿O el gélido invierno del 2007 en Argentina y toda Sudamérica?

El clima global se ha estado enfriando durante los últimos 6 a 8.000 años y es ahora casi 0,5 grados Celsius *más frío* que durante el tiempo del *«óptimo climático pos-glacial»*. Se puede citar como evidencia el avance de la cubierta de hielo de Groenlandia o el movimiento hacia el Sur de la línea de heladas del sudeste de los Estados Unidos (el límite del cultivo de citrus, ahora apenas llega un poco al norte de Orlando, hace 40 años estaba por Jacksonville, unos 160 kilómetros más al norte), sugiere que el enfriamiento está iniciado.

Uno de los axiomas de la climatología dice que: *'Un cambio de clima sería un cambio permanente de un parámetro climático de un período de 30 años - o un promedio de cierto número de dichos períodos - a otro período de 30 años, en donde el cambio es de*

suficiente magnitud como para ser caracterizado de tal'. Esta magnitud depende la variabilidad natural del parámetro. En consecuencia, si hay una serie de estaciones o años mucho más cortos que 30 años, en donde el clima es más frío o más caliente, más seco o más lluvioso que el promedio de 30 años, no se habla aún de **cambio climático** sino de **fluctuaciones climáticas de corto plazo**. Por ello, la ocurrencia de una serie de muy fríos inviernos en la década del 70 no constituyó un cambio climático, como tampoco lo fue la ocurrencia de veranos muy calientes y secos de los años 80, porque, en ambos casos, el clima retornó a sus niveles de largo plazo. Las sequías de los años 30 y los fríos inviernos de los 70 constituyen verdaderos ejemplos de variaciones climáticas de corto plazo.

Apocalipsis . . . ¿Cuándo?

Después de una serie de oscilaciones de corto término que comenzaron hacia unos 12.000 años antes de Cristo, se produjo una subida de las temperaturas hacia el 8.300 A.C. que condujo a una sostenida alta temperatura en la Europa del Norte, que antes estaba totalmente cubierta de hielo. Las máximas temperaturas estivales que se experimentaron en Europa en los últimos 10.000 años ocurrieron alrededor de 6.000 años AC. Por su parte, este calor llegó a Norteamérica recién hacia el 4000 AC.

Este período es conocido como Optimo Climático Postglacial donde las temperaturas *eran 0,56° C más altas que ahora*. ¿Qué quiere decir cuando se habla de Óptimo Climático? Simplemente que esas temperaturas son consideradas las mejores - las **ÓPTIMAS** - para el desarrollo y el mantenimiento de cualquier tipo de vida, sea animal o vegetal.

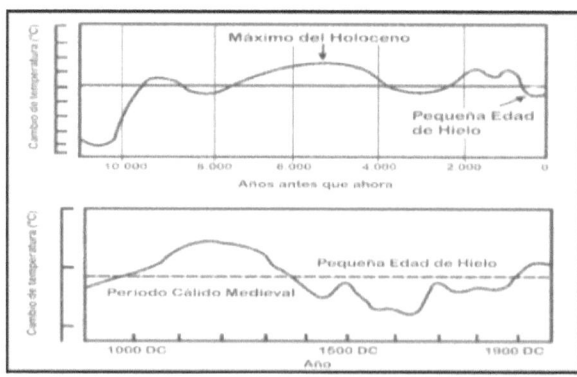

Figura 5: Dos escalas de tiempos recientes. El máximo del Holoceno ocurre hacia unos 5.000 años antes que hoy. La existencia de los Períodos Cálido Medieval y la Pequeña Edad de hielo ha sido absolutamente probada por varios y distintos métodos.

Sin embargo, una brusca inversión conocida como la *Oscilación Piora* se hizo presente hacia el 3.500 A.C., marcada por un fuerte avance de los glaciares en Europa y grandes migraciones de pueblos agricultores. Desde el 3.000 A.C. hasta el 1000 A.C. el clima recuperó un poco de su anterior calor. Del año 1.000 A.C. hasta el 500 A.C. los glaciares avanzaron otra vez. Hacia el año 400 de nuestra era, se instaló en Europa un período de más calor y más elevados niveles de los mares, pero otra vez fue seguido por un regreso a climas más fríos y húmedos. Puede verse la manera, a veces brusca, que tiene el clima de la Tierra para variar sus temperaturas, pasando de frío a calor y luego nuevamente a frío. Y todos estos cambios se produjeron sin la más mínima intervención del hombre, ni se le puede achacar la culpa a sus actividades manufactureras ni agrícolas, mínimas y burdas.

Y una vez más el tiempo cambió y un clima realmente cálido imperó en Europa (y el resto del mundo, por supuesto) que culminó en Groenlandia hacia los años 900 a 1100 y en Europa hacia el 1100 a 1300. Este período es conocido como el **Pequeño Optimo Climático** (también como *Optimo Climático Medieval*). Las temperaturas de este período se hicieron, por un corto período, tan altas como las del *Optimo Climático Postglacial* (6.000 a 4.000 AC).

¡Otra Vez el Frío!

Este hermoso período permitió la colonización de Groenlandia y la extensión de los campos de labranza hasta muy al norte de Europa y Asia. Sin embargo, este período de bonanza hoy sería etiquetado por los proponentes del Calentamiento Global como *el Apocalipsis Now*. Pero las cosas buenas tienen su fin y así, a partir de más o menos el 1300, se instaló en Europa un tiempo de fríos severísimos e inviernos memorables, de unos 500 años de duración, y que se lo conoce como la *Pequeña Edad de Hielo*, o como le llaman los alemanes, *el Klima Verschlechterung*, o el Empeoramiento del Clima. El punto más bajo del frío ocurrió entre 1550 y 1750. Por ejemplo, la colonia en Groenlandia desapareció no mucho más tarde del año 1360. Y en Inglaterra se erigían ciudades de carpas para celebrar las Ferias Heladas sobre el congelado cauce del río Támesis aún hasta los años de 1813-14.

El resto es bastante conocido, algunos climatólogos sostienen que la temperatura aumentó desde 1850 unos 0,5°C, otros dicen que las aguas del Mar del Norte se han enfriado 0,5°C desde principios del siglo. Haga el Hombre lo que haga, su pretendido inmenso poder no puede competir con las tremendas fuerzas astronómicas y cósmicas que gobiernan el subir y bajar de las temperaturas del planeta Tierra.

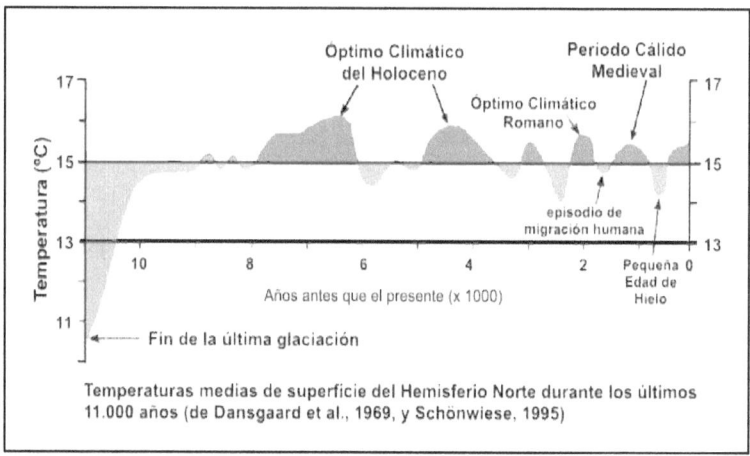

Temperaturas medias de superficie del Hemisferio Norte durante los últimos 11.000 años (de Dansgaard et al., 1969, y Schönwiese, 1995)

Figura 6: El holoceno y sus altibajos. Períodos y temperaturas.

El Derretimiento de los Polos

Pocas cosas asustan más a la gente en el debate del Calentamiento Global que el tema del «derretimiento de los casquetes polares», con su consecuencia profetizada de aumento en pocos años de los niveles de los océanos e inundaciones de áreas costeras. El Río de la Plata invadiendo al Teatro Colón o sepultando bajo las aguas islas del Pacífico como Tuvalu y las Maldivas, y otras tonterías por el estilo. ¿Por qué es un mito o una falsedad gigantesca? Veamos:

Es necesario diferenciar entre los dos casquetes polares, el Ártico y la Antártida. El casquete polar Ártico es un océano congelado rodeado por las masas de tierra de América y Asia. Se trata de un «*cubo de hielo*» que flota en el mar. Los imperfectos modelos MCG predicen un derretimiento parcial del hielo de los mares y una retirada hacia los polos de unos 300 kilómetros, *pero nunca un derretimiento substancial*, y mucho menos uno total. ¿Cuáles serían las consecuencias de tal derretimiento para los niveles del océano? Exactamente: ***ninguno***.

Simplemente porque, a medida que el hielo flotante de los mares se derrite, *va devolviendo el mismo volumen de agua que tomó cuando se congeló*. ¿No me cree? Haga la prueba siguiente: coloque en un vaso alto dos o tres cubitos de hielo y llénelo luego con agua tibia hasta el mismo y exacto borde del vaso. Verá que la parte superior de los cubitos sobresalen por encima del borde. Espere a que el hielo se derrita totalmente y podrá comprobar que no se ha derramado *ni una sola gota de agua*. El nivel del agua en su vaso - lo mismo que el de los océanos - no aumenta cuando el hielo se derrite. La situación sería diferente en la Antártida, y Groenlandia donde la mayor parte del hielo está asentado sobre tierra firme. Si el hielo que rodea a la parte de tierra firme antártica se derrite, ya sabemos ***lo que no va a pasar***. Lo que no pasó en su vaso. Puede preguntar ahora ¿por qué no hay más derretimiento? De manera simple, porque el calentamiento profetizado por los MCG no es suficiente para derretir más.

Supongamos que el calentamiento de la atmósfera eleve la temperatura en el polo los 3 grados que se profetizan. La temperatura promedio de la Antártida es de unos −15°C, por lo tanto, si se hace más caliente (hasta unos −12°C), dicha temperatura todavía está 12°C por debajo del punto de congelación (o derretimiento, si prefiere). Los hielos de tierra firme seguirán congelados.

La Antártida es, como se dijo antes, un bloque de hielo reposando sobre un continente. Más del 90% del hielo de la Tierra está allí, mientras que Groenlandia sólo tiene el 5%. El resto está en los distintos glaciares que hay en el mundo. Los científicos han calculado que no existirá un significativo derretimiento de la cobertura helada de la Antártida, sino un mínimo derretimiento de los hielos que circundan al continente, *con un efecto nulo sobre el nivel de los mares.*

Los científicos que han analizado la respuesta de la cobertura de hielo de la Antártida a un calentamiento provocado por la mentada duplicación de los niveles de CO_2 en la atmósfera han descubierto, para desazón de los catastrofistas, que en realidad los hielos van a aumentar, en lugar de disminuir! ¿Por qué? Primero, la Antártida es un lugar sumamente frío, por lo que aún un substancial calentamiento no provocará un deshielo significativo. Pero, en segundo lugar, y mucho más importante, ya que el aire sobre y alrededor del continente se calentará (supuestamente) tanto, podrá contener *mucho más vapor de agua que lo que puede hacer ahora.*

La Física nos dice que la capacidad del aire de contener vapor de agua se duplica con aproximadamente cada 10°C de aumento. Parte de esta nueva cantidad de humedad se condensará y caerá en forma de nieve. Esta nieve no se derretirá, y su acumulación hará que la cobertura de hielos de la Antártida vaya creciendo de manera paulatina. Ahora bien, esto es en esencia una neta transferencia de agua de los mares hacia la tierra, donde permanecerá durante miles de años. Este balance negativo de agua de los océanos hará que en realidad el nivel de los mismos **descienda unos 30 centímetros**. El Teatro Colón no será inundado por el Río de la Plata.

La tendencia al enfriamiento en la Antártida se remota cuando menos hacia 1975, y ha continuado sin pausa desde entonces.

Finalmente, los han considerado con mayor cuidado el real impacto de las temperaturas sobre los casquetes polares y, en consecuencia, han disminuido sus estimaciones del aumento del nivel de los mares a 20-60 centímetros. En efecto, las observaciones realizadas indican que el espesor de los hielos de Groenlandia y de la Antártida ha aumentado en los últimos años. Los últimos modelos MCG han disminuido más todavía el futuro aumento del nivel de los océanos. El Informe AR4 del IPCC predice un aumento para el 2050 de entre 20 a 60 centímetros.

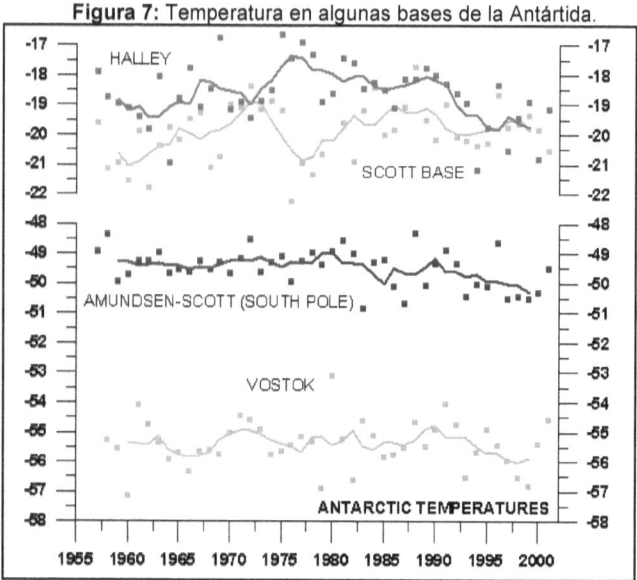

Figura 7: Temperatura en algunas bases de la Antártida.

Pero una cosa es lo que los modelos profetizan dentro de su mundo virtual al estilo PlayStation3®; lo que de esos resultados infieren los periodistas para sus partes de prensa y artículos que advierten sobre una aceleración del calentamiento global; y otra cosa es lo que se observa y registra en la vida real. Se insiste en que los océanos se calientan y ello hace que su volumen aumente considerablemente, aportando otro factor para el aumento del nivel del mar.

Pero en 2003 se inició un programa llamado Argo de monitoreo de los océanos mediante unas 3.200 boyas automáticas que registran todos los datos posibles, como temperatura del agua a niveles de hasta 700 metros, salinidad, valor de la alcalinidad o pH de las aguas, dirección y velocidad de las corrientes, CO_2 absorbido, etc., y lo envían por radio satelital a las estaciones donde se analizan los datos. Los resultados después de 6 años indican que la temperatura de los océanos no ha subido y hasta hay en algunas regiones un ligero descenso de la misma.

Se habla entonces de lo que llaman 'Contenido acumulado de calor oceánico', o 'Calor Oceánico Acumulado', e indica la cantidad de calor que el océano va ganando perdiendo. Los modelos dicen una cosa y las mediciones dicen otra bastante distinta, como vemos en la Figura 8.

Por supuesto, también la información entregada por los satélites del programa Topex/ Poseidon, que miden el nivel del mar en todo el mundo tiene sus gráficos que indican una correlación entre este enfriamiento del océano y una disminución del volumen que se ve en la Figura 9.

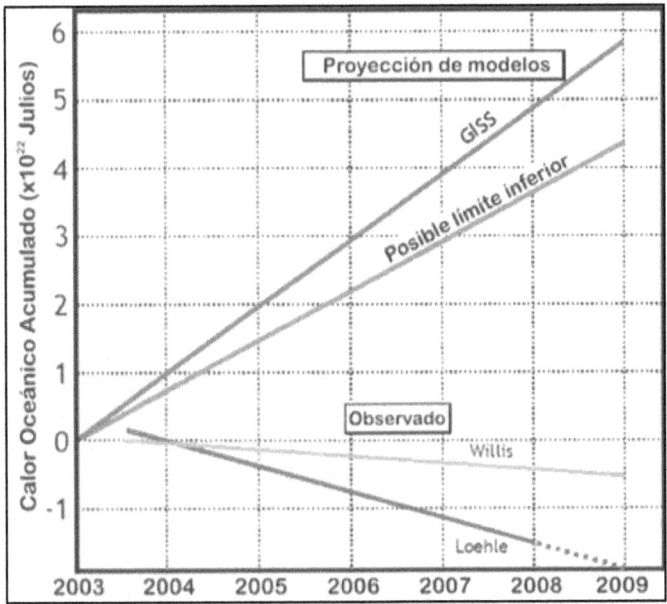

Figura 8: Contenido acumulado oceánico. Modelos y observaciones.

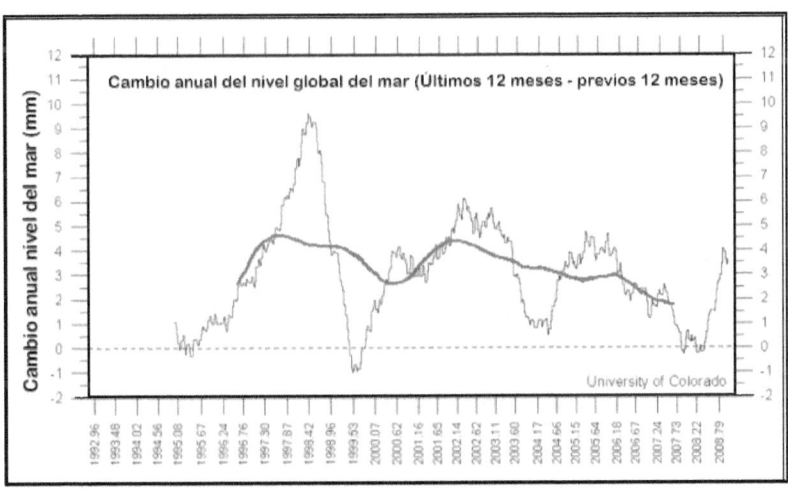

Figura 9: Variación del nivel del mar 1995-2008.
(Fuente: Universidad de Colorado)

La Conexión Solar

¿Quién Calienta a la Tierra? El Sol, ¿quién más? Y este factor es uno de los más importantes y menos conocido de todos los que se agitan en el tema del Efecto Invernadero. Se conoce desde hace muchísimos años que el Sol tiene variaciones regulares e importantes en el número de manchas sobre su superficie - las conocidas 'manchas de sol' - que tienen un período promedio de 11 años. Además se han registrado grandes variaciones en la amplitud y número de estas manchas durante años pico.

Hace relativamente poco tiempo se descubrió una posible relación entre el ciclo solar de 11 años y la *Oscilación Cuasi Bianual* (u **OCB**), un fenómeno de vientos en la estratosfera que influye sobre el clima y también sobre la magnitud del famoso Agujero de Ozono. Todo se relaciona, en última instancia, con la acción que el viento solar ejerce sobre los rayos cósmicos y su capacidad de ionizar la atmósfera terrestre.

Las variaciones solares tienen que ver con las diferencias en la amplitud pico en diferentes «máximos» del ciclo de 11 años. Los investigadores notaron que un muy profundo mínimo de esas amplitudes pico (el llamado «*mínimo Maunder*»), coincidió con las temperaturas más bajas registradas durante la Pequeña Edad de Hielo de la segunda mitad del Siglo 17. Más aún, otro mínimo producido a fines del Siglo 19 (el «*Mínimo Dalton*») también fue acompañado por temperaturas mucho más bajas que en las décadas previas.

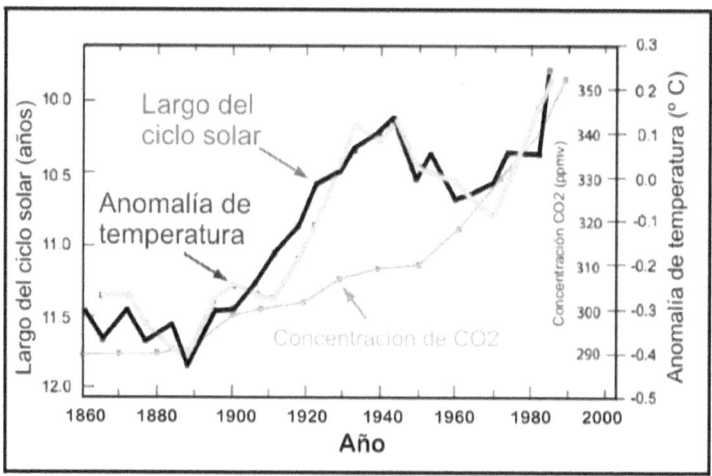

Figura 11: Relación entre el largo del ciclo solar y las temperaturas de superficie, comparadas con los niveles del dióxido de carbono atmosférico. (Fuente: Svensmark et al. 1999).

Cualquiera sean las razones, si comparamos las tendencias a largo plazo de las temperaturas de tierra durante los últimos 100 años con el número de manchas solares, se observan impactantes similitudes. Cuando se relacionan estadísticamente los registros de temperaturas regionales con los diversos factores solares registrados desde casi 1750, el promedio a largo plazo de la cantidad de manchas solares tiene una estrecha relación con las temperaturas registradas.

Estudiando la historia podemos comprobar que los cambios climáticos han fluctuado continuamente a lo largo de los siglos. Hay décadas que son predominantemente frías y otras son cálidas, pero a largo plazo (y aquí hablamos de cientos y aún miles de años) parecen fluctuar alrededor de un centro de gravedad, que es el promedio climático de largo plazo.

Las manchas en el Sol ya habían sido observadas por los chinos en al año 800 AC, y un monje irlandés, John de Worchester hizo dibujos de las manchas de sol en 1121. Pero después de que Galileo Galilei perfeccionó el telescopio en 1610, él y otros astrónomos como Johann Goldsmid, en Holanda, Thomas Harriot en Inglaterra, y Christof Scheiner en Alemania, comenzaron a ser estudiadas y se hicieron los primeros registros.

Desde 1611 hasta 2009 se han registrado 23 ciclos solares, con su correspondiente cantidad de manchas registradas cada día de la historia, como también el largo o duración de cada ciclo. La duración de un ciclo solar está tomada normalmente entre los mínimos o los máximos, y la duración promedio es de 10,6 años pero popularmente se ha aceptado el promedio de 11 años.

Pero el concepto de duración de cada ciclo fue advertido recién en 1843 por el astrónomo aficionado alemán Samuel Schwabe, que creyó que era de 10 años. Poco más tarde dos físicos franceses Fizeau y Foucault, sacaron la primera fotografía del Sol y sus manchas. Luego el asunto se complicó un poco más cuando en 1852 se comprobó que el período de las manchas de sol era idéntico al período de variación de la actividad geomagnética de la Tierra. Esto a su vez dio origen a la teoría de las conexiones entre el Sol y la Tierra, que hoy se conoce como 'Clima Espacial'. Luego en 1858, Richard Carrington y Gustav Spörer, de manera inde-pendiente hicieron importantes descubrimientos: la disminución de la latitud solar de las manchas desde 40º a 5º del hemisferio Sur del Sol durante el curso del ciclo. También llegaron a la conclusión de que el Sol tiene diferentes velocidades de rotación en su superficie, como todo cuerpo gaseoso, y cerca de los polos su velocidad es un 30% más lenta que en el ecuador. Por fin, el suizo Roidolf Wolf trató de comparar el conteo de manchas solares hecho por otros astrónomos en el pasado. Así creó una fórmula que se usa todavía, llamada 'el número Wolf de manchas solares' que combina información acerca de diferentes conteos de las manchas, individuales y también en grupo, como además un factor de corrección para cada observador. El astrónomo Timo Niroma hizo un análisis de los ciclos desde 1610 hasta 2008 y su predicción de una nueva Pequeña Edad de Hielo a la que estaríamos ingresando desde alrededor de 2003.

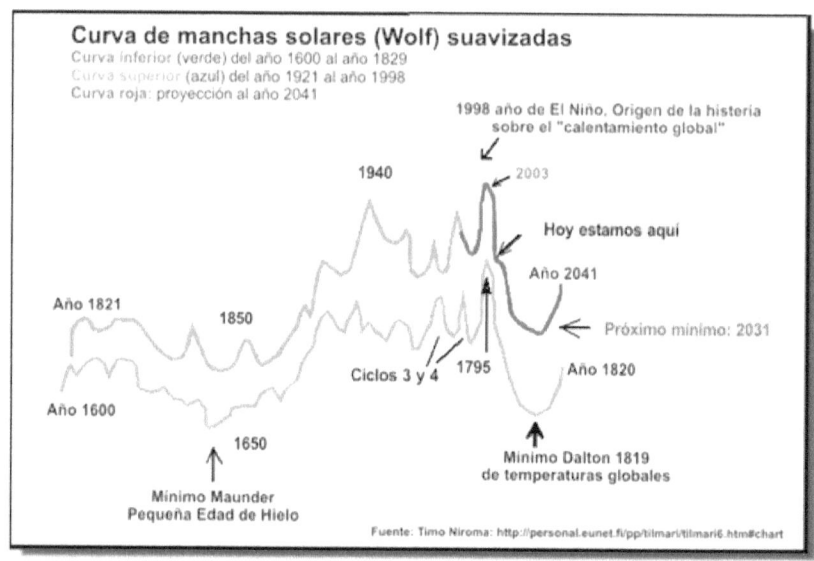

Figura 12: Análisis de Timo Niroma de los ciclos solares y su 'repetición de efectos observados.' El próximo doble mínimo solar tipo Gleissberg, posiblemente rebautizado como 'Landscheidt', ocurrirá entre 2025 y 2040

Desde 1610 han ocurrido varios períodos con muy pocas manchas en la superficie del Sol. El más famoso de ellos es el comprendido entre 1645 y 1715, llamado el Mínimo de Maunder. Durante este período ocurrieron los fríos más rigurosos de los últimos 1000 años, y es la conocida Pequeña Edad de Hielo que viene a continuación del Período Cálido Medieval, que ya se vio en las gráficas anteriores. Durante el período cálido de la Edad media los vikingos de Erik El Rojo pudieron colonizar el sur de Groenlandia, donde instalaron numerosas aldeas que practicaron la agricultura, la ganadería y el comercio. De allí saltaron al norte del continente americano y establecieron asentamientos provisorios en el este de Canadá y noreste de los Estados Unidos, donde dejaron vestigios de construcciones, inscripciones y plantaciones de... viñedos.

El Período Cálido Medieval tenía, aparentemente, en contraste con el Mínimo de Maunder, una mayor cantidad de manchas solares, lo que está asociado con una mayor actividad solar. La abrupta caída de la actividad solar a partir de alrededor del año 1300 se completa con la ausencia casi total de manchas en el Sol desde 1645 hasta 1715, período de 70 años donde el Sol estuvo 'planchado' o en estado de coma.

A partir de 1715 el Sol comienza una lenta recuperación de su actividad, con algunos 'hipos' en los que cae en profundos mínimos solares que traen a la tierra climas congelados y donde las penurias de las poblaciones se reflejaron en severas hambrunas por la pérdida de las cosechas y el ganado. Uno de esos 'hipos' es el Mínimo Dalton ocurrido entre 1795 y 1823, registrado como un período de fríos excepcionales, y donde nuevamente se volvió a congelar el Río Támesis hasta su desembocadura en el mar, en 1814. Habían sido famosas las Ferias del Hielo sobre el congelado Támesis, que permanecía en ese estado durante dos meses o poco más, y se instalaban carpas y kioscos de entretenimiento y venta de comidas, a donde concurría el pueblo a divertirse y a patinar sobre el hielo.

La observación de estos mínimos solares nos indica que el ciclo anterior al mínimo fue de mayor duración, en general superando los 12 años de duración entre el final de uno y otro mínimo. Por ejemplo, los ciclos anteriores al Mínimo Dalton, el 3 el y 4, tuvieron una longitud similar a las de los ciclos 22 y 23 del Siglo 20. El ciclo 23 es el actual comenzado en 1996, y terminado 'oficialmente' en diciembre 2009, dado que las manchas correspondientes al nuevo ciclo 24 no se habían observado del tamaño y la polaridad correspondiente. La duración del ciclo 23 sobrepasó largamente los 12 años y medio y se predice que estamos frente a un nuevo Mínimo Dalton, tal como se observa en la Figura 13, de la página siguente.

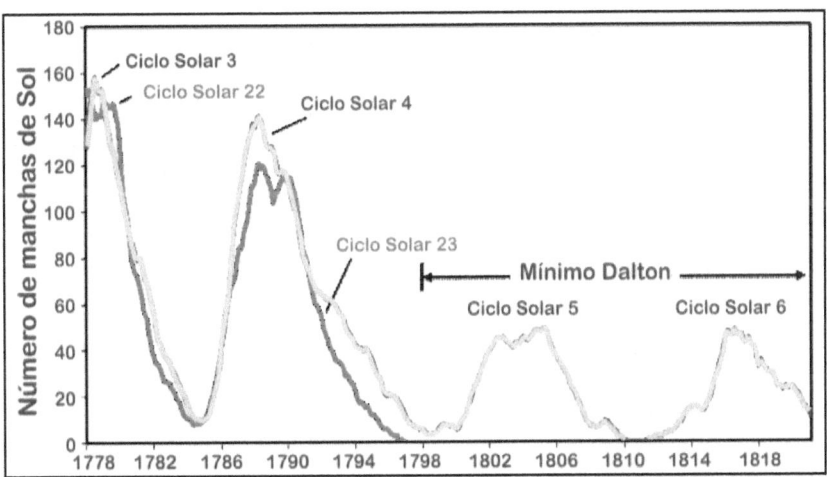

Figura 12: Comparación entre los ciclos 22 y 23 con los ciclos 3 y 4, anteriores al Mínimo Dalton, comparación que presagia, de acuerdo con la teoría de la 'repetición de efectos observados', dos ciclos muy débiles y cortos, el 24 y 25, con un fuerte enfriamiento de la tierra.

Obsérvese la similitud existente entre la magnitud del ciclo 23 y la predicción para el Ciclo 24, hecha por el NOAA de Colorado, con la magnitud de los ciclos 4 y 5. El experto solar de la NASA, David Hathaway, tuvo que ir empujando hacia adelante la fecha de inicio del Ciclo 24 desde Marzo de 2006 hasta que finalmente se dio por vencido y admitió que no había manera de saber cuándo se iniciaría el ciclo 24.

El mínimo solar actual del ciclo 23 llevó hasta el mes de Agosto 2009 más de 650 días sin manchas en el Sol, y unos 40 días seguidos sin ninguna 'peca' en su superficie. El *coma solar* se mantuvo casi hasta enero 2010 y, si hubiese permanecido unos dos meses más, las perspectivas climáticas hubiesen sido, no las de un Mínimo Dalton, sino las de un mínimo Maunder, con todas las connotaciones negativas que ello tendría para la humanidad.

Vemos que el NOAA predice un ciclo con hasta unas 90 manchas durante el Máximo Solar. Sin embargo, las predicciones del NOAA son bastantes optimistas. Los astrónomos y astrofísicos independientes tienen predicciones que varían desde las 60 a las 40 manchas durante el máximo, como el australiano David Archibald, Willi Soon y Sallie Baliunas, del Harvard-Smithsonian, y Henrik Svensmark.

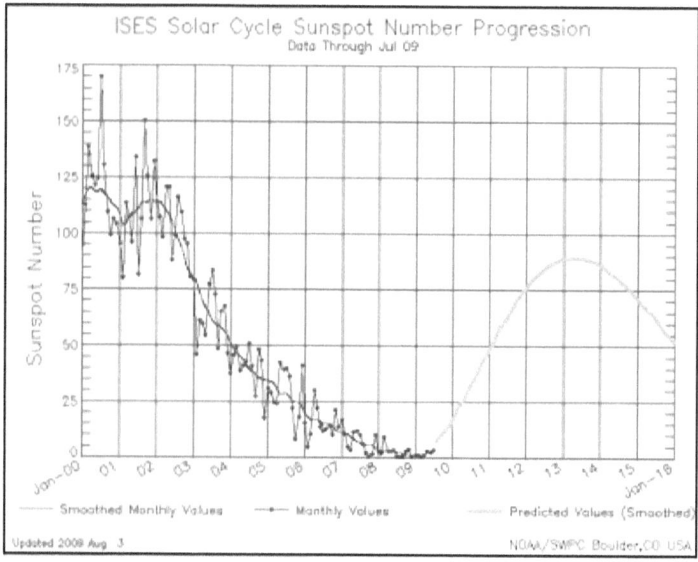

Figura 13: Predicción de NOAA para el ciclo 24. (Fuente: NOAA).

La relación entre el Sol y el clima de la Tierra tiene demasiadas evidencias sumamente poderosas y convincentes como para ser desechada de la manera en el IPCC y el resto de los científicos que comulgan con la hipótesis del calentamiento global causado por el CO_2 emitido por el hombre. Si aferran los amantes de esa hipótesis al 'Efecto Invernadero', y el pretendido aumento de su efecto de calentar la Tierra, agravado por el incremento de los gases llamados 'de invernadero'. Entonces, es llegado el momento de ver en el capítulo 2 de qué se trata el tan mentado efecto invernadero y cuáles son sus verdaderos alcances.

La Conexión del Baricentro

Se conoce como '*baricentro*' al punto donde las masas de planetas y satélites del sistema solar se hallan en equilibrio. Es un punto que no es fijo ni estático porque los planetas están girando en sus órbitas y su posición con relación a los demás va cambiando. Este baricentro se encuentra en la región del sol, algunas veces dentro del mismo y otras veces a una distancia de su superficie de 4,3 radios del sol.

La astronomía es una ciencia sumamente exacta y el movimiento de los cuerpos celestes se puede calcular matemáticamente con una precisión extraordinaria. Se han trazado gráficos que muestran la manera en que el baricentro se mueve con relación al sol, y forma patrones que son regulares, con una simetría bilateral notable, o figuras completamente caóticas, irregulares.

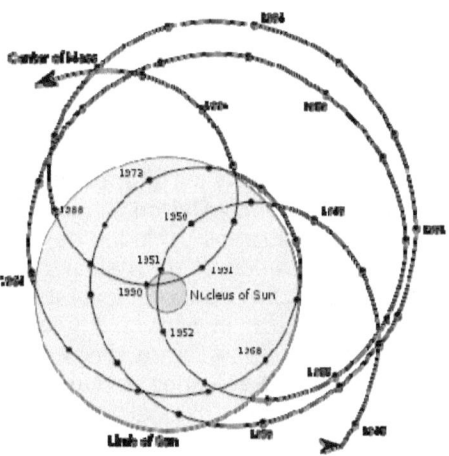

Figura 14: Movimiento del baricentro alrededor del sol

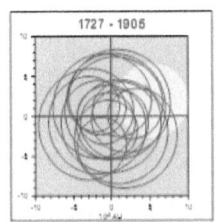 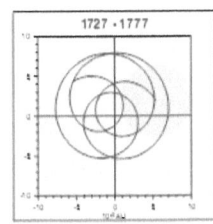 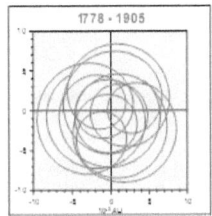

Figura 15: Patrones formados por el movimiento del baricentro.

25

También comprobaron los astrónomos que esos patrones se repiten de manera cíclica cada 178,7 años, y que la comparación entre la forma de las curvas que forma el baricentro y los hechos históricos relacionados con el clima, evidenció que durante los episodios en los cuales el baricentro transitó a lo largo de **órbitas ordenadas** (o en forma de 'trébol') alrededor del sol, su emisión energética fue máxima y el clima terrestre tendió hacia el calentamiento. Las formas de las curvas del baricentro tienen el aspecto que se ve en la Figura 15:

A la izquierda, el movimiento irregular, caótico, registrado entre 1727 y 1905. Al centro el movimiento regular en "trébol" armónico y de gran simetría, y a la derecha el patrón entre caótico y regular registrado entre 1778 y 1905. Asimismo esas comparaciones pusieron en evidencia que durante los episodios durante los cuales el baricentro se movió de **modo caótico** alrededor del sol, la emisión energética del sol fue mínima y estos últimos episodios coincidieron con las mínimas temperaturas conocidas en el planeta para el último milenio, como lo demostró la astrónoma Checa Ivanka Charvatova (1995) [4].

El sol regresa a su forma ordenada de trébol después de 178,7 años y este tipo de movimiento dura unos 50 años. Las partes más desordenadas del movimiento del baricentro corresponden a los prolongados mínimos de la actividad solar, durante el último milenio, conocidos como los Mínimos Wolf, Spörer, Maunder y Dalton.

Luego está la correlación entre los períodos de variación del baricentro y la actividad volcánica. Cuando el sol realiza los tréboles ordenados hay una baja actividad volcánica. Cuando el sol está en una *trayectoria caótica* alrededor del baricentro, la actividad volcánica es mayor –tal como ocurre en estos momentos con erupciones importantes de varios volcanes: en mayo 2010 hay 18 volcanes activos, algunos con erupciones violentas como el Chaitén en Chile, el famoso volcán de Islandia, Eyjafjallajökull, el Santa María de Guatemala, el Tungurahua, Ecuador, etc.[5].

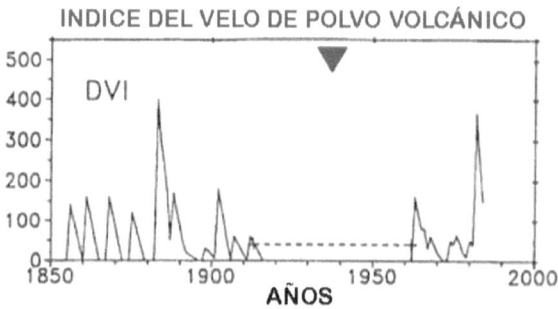

Figura 16: Actividad volcánica 1850-2000 y un trébol regular del baricentro en el período de baja actividad.

En la figura se puede ver que cuando el baricentro tuvo una for-ma de trébol armónico, la actividad volcánica entre 1900 y 1960 fue mí-nima. El índice del velo de polvo volcánico lo demuestra. El triángulo es el punto medio de la duración del período de trébol del baricentro.

Y finalmente L. Elleder (2005) compiló y ordenó en 2005 las 20 inundaciones catastróficas ocurridas en Praga en los últimos 1000 años, y todas se correlacionan perfectamente con el ciclo de 179 años del movimiento del baricentro. Tantas correlaciones entre fenómenos observados y el movimiento del baricentro no pueden atribuirse a una mera casualidad. Las probabilidades en contra de que sean casualidad son astronómicas.

Como anécdota ilustrativa, es interesante recordar que Napoleón invadió Rusia en plena culminación de la Pequeña Edad de Hielo. En 1812, cuando sus tropas debieron retirarse de Moscú, entre otras cosas a causa del frío, el sol estaba transitando por un episodio de órbitas caóticas (mínimo Dalton) y justo ese año pasó exactamente por el centro de masas del sistema planetario. Precisamente por eso en ese momento ocurrió el episodio de menor emisión de energía solar de toda la Pequeña Edad de Hielo y quizá ese y los dos o tres inviernos siguientes, hayan sido los inviernos más fríos de la segunda mitad del milenio.

Lo más importante de todo esto es que de las investigaciones de Char-vatova surgió la información de que alrededor de 1.990 el sol comenzó a transitar por un nuevo episodio durante el cual predominará su recorrido por **órbitas caóticas alrededor del baricentro del sistema solar**. Esta situación durará **hasta alrededor del año 2.040**. De acuerdo a todo lo expresado, es posible entonces que durante las próximas déca-das el sol experimente prolongados episodios de baja emisión energética y un aumento de la actividad volcánica, que con su velo de polvo causa-rá un enfriamiento adicional de la atmósfera.

Ello podría generar un apreciable enfriamiento en el clima del plane-ta, en contra de lo postulado por los defensores de la hipótesis según la cual el clima del planeta se está calentando gracias al 'efecto de inverna-dero' motivado por las actividades humanas. Tal posible enfriamiento ya había sido pronosticado en 1990 por Rhodes Fairbridge, y en 1995 tam-bién fue pronosticado por Theodore Landscheidt, en ambos casos basa-dos en la variación futura de la actividad solar.

Los argumentos que presentan los sostenedores de la hipótesis de un enfriamiento causado por la anómala actividad del sol que fue pronosti-cada hace décadas con una precisión notable, merecen que sea conside-rada seriamente por quienes tienen nuestro destino en sus manos. Si aplicaran el Principio de Precaución como lo vinieron haciendo ahora pa-ra apoyar el peligro de un calentamiento que no se ha producido, debe-rían aplicarlo con mucha mayor razón ante la posibilidad de que el peli-gro que presentan los científicos solares sea en verdad mucho mayor –y no se necesita, como dicen ellos, que ante un peligro semejante sea necesaria una comprobación perfecta de los argumentos presentados.

Repitiendo los argumentos del Panel Intergubernamental del Cambio Climático, '**Hay que tomar acción ahora, ya!**' No hay tiempo que perder! Porque si los últimos tres inviernos que han padecido en el hemisferio norte es un botón de muestra, el frío que se viene será mejor que nos sorprenda comulgados.

Referencias

1. 'Culto Cargo': Con el nombre de **cultos** *cargo* se conoce a un conjunto de movimientos religiosos poco ortodoxos que aparecieron entre varias tribus de Australia y Melanesia —especialmente en Nueva Guinea— tras su contacto con el mundo occidental durante la Segunda Guerra Mundial. El corazón de los cultos *cargo* es la creencia en que las manufacturas occidentales —el *cargo*, palabra inglesa para 'cargamento'— que llegaron a las islas en los aviones de la fuerza aérea norteamericana eran en realidad una creación de espíritus divinos, destinadas para beneficio de los nativos. El control de estos bienes, de acuerdo con la creencia, había quedado bajo el control de los blancos. El *cargo* es entendido un reconocimiento de los ancestros al comportamiento de los nativos. Por ello, uno de los rasgos principales de los cultos *cargo* es la esperanza en que los ancestros vendrán alguna vez a entregar a la comunidad de creyentes bienes de mucho más valor. http://es.wikipedia.org/wiki/Cultos_cargo

2. R. Mann, S. Bradley, R. Hughes, 1998:

3. Instituto Juan de Mariana, 'Study of the effects on employment of public aid to renewable energy sources' - http://www.juandemariana.org/pdf/090327-employment-public-aid-renewable.pdf

4. IvankaCharvátová y Pavel Hejda, 2008, Institute of Geophysics of the ASCR, Praga, Republica Checa.

5. http://www.infoplease.com/ipa/A0763388.html

Capítulo 2

El Efecto Invernadero, y el Balance de Energía

El "efecto invernadero" es un concepto que se ha vuelto muy popular pero, como todo lo popular, tiene muchas interpretaciones y se presta a un sinfín de confusiones que no ayudan para nada a que la gente sepa a qué atenerse en el debate del cambio climático.

Por eso me parece atinado aconsejarle al lector que tenga en mente una máxima emitida por el Cardenal Thomas Wolsey (1471-1530) allá por los años posteriores al descubrimiento de América, y que todo maestro debería tener como norma sagrada: *"Tenga mucho, mucho cuidado con lo que usted pone en esa cabeza, porque jamás podrá sacarlo de allí."*

Entonces tendremos que aclarar algunas cosas que están mal entendidas en la meteorología y la climatología. Es muy común escuchar esta afirmación cuando alguien habla sobre el calentamiento global: *"El Efecto Invernadero es causado cuando los gases en la atmósfera se comportan como una manta y atrapan la radiación que es luego irradiada de regreso a la Tierra."*

Efecto Invernadero es el nombre aplicado al proceso que hace que la superficie de la Tierra sea más caliente de lo que sería, si no hubiese una atmósfera. Por desgracia, el nombre "efecto invernadero" es un término equivocado –pero más sobre eso después.

Calentamiento Global es el nombre dado a un aumento de la magnitud del efecto invernadero, en donde la superficie de la Tierra sería inevitablemente más caliente que ahora. Comenzaremos hablando del efecto invernadero y luego veremos todo lo relacionado con el calentamiento global, porque son dos cosas completamente diferentes. ¿Por qué existe un "*efecto invernadero*"?

La superficie de la Tierra es más cálida de lo que sería en ausencia de una atmósfera porque recibe energía de dos fuentes principales: **el Sol y la atmósfera.** El Sol calienta a la atmósfera y ésta emite radiación por la misma razón que lo hace el Sol: *cada uno tiene una temperatura finita.* De la misma forma en que uno recibe más calor sentado al lado de dos fogatas, que lo que recibiría si una de las fogatas se hubiese apagado, la Tierra es más caliente al recibir radiación del Sol y la atmósfera, que si no hubiese atmósfera y la recibiese sólo del Sol.

Otro aspecto importante es saber que la atmósfera redistribuye al calor recibido de una manera más o menos uniforme en todo el planeta, más en los trópicos y menos en los polos. El sol calienta la superficie de la Luna a unos 250ºC, mientras que el lado no iluminado de la luna tiene unos 150ºC bajo cero. Lo mismo acontece con los astronautas cuando salen en sus caminatas al exterior de los módulos y de las estaciones espaciales. Por ello sus trajes deben tener aislación especial para protegerlos de las bajas temperaturas del espacio exterior como también de los rayos directos del Sol.

Curiosamente, la superficie de la Tierra recibe casi el doble de energía de la atmósfera, que la que recibe del Sol. Aunque el Sol es mucho más caliente, no cubre tanta porción del cielo como lo hace la atmósfera. Una gran cantidad de radiación proveniente de la dirección del Sol no suma tanta energía como lo hace la porción más pequeña de radiación emitida por cada pedazo de la atmósfera que ahora proviene de todo el cielo. (Serían necesarios unos 90.000 soles para cubrir toda la superficie del cielo).

Entonces, no es que la atmósfera tiene una pequeña influencia sobre la temperatura de la superficie; tiene una profunda influencia. Dice la teoría tradicional que en la ausencia de una atmósfera, la Tierra tendría un promedio de temperatura de unos 34º C más bajos que hoy. La vida, tal como la conocemos, no podría existir. Pero esta cifra de 34º C de efecto invernadero nace del concepto que se ha considerado a la actual temperatura promedio de la tierra como la "*normal.*" Pero, ¿cuál es la temperatura "*normal*" de la Tierra? Nuestro actual interglacial ha durado unos 12.500 años pero las temperaturas "normales" de la Tierra durante las edades de hielo eran unos 10ºC más bajas, por lo tanto el efecto invernadero para un promedio de la historia de la Tierra sería de entre 15 a 20ºC. De los 34ºC de calentamiento producido por el "efecto invernadero", unos 7 a 8ºC se deben al CO_2 o dióxido de carbono, y este valor debería aumentar en unos 0,5 a 0,9ºC para una duplicación de la concentración del CO_2 desde las 384 actuales a 568 ppm.

No existe ninguna duda entre los científicos de que el principal gas de invernadero es ***el vapor de agua***, aunque las opiniones varían acerca del porcentaje con que contribuye al efecto. Hay muchos que apoyan la opinión de que su contribución es de alrededor del 90 a 95%, dejando para el CO_2 un porcentaje de más o menos 3 al 5%. Otros, en especial los partidarios de la hipótesis del calentamiento causado por el hombre y sus emisiones de CO_2 se inclinan por un porcentaje de alrededor del 60% para el vapor de agua y del 33% para el CO_2. Examinemos entonces algo de la tontería que se ofrece con frecuencia en nombre de la ciencia en una ordenada serie de preguntas y respuestas, de una manera lo más elemental posible.

- ¿Es el Efecto Invernadero algo bueno?
  Bueno, sí, *si a usted le gusta vivir.*

- *¿Actúa la atmósfera (o cualquier otro gas) como una manta?*
  La referencia a *"una manta"* es una pésima metáfora. Las mantas actúan primariamente para suprimir la *"convección"*; la atmósfera actúa al revés, permitiendo la convección. Afirmar que la atmósfera actúa como una manta, *es admitir que uno no sabe cómo opera ninguna de las dos.*

- *¿Atrapa la Atmósfera Radiación?*
  No, la atmósfera *absorbe* radiación emitida por la Tierra. Pero, una vez absorbida, la radiación ha dejado de existir al haber sido transformada en la energía cinética y potencial de las moléculas. No se puede decir que la atmósfera haya atrapado algo que ha dejado de existir.

- *¿Re-irradia la atmósfera?*
  A menudo escuchamos decir que la atmósfera absorbe la radiación emitida por la Tierra (correcto) y luego la vuelve a irradiar de regreso a la Tierra (falso). La atmósfera irradia porque tiene una temperatura finita, y no porque haya recibido radiación. Cuando la atmósfera emite radiación, no es la misma radiación (que ha dejado de existir en cuanto es absorbida) que ha recibido. La radiación absorbida y la emitida luego ni siquiera tienen el mismo espectro, y ciertamente no están compuestas de los mismos fotones. El término "re-irradiar" es un sinsentido que jamás debería ser usado para explicar algo.
  Algunas veces se hacen diagramas que muestran a la radiación subiendo desde la superficie de la Tierra hacia el cielo, y luego reflejada por las nubes o gases de invernadero. Esto también es una tontería. La radiación no fue reflejada, sino que fue absorbida y una radiación diferente fue subsecuentemente emitida.

- *¿Atrapa calor la atmósfera al producir el efecto invernadero)?*
  NO, por cierto! Tan pronto como la atmósfera absorbe energía, la pierde. Nada es *atrapado*. Si la energía fuese atrapada, por ejemplo, *retenida*, entonces la temperatura necesariamente estaría subiendo de manera sostenida. En vez de ello, en promedio, la temperatura es

constante y la energía transcurre a lo largo del sistema sin ser "atrapada" dentro del mismo.

- **¿Se comporta la atmósfera como un invernadero?**
  El nombre "efecto invernadero" es desafortunado, ya que un invernadero real no se comporta de la manera que lo hace la atmósfera. El mecanismo primario de un invernadero real, que mantiene al aire caliente prisionero en su interior, es **la supresión de la convección** (el intercambio de aire entre el interior y el exterior). Así, un real invernadero actúa como una manta para impedir que burbujas de aire caliente se alejen de la superficie. Como ya hemos visto, no es esta la manera como la atmósfera mantiene a la Tierra caliente. De hecho, la atmósfera no suprime la convección sino que la facilita.

  Otras veces escuchamos comparar al efecto invernadero de la atmósfera con el interior de un automóvil estacionado que ha sido dejado bajo el Sol del verano, con sus ventanillas cerradas. La comparación es tan falsa como la comparación con un invernadero real. Nuevamente, las ventanillas cerradas están suprimiendo la convección. Ya sea que el tópico sea un invernadero real o un auto estacionado, uno escucha decir la vieja tontería de que ambos se mantienen calientes porque la radiación visible (luz) puede pasar a través de los vidrios, y la *radiación infrarroja no puede*. En realidad, se ha sabido por más de cien años que esto tiene muy poca relación con el asunto. La radiación infrarroja **SÍ** puede atravesar el vidrio –aunque un poco menos que si no existiera.

- **Por último, ¿Qué tenemos que decirles a los estudiantes?**
  La explicación correcta (como las ofrecidas más arriba) son notablemente simples y fáciles de entender, porque: *La superficie de la Tierra es más caliente de lo que sería en ausencia de una atmósfera, porque recibe energía de dos fuentes de calor: el Sol y la atmósfera.* Pero **JAMÁS** enseñe tonterías diciendo que la radiación es atrapada, o que la atmósfera re-emite radiación, o que la atmósfera se comporta como un invernadero real (o un automóvil con las ventanillas cerradas), o que los gases de invernadero actúan como una manta.

A veces se hacen objeciones a lo expuesto, sobre todo a que no es la atmósfera quien calienta a la superficie sino que es calentada por la energía recibida desde el Sol. El hecho de que la atmósfera obtenga su energía de alguna otra parte no excluye al hecho de que es una fuente de calor para la superficie de la Tierra. Para el caso, la energía que proviene del Sol sale de la fotosfera –pero la fotosfera a su vez la recibe del interior del Sol y la retransmite. De una manera empírica, si uno toma un radiómetro y lo apunta al Sol obtendrá una lectura de la temperatura que está llegando directamente, o en línea recta, desde el Sol. Cuando se apunta el instrumento en otra dirección de la atmósfera, digamos 10°

a la izquierda del Sol, se obtiene otra lectura –menor– pero indica que *es calor que el radiómetro está recibiendo de la atmósfera*, y ese calor también lo está recibiendo la superficie.

Se insiste entonces en que el Sol es la fuente básica de energía y que la sugestión de que la atmósfera actúa como el Sol confunde a la gente. Cuando se conocen los principios básicos de la física y de la termodinámica, el asunto no es tan complicado como parece al principio.

La atmósfera sí actúa de la manera en que lo hace el Sol, o por lo menos la parte que vemos y que nos envía energía. Tanto la atmósfera de la Tierra como la fotósfera del Sol emiten radiación por la misma razón básica: aunque sus temperaturas son diferentes ambas están emitiendo lo que es casi la radiación de un Cuerpo Negro. Y aunque la fotósfera es más caliente, nuestra atmósfera ocupa una fracción mucho más grande del cielo de modo que obtenemos mucha más energía de la atmósfera que directamente desde la fotósfera del Sol.

También se argumenta que la atmósfera dejaría de emitir sin la presencia del Sol. Bueno, sí, pero lo haría después de un tiempo; después de haber perdido gradualmente la energía que recibió del Sol y de la superficie de la tierra. De hecho, eso es lo que sucede cada vez que el Sol se pone detrás del horizonte. La atmósfera en sombra no recibe energía del Sol pero continúa emitiendo cada vez menos calor hasta que el Sol amanezca otra vez por el este.

Radiación, Convección y Conducción

La energía se transmite por esos tres caminos: la energía es radiada en forma de fotones que llevan energía. La transmiten a moléculas que encuentran en su camino por impacto, alterando la cantidad de energía de la sustancia, sea gas, líquido o sólido. En el caso de los gases las moléculas absorben la energía incrementando su energía cinética, es decir, la velocidad con que se mueven en el espacio. Pero las moléculas que reciben energía la vuelven a emitir casi de inmediato, con una demora de nanosegundos.

El tiempo que una molécula almacena o retiene la energía no es de semanas, días o minutos, ni tampoco minutos: tan pronto como la recibe la emite en forma de otro fotón –que puede partir en la misma dirección que traía el fotón original o en cualquiera otra dirección, en los infinitos grados que forman la "esfera de dispersión" de la energía. Así puede volver en la misma dirección que traía o partir a 270° o a 30°. No hay una regla fija para la dirección que tomará el fotón saliente.

La **Conducción** es la manera en que la energía se transmite cuando una molécula hace contacto con otra sin emisión de fotones. Cuando una barra metálica es calentada en un extremo, el calor se transmite hasta el otro extremo por la conducción de sus moléculas. Mientras más denso sea el material más rápido será la conducción. Los materiales menos densos son malos conductores del calor, como la madera o los poliestirenos expandidos, y las espumas porque contienen aire. El aire no es buen conductor de la temperatura o la energía. Se dice que es un *aislante* o un *dieléctrico*, dependiendo del tipo de energía que se trate: calor o electricidad.

Así las moléculas de gases que se tocan entre sí transmiten su energía, siempre desde el nivel **de mayor al de menor energía**. La transmisión de energía es siempre desde el cuerpo más caliente al más frío. Las atmósferas más densas son así capaces de contener y transmitir mayor cantidad de energía que las menos densas, como es el caso de la atmósfera del planeta Venus que es 90 veces más densa que la de la Tierra. Por su parte la atmósfera del planeta Marte tiene una densidad que es casi la décima parte de la terrestre.

Este hecho, aunado a las diferentes distancias al Sol, hacen de Venus un planeta ardiente y Marte un planeta congelado –y ambos tienen una atmósfera compuesta de un 90-95% de dióxido de carbono, que tiene una influencia despreciable.

La **Convección** es el fenómeno que conocemos como las corrientes ascendentes de la atmósfera en los días cálidos de verano. Son causadas por la diferencia de temperatura entre las moléculas que constituyen la atmósfera. Las moléculas con mayor energía –más calientes– tienen mayor energía cinética, y son mucho más móviles que las moléculas "frías". El entrechocar de las moléculas calientes entre sí las mantiene más separadas y por ello el volumen de la masa de aire es mayor. Las moléculas "frías" están más juntas y el volumen de esa masa de aire es menor. La física nos dice que un volumen de aire cálido es más liviano que un volumen igual de aire frío. Pero la lógica también nos dice que se debe a que en aire frío hay muchas más moléculas que en uno caliente.

Cuando el Sol calienta la atmósfera y la superficie de una región, el aire caliente se eleva porque es empujado **desde abajo** por el aire frío que es más denso y pesado y acude desde áreas que no se han calentado tanto. Mientras mayor es la diferencia entre la temperatura del aire calentado en la superficie y la del aire en las regiones a su alrededor, mayor es la velocidad con que el aire pesado ocupará el lugar el lugar del aire caliente empujándolo hacia las alturas. Las corrientes convectivas ascendentes de verano pueden superar los 200 kilómetros por hora y llegar hasta la estratosfera. Son las que transportan la humedad de la superficie en las regiones tropicales y templadas y forman esas gigantescas nubes llamadas *cumulonimbos* por los meteorólogos, y también donde se forman las tormentas de granizo, que son gotas de agua congeladas y recicladas dentro de la nube hasta que alcanzan el tamaño necesario para vencer la fuerza de los vientos ascendentes.

Son las corrientes convectivas las que tienen la mayor responsabilidad en el transporte de calor desde la superficie hasta el espacio exterior. Una vez que las moléculas de gases de invernadero han llegado hasta la estratosfera, el calor o energía que llevan es irradiado hacia el espacio exterior de donde no regresa.

Básicamente, y de manera muy simplificada, esta es la manera en que funciona el asunto del enfriamiento de la superficie y la atmósfera. Los científicos discuten y se pelean a muerte tratando de ponerle un valor numérico a las variables y constantes que intervienen en las fórmulas con que quieren explicar todo este comportamiento caótico del sistema climático. Algunos construyen modelos o simulaciones del clima, donde creen ver la manera en que el clima funciona. Son programas computados donde cada fenómeno del clima y de la naturaleza, ya sean físicos, reacciones químicas, o comportamientos biológicos, tienen que tener un valor determinado dentro de cientos de miles de ecuaciones. Por lo tanto hay constantes que no son tan constantes como la *"constante solar"*, esto es, la cantidad de energía que se recibe del sol y que varía según las variaciones de la actividad solar.

Las cosas se complican

El estudio del efecto invernadero y las propiedades radiantes de los gases es un asunto que, para ponerlo de manera muy amable, es muy vidrioso y lleva a fuertes discusiones y constantes desencuentros entre los científicos, aún entre los del mismo bando de opinión. Por supuesto, decir que en materia del clima *"la ciencia se ha pronunciado"*, o que *"el debate está terminado,"* y que *"el consenso es abrumador"*, es no tener ni la más remota idea de lo que se está afirmando. Quienes así se expresan, lo hacen impulsados por intereses políticos o personales, o que dejan traslucir una fuerte ignorancia de la ciencia climática.

El esperado efecto del CO_2 se deduce de sus propiedades físicas en columnas atmosféricas teóricas. Son propiedades que se asumen, que no existen en la Tierra en ningún momento. No hay jamás en ninguna columna de aire en cualquier latitud algún balance de energía. Eso hace que cualquier razonamiento basado en los procesos de transferencia radiante en esa columna sea altamente cuestionable.

Hace tiempo que se ha llamado la atención sobre la observación de que entre las latitudes 30ºS y 30ºN la exportación neta de radiación al espacio es negativa mientras que en los flancos es positiva. Esto es de una gran importancia porque significa que para alcanzar un balance global de la energía, el transporte de ella a través de la troposfera por medio de los vientos y las corrientes oceánicas tiene que ser significativo y en consecuencia también los eventos meteorológicos, que son el resultado de una distribución desigual de la radiación solar sobre la superficie del planeta. Esto se ve en el gráfico de la Figura 1.

La explicación es simple. Los rayos del Sol inciden más perpendicularmente sobre el ecuador y los trópicos, mientras que en los polos lo hace a un ángulo pronunciado –entre 0º y 23.5º. Así, la misma cantidad de energía se distribuye en un área mucho más amplia y el contenido de calor es sustancialmente menor. Ese principio de la geometría y la física han impedido que los polos se derritiesen en el pasado, a pesar de haberse registrado períodos bastante más cálidos que ahora.

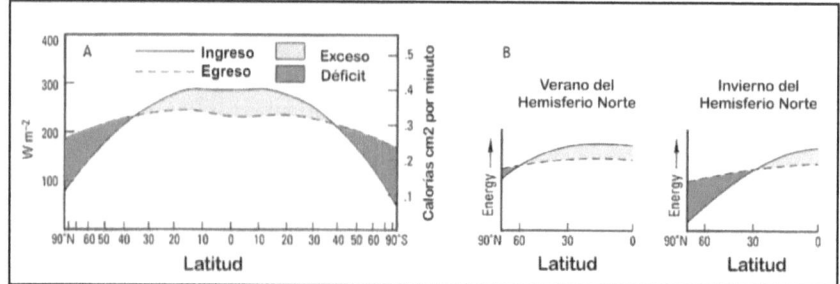

Figura 1: Balance de energía entrante y saliente. Los trópicos reciben más energía de la que pierden, mientras que los polos pierden más calor del que reciben.

No hay dudas de que las temperaturas son ahora relativamente cálidas. Pero relativas a la Pequeña Edad de Hielo y a las glaciaciones del pasado, claro, pero también *relativamente más frías* que las registradas durante varios períodos como el máximo del Holoceno, o el Período Cálido Romano, o el Período Cálido Medieval. Desde 1800 la Tierra se ha calentado en alrededor de 1°C. Este calentamiento ocurrió durante la rápida industrialización del mundo desarrollado y fue acompañado de un aumento en el uso de los llamados combustibles fósiles como el carbón, la hulla, la turba (que son fósiles) y el petróleo y el gas natural, que parecen tener un origen no biológico, es decir, no ser el resultado de la descomposición de selvas antiguas sepultadas bajo miles de metros de sedimentos a elevadas presiones y temperaturas. Todos esos combustibles, además de la madera, producen dióxido de carbono cuando son quemados, que es uno de los *"gases de invernadero."*

Pero todo científico sabe que **la correlación NO es causación**. Esto es, que una aparente relación entre A y B no significa que A sea la causa y B el efecto. Por ejemplo, existe una fuerte correlación entre los obesos y las bebidas gaseosas de tipo "diet", dado que casi todos ellos las prefieren a las azucaradas. Ergo, *las bebidas diet causan obesidad*. También hay una correlación muy estrecha entre el precio de las estampillas de correo de los Estados Unidos y las temperaturas: se podría inferir que el aumento del precio ha causado el calentamiento global. Luego hay correlaciones muy estrechas como la que existe entre los niveles de CO_2 y las temperaturas durante casi toda la historia climática de la Tierra. Pero es necesario hilar muy fino para saber **cuál es la causa** y cuál es **la consecuencia**.

En las presentaciones que hace Al Gore de su Power Point y en su documental *"Una Verdad Inconveniente,"* muestra un inmenso gráfico que cubre los últimos 650.000 años. En la parte superior tiene una curva en rojo representando a los niveles de CO2 y en la inferior una azul que corresponde a la temperatura. Gore dice, *"Cuando el CO_2 va para arriba,* *las temperaturas también.*" Lo que no se atreve a decir es cuál fue para arriba **primero**, y cuál le ha seguido –porque él lo sabe, lo que es una prueba de su profunda deshonestidad.

En noviembre de 200 la revista *Science* aceptó para publicación el trabajo de Eric Monnin y un equipo de renombrados científicos del clima, titulado, *"Concentraciones Atmosféricas de CO_2 Durante la Terminación de la Última Glaciación,"* demostrando que el aumento del CO_2 en la atmósfera durante la terminación de la última glaciación se produjo con un retraso de entre 600 y 800 años con relación al aumento de la temperatura de la atmósfera. El trabajo tiene implicaciones serias para la climatología, al probar que el aumento de la temperatura **es la causa primera** y el aumento del CO_2 **la consecuencia posterior.** También explica que el aumento del CO_2 en el Hemisferio Norte pudo haber sido causado por una alteración de las corrientes termohalinas en la región del Atlántico Norte. Monnin lo explica hacia el final del paper: [1]

"Los rápidos crecimientos de la concentración del CO_2 y del metano entre los intervalos II y III, hacia ~13.8 ka A.H., según la escala de tiempo de Dome C, corresponde al rápido calentamiento en el Hemisferio Norte observado hacia 14.5 ka A.H. en la escala de tiempo GRIP. Este calentamiento fue probablemente causado por la realzada formación de las aguas profundas del Atlántico Norte (North Atlantic Deep Water - NADW), sugiriendo que el súbito aumento del CO2 podría haber sido causado por cambios en la circulación termohalina. Por otra parte, se cree que el aumento del metano habría sido causado por un intensificado ciclo hidrológico durante la fase cálida B/A, que llevó a una expansión de los humedales en los trópicos y en las latitudes boreales."

Ver la Figura 2. También en trabajos sobre épocas más recientes de la historia de la Tierra se observan aumentos de la temperatura seguidos por aumentos del CO2 y del metano con un considerable retraso de entre 30 a 80 años. Estos estudios son, verdaderamente, *"Verdades Incómodas"* para la hipótesis que tan buenos frutos financieros le está rindiendo al Señor Al Gore, a su socio Maurice Strong y una inmensa legión de traficantes de bonos de carbono, o las famosas "indulgencias Plenarias" a las que son adictos las almas verdes que han cometido el pecado de gastar más energía que la usaba un *australopitecus* en su vagar por las praderas de África.

Este desencuentro entre el CO2 y las temperaturas, llegando el CO2 siempre tarde a la cita, se ve con claridad en el calentamiento anterior a 1940, que no pudo haber sido causado por los gases de invernadero emitidos por el hombre por la simple razón de que la vasta mayoría de esas emisiones ocurrieron **después** de 1940.

En vez de ello, es más probable que el fin natural de la Pequeña Edad de Hielo, ese período de varios cientos de años de tiempos helados. Además, las perforaciones del hielo en Groenlandia y la Antártida sugieren que aún no hemos llegado a las temperaturas de hace unos 1000 años, durante nuestro conocido *Período Cálido Medieval*. Es así que nos resulta muy claro que pueden ocurrir –y de hecho ocurren- sustanciales variaciones y cambios en el clima.

Entonces, ¿por qué tantos científicos culpan por el actual calor a las emisiones de gases invernadero humanas? Porque no comprendemos cuáles son las causas de las variaciones naturales del clima y como no podemos predecirlas, recurrimos a la única explicación que creemos que comprendemos: que el dióxido de carbono es un gas invernadero cuyas concentraciones fueron en aumento. Y por cierto, es razonable sospechar que por lo menos una parte, por pequeña que sea, es debida a la humanidad. ¿Pero cuánto? Nadie lo sabe.

En resumen, la creencia de que nuestro actual calor es debido a la humanidad y sus actividades es tan sólo eso: una creencia, no un hecho comprobado. No tenemos ninguna idea de cuánto calentamiento es de origen natural, y sin ese conocimiento es imposible determinar cuánto es el calentamiento debido al hombre.

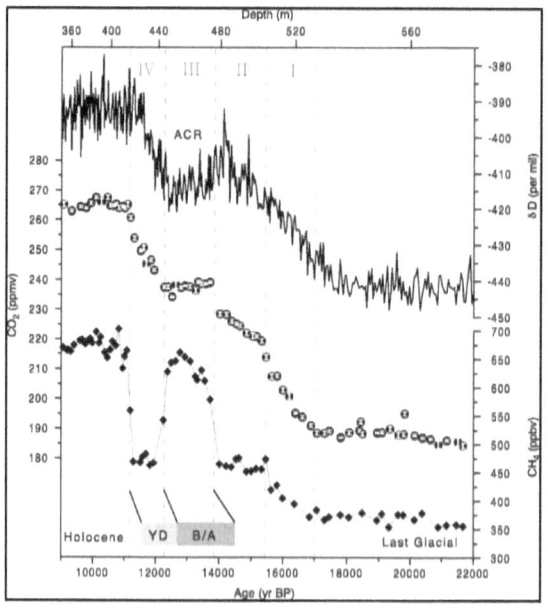

Figura 2: La curva sólida indica al δD del Dome C en el hielo cono un proxy para la temperatura local. Los círculos sólidos representan a la información del CO_2 del Dome C (promedio de seis muestras, barras de error 1σ de la media). Los rombos muestran los datos del metano del Dome C (la 1σ incertidumbre es 10 ppMMv) La escala de tiempo usada para la edad gas-hielo es a partir del trabajo de Schwander *et al.*

El Balance de Energía de la Tierra
y El Efecto Invernadero

La teoría del "calentamiento global" afirma que las emisiones de gases invernadero de la humanidad están desquiciando el "balance de energía" de la Tierra –que se refiere a los 235 Watts por metro cuadrado (W/m^2) de luz solar absorbida que deberían ser balanceados por una cantidad igual de radiación infrarroja abandonando la Tierra rumbo al espacio exterior. Esta condición de *"energía/entrante igual a energía/saliente"* se asume como necesaria para que las temperaturas globales se mantengan relativamente constantes. Pero se argumenta que nuestras emisiones de gases invernadero están rompiendo ese equilibrio, con un desbalance aproximado de 1 W/m^2 (más energía se absorbe que la emitida al espacio). Este watt /m^2 es una ínfima fracción de los 235 W/m^2 promedio que entra y sale del sistema climático, De paso sea dicho, este desequilibrio es demasiado pequeño para ser medido por los instrumentos que hay volando en los satélites de modo que es calculado de manera teórica.

Dado que se afirma que las emisiones humanas de gases invernadero están aumentando el efecto del invernadero natural, necesitamos entender primero qué es y cómo se mantiene. Un gas invernadero es un gas que tiene cuando menos tres moléculas. De tal manera, los dos gases más abundantes en la tierra, el nitrógeno (N_2) y el Oxígeno (O_2) no son "gases invernadero," es decir, no absorben radiación ni la emiten. Mi opinión es que no es tanto así, pero esa discusión la dejaremos para más adelante. Sólo diré por el momento que el oxígeno (O2) tiene una 'capacidad calorífica' (Cp) a 288 °K de 7,05 cal/mol.K, y el Nitrógeno (N2) tiene una de 6.94 calorías/mol.K, o sea que **absorben calor**. Cómo lo entregan o se deshacen de él, es otro tema.

La teoría ortodoxa dice que un gas invernadero **atrapa** radiación infrarroja (calor) en la atmósfera y calienta a la baja troposfera mientras que enfría a la estratosfera inferior. En realidad, hay una discusión pendiente de resolución entre diversos bandos, porque unos afirman que los llamados gases invernadero en realidad enfrían a la Tierra porque tienen esa capacidad de irradiar al espacio exterior el calor que reciben directa e indirectamente del Sol.

Y no les falta razón. Ya vimos que los gases, incluido el nitrógeno y el oxígeno en verdad redistribuyen uniformemente el calor de la superficie impidiendo que la porción iluminada de la Tierra, la que va quedando expuesta al sol mientras gira sobre su eje, se caliente hasta los 250 o 300 grados centígrados y la parte que queda en sombras durante la noche descienda hasta los 150°C bajo cero, o menos aún. En este rol de absorber calor del sol, de la superficie y de otras partes la atmósfera, el rol principal lo cumple el vapor de agua.

El Planeta Agua

La superficie de la tierra está cubierta de agua en su mayor parte. En realidad debería haber sido llamado Planeta Agua y no Tierra. El agua está presente en su tres formas: gaseosa, líquida, y sólida. Estas fases se transforman unas en otras bajo la influencia de variaciones locales de temperatura y presión. La energía radiante del sol es recibida sobre la gran superficie de los océanos que es calentada, produciendo calor sensible. La temperatura aumenta. Parte de la energía recibida produce evaporación y el resto se distribuye hacia las profundidades calentando las aguas más frías en las profundidades.

La evaporación de agua de los mares hace que el calor sensible recibido se transforme en "calor latente", que no está acompañado de un aumento de la temperatura. El vapor es llevado por las corrientes convectivas a mayores alturas donde se condensa y se transforrma nuevamente en "calor sensible" y la temperatura del aire aumenta. La condensación produce nubes que retornan agua líquida, nieve o hielo a la superficie de la Tierra. Por ello este ciclo de agua tiene una economía global y una economía de calor asociada a él. El primero y más importante efecto es que la energía radiante del sol recibida en la superficie es redistribuida como calor sensible sobre toda la superficie del planeta y a diferentes alturas.

No toda la energía recibida por la Tierra proviene del Sol, y no toda ella se mantiene asociada con el ciclo del agua. Parte de la radiación que llega del sol es reflejada desde la superficie de regreso al espacio de manera que no está comprendida en el ciclo del agua. Muy importante es que el agua está contenida en la atmósfera en sus tres fases, por consiguiente la atmósfera funciona como *una fuente de radiación* que produce –exclusivamente– radiación infrarroja. Estos infrarrojos son emitidos por las moléculas (de gases y sólidos) en todas las direcciones y una gran parte en dirección al espacio, de manera que hay otra parte de esa radiación que no está incluida en el ciclo del agua.

Pero esta radiación infrarroja también es parcialmente reflejada hacia la superficie de la Tierra y se suma a la energía recibida por la superficie. La temperatura media global de la superficie del planeta muestra muy pequeñas variaciones a lo largo del tiempo. De tal forma el contenido de calor de la atmósfera parece ser bastante constante y en consecuencia parece existir un equilibrio entre la radiación recibida y la emitida al espacio durante todo un año. Debería recordarse, sin embargo, que durante cada año la temperatura media global varía casi 4°C, comprobándose que siempre hay un desequilibrio en el balance de energía del planeta, como se ve en la figura 3, de la próxima página.

El paradigma aceptado del efecto invernadero

Como se ha mencionado, la atmósfera es una fuente de radiación que emite energía en todas las direcciones. Una parte va al espacio y otra en dirección de la superficie. El resultado es que la superficie recibe así más radiación de la que recibe directamente del sol. El sol no produce los suficientes Julios/año para mantener a la temperatura media por encima del punto de congelación, pero la radiación de retorno provista por la atmósfera agrega el calor que eleva la temperatura de la superficie. Si partimos desde la situación virtual que la Tierra originalmente era una "bola de hielo", entonces desde ese comienzo algo de vapor de agua fue ingresando a la atmósfera por el mecanismo de sublimación. La sublimación es el fenómeno físico en que el agua pasa del estado sólido (hielo) al estado gaseoso (vapor de agua) por acción de la energía recibida por el sol.

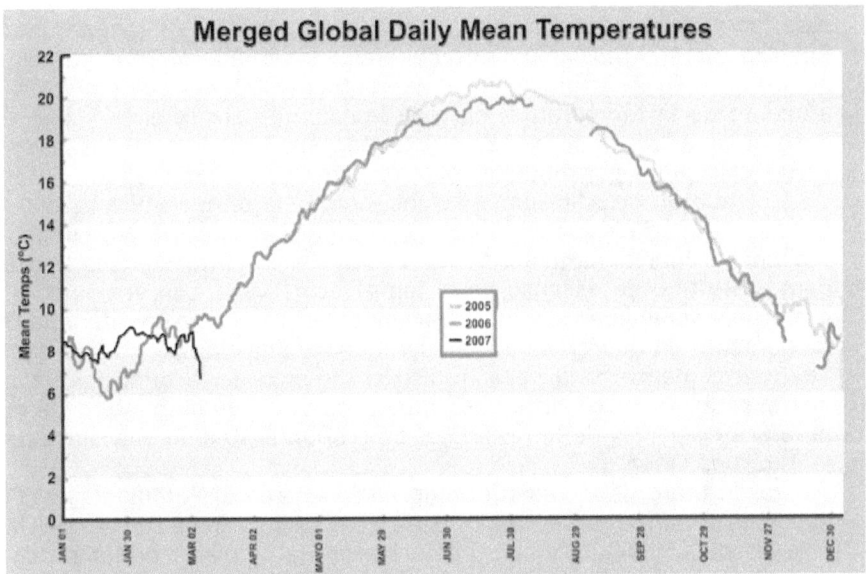

Figura 3: Variación de la temperatura media global a lo largo de un año. La máxima se alcanza hacia junio (el verano del Hemisferio Norte) y las mínimas en enero de cada año (verano del Hemisferio Sur).[2]

Esta humedad atmosférica aumentó la radiación de retorno a la superficie calentándola progresivamente en un efecto de retroalimentación positiva. Mayor calor produjo mayor evaporación, un aumento de la humedad, mayor absorción de calor, irradiación hacia la superficie, calentamiento, evaporación, etc, repitiéndose en un largo ciclo de varios millones de años. ¿Durante cuánto tiempo continuará este proceso con un constante aumento del vapor de agua en la atmósfera sin que toda el agua de los mares se haya evaporado?

Claramente, los mares siguen existiendo y la concentración de vapor de agua en la atmósfera se mantiene dentro de valores que no varían demasiado, la tasa de evaporación ha cesado y los niveles del mar permanecen sin disminuir sensiblemente. En consecuencia debemos asumir que se ha establecido un estado de equilibrio bajo la influencia del ciclo del agua. La atmósfera más fría retorna agua de lluvia (o nieve y hielo) a la superficie. El resultado final es que el equilibrio entre la radiación recibida del sol y la radiación emitida al espacio se mantiene en funcionamiento, totalmente operacional.

El Paradigma del CO2

El agua no es la única molécula en la atmósfera que emite radiación infrarroja. Existe una pequeña cantidad de CO2 que absorbe y produce infrarrojos a longitudes de ondas muy específicas. Como resultado de esto, se podría esperar que las concentraciones de CO_2 tengan una influencia sobre el funcionamiento del efecto invernadero. En el paradigma actual del CO_2 se asume que el aumento del CO_2 da por resultado un aumento de la temperatura en toda la columna atmosférica y que esto hace subir a la temperatura. Esto puede ser plausible en los terrenos físicos calculados por modelos, pero es difícil de probar *in situ*.

Se le dio una credibilidad adicional porque la temperatura media global de la superficie ascendió unos 0,7ºC durante el siglo 20, cuando se registró un fuerte aumento de los niveles de CO_2 atmosféricos. Sin embargo, el ritmo de ascenso de la temperatura varió con el tiempo y no era proporcional con las concentraciones de CO_2. También difería la tasa de aumento en diferentes partes del mundo: por ejemplo, desde que en 1979 se comenzaron a llevar registros precisos de la temperatura mediante satélites, se ha observado muy poco o ningún aumento de la temperatura en partes de la Antártida, pero sí un sostenido enfriamiento de la Antártida Oriental.

Por lo tanto deben existir complicaciones con el Paradigma del CO_2. Podemos suponer que emergen de la complejidad del sistema. La Tierra rota alrededor de su eje con una inclinación y hace una órbita alrededor del sol. Esto produce los ciclos de días y estaciones. Además este sistema mecánico produce a su vez complejas corrientes oceánicas y atmosféricas que redistribuyen de manera constante la desigual distribución de la energía recibida del sol. Esto lo veremos más adelante en el *Paradigma del Tiempo*.

Como una extensión de la suposición de que el CO_2 influenciará al flujo de calor, y la absorción de calor en la superficie, está la suposición de que ocurrirá un aumento de la evaporación y la humedad de la atmósfera crecerá haciendo mayor al efecto invernadero producido por el vapor de agua. Esto es conocido como *"realimentación positiva"* causada por el aumento del CO_2 en la atmósfera sobre la temperatura.

Un Paradigma del CO2 Revisado

Pero el aumento de la radiación de retorno del CO_2 también dará por resultado una remoción del calor latente de la superficie en la forma de evaporación. Este retiro de calor latente enfriará la superficie, y este enfriamiento es *una realimentación negativa*. La radiación infrarroja es menos efectiva para calentar una capa de agua que la luz solar porque el infrarrojo sólo penetra en el agua unos pocos milímetros mientras que la luz del sol lo hace hasta más allá de varias decenas de metros. Por consiguiente se espera que la remoción de calor inducida por el infrarrojo sea mayor que mediante la luz solar porque el infrarrojo calienta directamente la superficie del agua que evapora.

La pregunta es, cuáles son las magnitudes de las realimentaciones positivas y negativas de los mecanismos para una particular temperatura y humedad cercana a la superficie cuando la superficie recibe más radiación? Los científicos que trabajan con modelos sobre ese aspecto de la ciencia no se han puesto todavía de acuerdo. El problema es complejo porque uno no puede considerar solamente a los procesos de la transferencia de radiación y evaporación: las influencias locales de los flujos verticales (las corrientes convectivas y la turbulencia) también actúan como eficientes removedores de calor de la superficie en ubicaciones particulares (por ejemplo, cerca del ecuador).

El abstracto del estudio de Lindzen y Choi (2009)[3], "*Sobre la Determinación de realimentaciones del clima a partir de información ERBE*", dice los siguiente:

"Las realimentaciones del clima se estiman de las fluctuaciones en el balance de la radiación saliente de la última versión de información sin escaneo del Experimento del Balance de Radiación de la Tierra (ERBE). Aparece, para el trópico entero, un aumento del flujo de la radiación saliente observada con el aumento de la temperatura de superficie de los océanos (SSTs). El comportamiento observado de los flujos de radiación implica a procesos de realimentaciones negativas asociados con una relativamente baja sensibilidad climática. Esto es lo opuesto al comportamiento de 11 modelos atmosféricos forzado por las mismas SSTs. Por consiguiente, los modelos muestran una sensibilidad climática mucho mayor que la inferida por ERBE, aunque es difícil de determinar tan alta sensibilidad con alguna precisión. Los resultados también muestran que la realimentación de ERBE es en su mayor parte de radiación de onda larga. Aunque dicho test no distingue los mecanismos, esto es importante ya que la inconsistencia de las realimentaciones constituye un problema muy fundamental en la predicción del clima."

La absoluta incongruencia y falta de compatibilidad entre las predicciones de los modelos y la realidad es totalmente evidente, como se aprecia en la Figura 4. Este es un gráfico verdaderamente asombroso que provee la evidencia definitiva de que el IPCC ha exagerado absurdamente el efecto de, no sólo el CO2, sino de también todos los gases invernadero sobre las temperaturas medias de la Tierra.

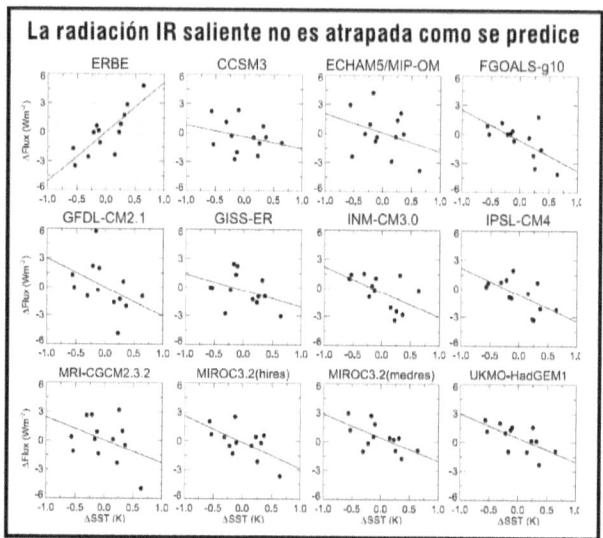

Fig. 4: La realidad observada versus predicciones computadas equivocadas. Ploteos de dispersiones del flujo neto de radiación infrarroja (IR) saliente hacia el espacio, medido por los satélites del Experimento Balance de Radiación de la Tierra (Earth Radiation Budget Experiment) durante un período de 15 años (panel superior izquierdo, en amarillo), y las predicciones de 11 modelos computados sobre los que se basa el IPCC (todos los demás paneles). (**Fuente:** Lindzen y Choi, Julio 2009)

¿Cuál es el significado de esto? Si la concentración atmosférica del CO_2 se duplica de 386 a 772 partes por millón, la temperatura media global no aumentará los 3ºC-5,8ºC imaginados por el Panel de la ONU, sino unos inofensivos 0,56ºC, en todo congruente con los cálculos hechos por Sherwood Idso ya en 1980, y corroborados por 8 experimentos en el mundo real en 1998.[4]

El famoso investigador **Sherwood Idso**, del *Servicio de Investigación del Departamento de Agricultura* de los EEUU y profesor del Depto. de Botánica y Geografía de la Universidad de Arizona, tiene una muy razonable teoría basada en estos 34ºC del invernadero natural de la Tierra, elaborada después de muchos y fructíferos años de investigación.

Idso investigó una propiedad de la atmósfera que se llama **emisividad**, que es una medida de lo próximo que están sus propiedades de absorción y radiación de energía a las del más eficaz radiador posible, el llamado «**cuerpo negro**». Un cuerpo negro perfecto absorbe toda la energía radiante que recibe. Por lo tanto, la Tierra está actuando casi tan eficientemente como un 'cuerpo negro' dado que absorbe el 90% de la energía recibida desde el Sol. En cualquiera de los casos imaginables, la atmósfera de la Tierra jamás podría ser tan eficaz como un cuerpo negro y, al actuar ahora con una eficacia del 90% del cuerpo negro en el infrarrojo, ha producido un efecto invernadero global de 34°C. Ese 10% que falta, dice Idso, no podría producir más que otro 10% de efecto invernadero, es decir, no más que un ulterior aumento de temperatura media global de 3,4°C.

Sin embargo, es imposible que la Tierra actúe como un cuerpo negro perfecto debido a la simple razón que este cuerpo negro no puede existir. Es sólo un ejercicio intelectual de los científicos. Por otra parte, los largos estudios de Idso le hacen afirmar que una duplicación del CO_2 en la atmósfera sólo provocaría un aumento de la temperatura de apenas 0,34°C.

Un Poco de CO_2

Analicemos brevemente un aspecto del aumento del CO_2 en la atmósfera que es ignorado con muchísima frecuencia: su impacto sobre la biosfera. El CO_2 tiene un rol esencial ya que, al revés que los demás gases emitidos por la quema de combustibles fósiles, no es un gas contaminante con efectos potencialmente perniciosos para la biosfera, sino que se trata de un gas esencial y altamente beneficioso para el desarrollo de la vida animal y vegetal en nuestro planeta Tierra. En consecuencia, cuando el hombre emite CO_2 a la atmósfera no la está dañando, sino más bien beneficiándola - por cierto que dentro de cualquiera de los rangos que puedan ocurrir a causa de la quema de combustibles fósiles. Existen numerosos estudios que han evaluado el posible impacto que un aumento del bióxido de carbono tendría sobre una gran variedad de plantas, tanto silvestres como cultivadas.

Las conclusiones generalizadas son abrumadoramente positivas y se pueden resumir así: «*Mayores niveles de CO_2 provocan aumento en la fotosíntesis, peso de las plantas, cantidad de ramas, hojas y frutos, tamaño de estos últimos, tolerancia de las plantas a la contaminación atmosférica y un marcado aumento de la eficiencia en el uso del agua*».

Por último, los estudios de Maier-Reimer y *Hasselmann* (*Climate Dynamics, 1987*) demuestran que, a mayor temperatura, mayor es el crecimiento de las plantas –por lo menos dentro de los rangos de temperatura observados en nuestro planeta. Esto es totalmente cierto para las temperaturas tropicales, y refleja parcialmente el hecho que *la variedad de especies en la biosfera aumenta a medida que aumentan la temperatura y la humedad.*

Los Modelos por Computadora

La Verdad sea dicha de una vez, toda la alarma y miedo que se les ha echado encima a la pobre gente están basados en las «*profecías*» que salen de poderosas computadoras que corren programas llamados MCG (o *Modelos de Circulación General*). Para dejar las cosas bien en claro, no importa cuán perfectos sean estos programas, siguen siendo solamente modelos, es decir, una aproximación incompleta de la multitud de procesos físicos, químicos y aún biológicos que ocurren en la Tierra, y están muy lejos aún de incluir a todos los procesos que son importantes para el clima. Primero, existe una infinidad de procesos naturales aún desconocidos y que no están incorporados a estos modelos, por lo que sus resultados carecen de todo valor científico.

Los científicos han estado tratando desde fines del siglo 19 de comprender el complicado comportamiento de los fluidos que se conoce como **turbulencia.** Se trata de un proceso caótico que no puede ser simulado por ningún programa computado por la simple razón de que los científicos no saben cómo funciona. Cuando un fluido es turbulento (casi todos lo son naturalmente), no se puede predecir teóricamente la manera en que comportará, y tampoco se pueden medir de manera experimental las condiciones en el fluido de manera de poder saber qué está sucediendo.

Los experimentos están dificultados por el hecho de que un fluido turbulento está activo en escalas más pequeñas que el tamaño de los más pequeños instrumentos de medición. En consecuencia, las medidas mismas no son de las variables reales sino de alguna clase de promedio, no especificado, dependiente del instrumento, en sólo algunas partes pequeñas del fluido analizado.

Es fundamental para poder comprender la seriedad de todas las afirmaciones que se hacen en el tema del cambio climático, darse cuenta que el clima no puede ser modelado de la manera tan perfecta que permita predecir el tiempo que hará la semana que viene – para no hablar de 100 años en el futuro! Los resultados que producen los modelos computarizados son realmente **profecías**. La razón básica es que no sabemos lo suficiente sobre cómo funciona el clima.

Los modelos creados para simular el funcionamiento de la atmósfera son del tipo de modelo tridimensional o MCG. Para que tenga usted una somera idea de la precisión y fiabilidad que pueden tener estos modelos computarizados, veamos cómo se diseñan. Durante años estos modelos dividían al mundo en dos hemisferios y tomaban en cuenta solamente al Hemisferio Norte - el Sur no existía para los climatólogos. Luego dividían al mundo en una cuadrícula cuyos cuadrados tienen 450 km de lado. Cada uno de estos cuadrados tiene encima una columna de aire de 50 kilómetros de altura donde se deberían reproducir miles de reacciones químicas y físicas, **todas ellas turbulentas**. Cada una de estas reacciones debe representarse por una ecuación que contiene constantes y variables, que nadie sabe cómo medir ni determinar con exactitud.

Lo difícil es determinar el valor de estas variables y constantes. Como no se pueden medir por ser turbulentas, los científicos esquivan el problema y comienzan con un valor a «ojo de buen cubero» y luego lo van modificando de acuerdo a los resultados. Si los resultados obtenidos no parecen confirmar la hipótesis de que la temperatura aumentará, se siguen modificando las variables hasta que se obtiene el resultado que confirma la hipótesis *a priori* de que el calentamiento será grave.

Pero la cuadrícula de 450 km de lado es demasiado grande y los valores dentro de cada una de ellas es diferente al de las cuadrículas vecinas. De acuerdo a esto, mientras en uno de los cuadrados *llueve torrencialmente*, en el cuadrado *vecino hay una sequía espantosa*; en otro *se derriten de calor* y en el siguiente *se congelan a muerte*. La precisión o «fineza» de este análisis y simulación de la Tierra es demasiado grosera como para ser considerado con alguna seriedad.

Los MCG, aún los más perfeccionados y costosos de «correr», están muy, pero muy lejos de ser representaciones adecuadas de la realidad: la radiación solar se introduce como un valor fijo, correspondiente ya sea al verano o bien al invierno. Los MCG no pueden calcular los efectos de las variaciones estacionales y los científicos no se han puesto de acuerdo sobre el efecto de la nubosidad en el clima: ¿Ayuda a *calentar* a la atmósfera al impedir que la radiación escape al espacio, o en realidad *enfría* al planeta al impedir que los rayos solares lleguen hasta la superficie del mismo? Imaginen el resultado de una ecuación con una variable que puede tener valor *negativo* para unos, o *positivo* para otros. ¿A quién creerle?

Pero lo peor de todo es que ninguno de los modelos usados hasta ahora toma adecuadamente en cuenta a los océanos. Y algo más: ni las corrientes del Niño o La Niña eran consideradas algo que valga la pena introducir como dato. Cuando se piensa que los océanos cubren un 73% de la superficie del planeta, *y este 73% está ausente en los cálculos*, hay algo en los MCG **que no puede andar bien**. Sin embargo, el Sr. James Hansen, cuando en 1988 habló ante el Congreso de los Estados Unidos para afirmar que el Calentamiento Global se había iniciado, lo hacía basándose **únicamente** en los resultados de sus modelos computarizados. En una realidad virtual. Una fantasía. El Panel Intergubernamental del Cambio Climático (IPCC, por sus siglas en inglés) ha publicado varios Informes sobre el estado del clima, predicciones y recomendaciones para los gobiernos y quienes hacen las políticas que determinan si uno será más rico, más pobre, más sano o más enfermo, más feliz o más desgraciado.

En la elaboración de sus informes técnicos han tomado parte varios miles de científicos de todas partes del mundo, quienes han contribuido con sus observaciones y estudios que proveen datos que serán usados por los modelos computarizados del clima para saber de dónde venimos y hacia dónde nos dirigimos. Pero el asunto no es tan sencillo. Las cosas se complican cuando uno recuerda que los promedios de las temperaturas no son la realidad sino una estadística, y los promedios estadísticos se pueden obtener de muchas maneras diferentes, y según el método de obtención de promedios que se usa, el resultado puede ser negativo o positivo – usando exactamente los mismos datos.

¿Difícil de creer? Lo es cuando se desconocen los detalles. Veamos un simple ejemplo de obtención de temperaturas, como nos lo demuestran Christopher Essex y Ross McKitrick, en su libro *Taken by Storm*, de 2002[4]. : Los científicos de la NASA y de su GISS (Goddard Institute of

Space Studies) nos llenan de gráficos de promedios de temperaturas, diarias, semanales, mensuales, anuales, seculares y, por supuesto, todas "globales". Lo que es notable es la precisión con la que estos tipos de la NASA son capaces de **medir algo que no existe**.

Gráfico o no gráfico, no hay tal cosa como *"una temperatura global"*. Esta es una **estadística** global de la temperatura, pero no es *"una temperatura"*. El mundo no está en un equilibrio termodinámico, de manera que no existe **una sola temperatura** para discutir. Lo que medimos está atado a lugares a través de equilibrios termodinámicos locales. No tiene un sentido global, y una estadística ciertamente no establece si el mundo está más caliente o más frío que hacen 10, 100 o 1.000 años atrás. **No hay ninguna manera científica de mostrar tal cosa** ¿Cuál es la diferencia entre **temperatura y estadística**?

Con cualquier cosa que es medida numéricamente podemos, si así queremos, tomar una muestra de las observaciones, sumarlas y calcular cualquier tipo de promedio. Eso es hacer simplemente estadísticas. Pero algunas veces la cosa que se mide sólo significa algo localmente y pierde su significado cuando se suma o se hace un promedio. Si tomamos el número de teléfono de todos nuestros amigos en el club de golf, por ejemplo, los sumamos y computamos su promedio. Ahora, si discamos este número, ¿nos contestará **el amigo promedio**?

Por supuesto que no. Los números de teléfono sólo significan algo **individualmente**, cuando están ligados a una sola línea. Súmelos a todos y al instante pierden su sentido. El número de teléfono "promedio" es un absurdo sin sentido. De la misma manera, *"la temperatura promedio" tampoco tiene sentido.* Numéricamente, se pueden sumar un montón de temperaturas y sacar algún promedio, pero no tiene **ninguna interpretación física**. La temperatura sólo significa algo de manera local, porque las condiciones termodinámicas varían de punto a punto.

Essex y McKitrick nos describen la manera en que un profesor de física demuestra a sus alumnos la manera de obtener los promedios de temperatura del aula, y la variación que habrá cuando llegue la primavera. Ha tomado cuatro temperaturas de diversos lugares del aula, cerca de la puerta, de la ventana, en su escritorio, y al fondo de la clase. Las temperaturas medidas fueron: 17ºC, 19.9º C, 20,3ºC, y 22,6ºC, respectivamente.

Supongamos ahora que dejamos los termómetros donde están hasta la próxima primavera. Entonces abrimos la ventana y una cálida y agradable brisa ingresa al aula, mezclándose con el aire. Todos los cuatro termómetros leen 20ºC. ¿Se ha calentado la habitación? La mitad de los alumnos calculan el promedio de las temperaturas usando **la suma lineal dividida por cuatro**. El resto hace lo mismo pero, dado que la temperatura es energía cinética usan la regla de la energía cinética: **suman los cuadrados de las temperaturas, dividen por cuatro, luego sacan la raíz cuadrada.** ¿Qué obtuvieron?

La mitad de los alumnos que usó el método de la suma lineal obtuvo **+0,05° C**, de manera que la habitación *se ha calentado* durante la primavera. Pero los que usaron la media de los cuadrados, calcularon **menos 0,05° C** para el cambio, de manera *que la habitación es más fría en la primavera.*

Si no se tiene una razón física para elegir un promedio sobre el otro, entonces simplemente se están **haciendo suposiciones.** "Calentamiento" o "enfriamiento" de la habitación depende de la fórmula para obtener el promedio y no de las reales mediciones. Pero los promedios no son físicamente significativos. **Son apenas dos estadísticas diferentes**, y lo mismo se aplica para las temperaturas de la Tierra, ya sean locales o globales.

La Computadora Encantada

Nos dicen Essex y McKitrick que quizás una Hada Madrina toque alguna cosa con su varita mágica y la convierta en la **Computadora Encantada**, que podrá resolver todas las incertezas y desconocimientos que hay sobre el clima, sin importar si las variables y constantes que se usen son las verdaderas. En realidad, lo que los climatólogos del IPCC han estado haciendo desde hace muchos años, es exactamente eso: han usado una Computadora Encantada que ha producido *Resultados Mágicos.* Partiendo de desconocimientos, incertezas y datos controvertidos, han reproducido lo que ellos llaman el **promedio de las temperaturas globales**, y han determinado el comportamiento que tendrá el clima en los próximos 20, 50 y 100 años. Sin embargo, los meteorólogos le siguen errando al pronóstico del tiempo **cuando van más allá de tres días**.

Dicen que Bert Bolin, por entonces cabeza del IPCC, bailaba de gozo el día que le presentaron la edición de la revista *Nature* donde aparecía el artículo de Mann, Bradley y Hughes sobre la reconstrucción de las temperaturas del último milenio, "***probando***" que las temperaturas del Siglo 20 eran las más altas de los último mil años y que los niveles de dióxido de carbono de la atmósfera se habían incrementado pasmosamente desde el inicio de la llamada Revolución Industrial.

La alegría de Bolin no era para menos. El artículo de Mann *et al*, traía un gráfico a colores que mostraba una "curva" de temperatura desde el año 1000, que descendía de manera suave y gradual hasta alrededor del 1860, y luego daba un salto muy pronunciado en todo el Siglo 20, adoptando la forma que se parecía a un palo de hockey sobre hielo. Ese gráfico se conoce desde entonces como **El Palo de Hockey**, y junto con la afirmación de Mann *et al* sobre los bajos niveles de CO_2 históricos antes del inicio desbocado de las actividades industriales del hombre, se convirtió en la piedra angular de la teoría del calentamiento global provocado por el hombre.

Para "reconstruir" las temperaturas, Mann había usado lo que se conoce como "proxys", o estudios del grosor de los anillos de árboles, crecimiento de corales, y otras cosas, que permitirían hacer comparaciones con mediciones actuales e inferir las temperaturas de hace cien, quinientos, mil años o más. También se usan los análisis de los cilindros de hielo extraídos de perforaciones hechas en las capas de hielo de glaciares en Groenlandia, la Antártida, Europa, el Himalaya, etc, para determinar la concentración de dióxido de carbono en las burbujas del aire atrapado en el hielo hace miles de años. ¿Son confiables estas mediciones? Vistos algunos resultados y después de mucha discusión, el análisis de los cilindros de hielo está siendo muy cuestionado.

El CO_2 en las Burbujas de Hielos Profundos

El Dr. Zbigniew Jaworowski es un científico multidisciplinario, médico, biólogo, físico y químico – que se desempeña como Presidente del Consejo Científico del Laboratorio Central de Protección Radiológica (LCPR) en Varsovia, Polonia, una institución del gobierno involucrada en estudios ambientales. El LCPR tiene una relación de "Enlace Especial" con el *Consejo Nacional de Protección Radiológica* de los Estados Unidos, (NCRP). En el pasado, durante diez años, LCPR cooperó estrechamente con la *Agencia de Protección del Ambiente* (EPA), en la investigación sobre la influencia de la industria y las explosiones nucleares en la polución del ambiente global y la población. Jaworowski ha publicado unos 280 artículos de estudios científicos, entre ellos unos 20 sobre los problemas del clima. Además es el representante de Polonia en el *Comité Científico sobre los Efectos de las Radiaciones Atómicas* (UNSCEAR), y entre 1980-1982 fue el presidente de este comité. Durante los últimos 40 años estuvo involucrado en estudios de glaciares, usando nieve y hielo como matriz para la reconstrucción de la historia de la polución causada por el hombre en la atmósfera global. Una parte de esos estudios estaba relacionada con asuntos del clima.

Los registros de CO_2 han sido ampliamente usados como prueba de que, debido a las actividades del hombre, el actual nivel de CO_2 atmosférico es un 25% más alto que en el período preindustrial. Estos registros se convirtieron en los parámetros básicos de los modelos del ciclo global del carbono y una piedra angular de la hipótesis del calentamiento global causado por el hombre.

En marzo de 2004, Zbigniew Jaworowski redactó una declaración al *Comité de Comercio, Ciencia y Transporte*, del Senado de los Estados Unidos sobre el tema de los niveles de CO_2 en la atmósfera pre y post industrial, en un informe titulado: *Cambio Climático: Información Incorrecta en el CO_2 preindustrial*, en donde afirma que estos registros, sin embargo, no representan la realidad de la atmósfera.

Dado que se trata de un documento público, reproduciré aquí su contenido porque es de importancia fundamental para demostrar que el Palo de Hockey, la pretensión de que el Siglo 20 fue el más caliente del milenio, y que el calentamiento global será catastrófico, carecen de toda base científica y tienen que ser descartados de plano en toda discusión relacionada con el clima de la Tierra.

Declaración del Dr. Zbigniew Jaworowski

Para estudiar la historia de la polución industrial de la atmósfera global, entre 1972 y 1980, organicé 11 expediciones a glaciares, que midieron contaminantes naturales y causados por el hombre, en precipitaciones contemporáneas y antiguas, preservadas en 17 glaciares en el Ártico, Antártida, Alaska, Noruega, los Alpes, el Himalaya, las Montañas Ruwenzori de Uganda, los Andes Peruanos, y las Montañas Tatra de Polonia.

También medí los cambios de largo plazo del polvo en la troposfera y la estratosfera, y el contenido de plomo en los humanos que vivieron en Europa y otros lugares durante los últimos 5000 años. En 1968 publiqué el primer estudio sobre contenido de plomo en el hielo de glaciares [1]. Más tarde demostré que en el período pre-industrial el flujo total de plomo a la atmósfera global era más alto que en el siglo 20, que el contenido atmosférico de plomo está dominado por fuentes naturales, y que el nivel de plomo en los humanos durante las épocas Medievales era de 10 a 100 veces más alto que en el siglo 20.

En los años 90 estaba trabajando en el *Instituto Noruego de Investigación Polar* en Oslo, y en el *Instituto Nacional de Investigación Polar* de Japón, en Tokio. En este período estudié los efectos del cambio de clima en las regiones polares, y la confiabilidad de los estudios en glaciares para la estimación de la concentración de CO2 en la atmósfera del pasado antiguo.

Falso Bajo Nivel de CO_2 pre-Industrial en la Atmósfera

Las determinaciones del CO_2 en cilindros de hielo polar se usan comúnmente para estimar los niveles del CO_2 de las épocas pre-industriales. El profundo estudio de estas mediciones me convenció de que los estudios glaciológicos no son capaces de proveer una confiable reconstrucción de las concentraciones de CO_2 de la antigua atmósfera. Esto se debe a que los cilindros de hielo no satisfacen cabalmente los criterios esenciales de los sistemas cerrados. Uno de esos criterios exige que haya **ausencia de agua líquida en el hielo**, que puede cambiar dramáticamente la composición química de las burbujas de aire atrapadas entre los cristales de hielo. Este criterio no se cumple, dado que hasta el hielo más frío de la Antártica (hasta -73º C) contiene agua líquida.

Más de 20 procesos físicoquímicos, en su mayoría relacionados con la presencia de agua líquida, contribuyen a la alteración de la composición química original de las inclusiones de aire en el hielo polar. Uno de estos procesos es la formación de hidratos gaseosos, o *clatratos*. En el hielo profundo fuertemente comprimido todas las burbujas de aire desaparecen, dado que bajo la influencia de la presión los gases se transforman en *clatratos* sólidos, que son pequeños cristales formados por la interacción del gas con moléculas de agua.

Las perforaciones descomprimen a los cilindros de hielo extraídos del hielo profundo, y contamina a los cilindros con el fluido de perforación con que se llena al agujero perforado. La descompresión conduce a densas fracturas horizontales en los cilindros, por un bien conocido proceso de formación de capas (o sheeting).

Luego de la descompresión de los cilindros de hielo, los *clatratos* sólidos se descomponen en una forma gaseosa, explotando en el proceso como si fuesen granadas microscópicas. En el hielo libre de burbujas las explosiones forman nuevas cavidades de gas y nuevas fracturas.

A través de estas fracturas, y en resquebrajaduras formadas durante el *"sheeting"*, una parte del gas se escapa primero hacia el fluido de perforación que llena el agujero, y una vez en la superficie hacia el aire atmosférico. Gases particulares, CO_2, O_2, y N_2, atrapados en el profundo hielo congelado, comienzan a formar clatratos y abandonan las burbujas de aire a diferentes presiones y profundidades. A temperatura del hielo de -15° C la presión de disociación del N_2 es de unos 100 bars, para el O_2 es de 75 bars, y para el CO_2 es de 5 bars.

La formación de los *clatratos* del CO_2 comienza en las capas de hielo a unos 200 metros de profundidad, y los del O_2 y N_2 a 600 y 1000 metros, respectivamente. Esto conduce al agotamiento del CO_2 en el gas atrapado en las capas de hielo. Por ello es que los registros de las concentraciones de CO_2 en las inclusiones de gas del hielo polar profundo muestran valores más bajos que los de la atmósfera contemporánea, aún para las épocas cuando la temperatura global de la superficie era más alta que la de hoy.

Los estudios de Sherwood Idso, Jaworowski y muchos otros demuestran que hace casi 30 años ya tenían los científicos del clima la información precisa y los datos necesarios para darse cuenta de la incapacidad del CO_2 para alterar de manera significativa la temperatura del planeta a causa del aumento en sus concentraciones. Pero han pasado 29 años, se han gastado miles de millones de dólares en investigaciones sobre el clima que apenas han contribuido al conocimiento de la manera en que funciona el caótico sistema del clima. Se han invertido cientos de millones de dólares en propaganda y campañas publicitarias para convencer a la gente y los políticos de que si no se reducen las emisiones de CO_2 se producirá una catástrofe climática similar a un Apocalipsis ambiental. Y muchos inescrupulosos se hicieron famosos y millonarios con una alarma sin fundamentos científicos que hoy se ha constituido en el fraude científico y político más gigantesco de la historia.

Pero peor ha sido el poder que fue ganando el grupo de personajes que promueve la creación de un Gobierno Único Mundial, encuadrado en el concepto del Nuevo Orden Mundial y que se ve muy explícitamente redactado en la *Carta de la Tierra* y la *Agenda 21*, proyectos de las Naciones Unidas impulsados a través de todas sus agencias y organizaciones. Nuevamente, esto será tratado en profundidad en la parte final de este tema del clima, pero que también está totalmente ligado (y es el origen) del resto de los 'mitos y fraudes' en la ecología y demás campos de las ciencias.

El Paradigma del Termostato del Tiempo
Un punto importante con respecto al balance global de la radiación es que en cualquier parte no existe un estado de equilibrio entre la luz recibida del sol y la radiación infrarroja emitida hacia el espacio. Esto hace que los cálculos de un modelo sobre una específica columna de aire, en una determinada ubicación, en un determinado momento,

menos significativos para una comprensión sobre la manera en que es establecido el balance de radiación global.

En la región ecuatorial –entre 30ºS y 230ºN– la parte superior de la atmosfera irradia menos energía al espacio que la recibe del sol: el balance de la energía por exportación al espacio es negativo. Sin embargo lo contrario es lo que sucede en las regiones cercanas a los polos –de los 30º hacia los 90º en ambos hemisferios) donde la parte superior de la atmósfera irradia al espacio más energía que la recibida desde el sol: el balance de energía es positivo.

En consecuencia, para alcanzar un balance de energía global durante un cierto período, el intercambio de energía entre las zonas ecuatoriales y las regiones cercanas a los polos tienen que ser sumamente importantes. Esto está fuertemente influenciado por eventos del tiempo. Los eventos particulares en diferentes latitudes se influencian fuertemente entre ellos por los complejos movimientos de masas de aire que están ilustradas en las cartas meteorológicas por los flujos alrededor de áreas de presiones atmosféricas altas y bajas –los anticiclones y ciclones. Estos movimientos del aire pueden verse como 'máquinas' que influencian el transporte de calor vertical y horizontal. Y se pueden considerar como motores de Calor o de Carnot [5] que funcionan de acuerdo con las leyes de la termodinámica.

De acuerdo con la climatología clásica el clima en las distintas zonas climáticas está determinado por estas máquinas [6] que están fuertemente influenciadas por las temperaturas de la superficie. Estos reguladores de la tempera-tura determinan en una gran parte la capacidad de radiación de la atmósfera por su contenido de agua y la cobertura nubosa. Y la parte inferior de ellas es la desigual iluminación de la superficie por parte del sol.

Este paradigma tiene a los eventos del tiempo como el regulador de la temperatura global. Y formula la pregunta de si cualquier cambio del CO_2 en la atmósfera puede influir sobre la regulación de la temperatura global de un planeta casi cubierto de agua.

Resumen de Conflictos en los Paradigmas

La base del Paradigma del CO_2 es un "modelo de forzamiento". Se atribuyen a los principales actores en los procesos radiantes (radiación del sol, del H_2O y CO_2 en la atmósfera) y a sus cambios en intensidad, una influencia significativa sobre el efecto invernadero. Esta es una consideración reduccionista que es útil para tener alguna comprensión sobre las fuerzas que son activas. Pero es tema debatible si estos procesos radiantes –como son usados en los sistemas climáticos modelados– no son afectados por otros actores que existen en el complejo sistema climático.

La base del Paradigma del Tiempo es que el efecto invernadero está mantenido dentro de límites por la economía del agua que está establecida por la economía del calor. Así, una diferencia esencial entre los paradigmas es que:

- En el concepto del CO_2 se espera una efectiva influencia independiente de la emisividad de la atmósfera que entonces determina a la temperatura de superficie,

Mientras que,

- En el concepto de la máquina del tiempo la temperatura de superficie se adapta a la emisividad de tal manera que la temperatura de superficie es mantenida dentro de ciertos límites.

La conveniencia de un cambio de paradigma

En las décadas recientes la infraestructura social estuvo fuertemente dominada por científicos que unidos bajo las armas de una organización política de las Naciones Unidas, el Panel Intergubernamental del Cambio climático (IPCC). Ellos proclamaron de manera exclusiva al paradigma del CO_2 como la única y Definitiva Verdad.[7] Las voces de científicos bien conocidos que se oponen al paradigma, como Richard Lindzen, Roy Spencer, Steven McIntyre, Roger Pielke, Madhav Khandekar, han sido menos claramente escuchados: han sido especialmente desoídos por los gobiernos que están considerando la reducción de emisiones de CO_2 producidas por la quema de combustibles fósiles.

Las dudas acerca del paradigma surgieron porque todavía existe muy poca evidencia de las observaciones *in situ* que sostengan el marco de trabajo que se ha construido a partir de los estudios con modelos computados o simulaciones del clima. Esto sólo sería razón suficiente para el mundo científico de la necesidad de considerar paradigmas alternativos, como el descrito más arriba del agua como termostato del tiempo que, incidentalmente, tiene su origen en visiones establecidas hace mucho tiempo en la climatología y meteorología clásicas.

Debe enfatizarse que las dos visiones opuestas sobre el CO_2 y el Paradigma del Tiempo tienen consecuencias muy diferentes para la esperada variabilidad del clima. El Paradigma del CO_2 no justiprecia una función reguladora de los eventos del tiempo para la temperatura de superficie y, en consecuencia, predice un *'efecto desbocado'*, es decir, un aumento continuo de la temperatura paralelo con el aumento del CO2 en la atmósfera.

El Paradigma del Tiempo predice una tendencia en dirección a un estado de equilibrio que podría ser similar al actual *aparente* estado de equilibrio. Esta diferencia tiene grandes consecuencias para la aplicación de los combustibles fósiles para la producción de energía. Pero también hay una importante consecuencia científica si las observaciones que se obtienen siguen apoyando de manera creciente al segundo paradigma, el del Agua como Termostato del Tiempo. Esto indicará que el acercamiento reduccionista con el sistema de modelos ha sido fundamentalmente un error en la metodología.

Hasta ahora no hay señales de que aquellos que proclaman las creencias del IPCC –los *'protagonistas'*– estén deseando considerar alguna alternativa al Paradigma del CO_2. Las discusiones científicas entre los 'protagonistas' y sus antagonistas han sido muy limitadas. Ninguno de los antagonistas fue invitado a participar de las deliberaciones científicas internacionales oficiales de los 'protagonistas'. Los antagonistas han organizado sus propias grandes conferencias [8], han invitado a los protagonistas para que asistan con sus trabajos y argumentos a debatir científicamente, pero con muy pocas excepciones estas invitaciones no fueron aceptadas.

Para la conveniencia del progreso científico en el campo de la climatología sería deseable que, cuando menos, se consideren alternativas al reinado del Paradigma del CO_2. Es necesario que se termine con la supresión de las alternativas. El comportamiento de científicos de primera línea y administradores en el circuito del IPCC arroja dudas sobre su comprensión del progreso de la ciencia y la calidad de la evaluación de la metodología instrumental y filosófica.

Una simple muestra de su falta de comprensión fue su buena disposición para aceptar de manera conjunta un Premio Nobel con Al Gore, el productor de un film engañoso y plagado de falsas aseveraciones sobre el cambio climático. Parece ser necesario y deseable abolir la posición monopólica del IPCC como árbitro de la ciencia climática. Este pensamiento ha comenzado a tomar cuerpo como consecuencia del escándalo reciente sobre la publicación en la Internet de los correos electrónicos intercambiados entre los científicos que trabajan en el CRU, Centro de Investigación del Clima, en la Universidad de East Anglia, en Gran Bretaña, además de más de 3000 documentos con los códigos computados usados para analizar y predecir el clima de la Tierra, mediante la confección de gráficos (o "escenarios") que terminaban, de manera invariable, mostrando un plao de hockey. Pero, más de este escándalo al final del libro, donde estará incluido en el análisis político del tema clima.

Parece que la Tierra ha rehusado calentarse en durante los últimos diez años. Esto requiere atención hacia la previamente relación causal entre el aumento de la temperatura media global durante la mitad del Siglo 20 y el simultáneo aumento de los niveles de CO_2 en la atmosfera. Se esperaba una contribución del CO_2 porque el gas absorbe a una determinada longitud de onda una pequeña cantidad de radiación infrarroja de la atmósfera, y dicen que la "atrapa" y no le permite escapar hacia el espacio.

La conclusión era (y sigue siendo según el IPCC y sus fieles seguidores) que esto haría que la temperatura de la atmósfera aumentase constantemente de acuerdo con el aumento del CO_2 hasta que el planeta entero fuese de entre 5ºC hasta 11ºC más caliente. Sin embargo, la realidad fue mostrando que había algo que no funcionaba como la hipótesis sostenía y las predicciones de aumentos de la temperatura y del nivel de los mares fueron reducidas con el tiempo a entre 2 y 5ºC y el aumento de nivel del mar de los 6 metros profetizados por Al gore a 20 a 60 centímetros para el año 2100.

La política impregna todo el tema del clima, y el presunto cambio de clima. La ciencia climática, y algunas conexas como la biología, han sido politizadas a un grado que es casi imposible diferenciar entre un científico y un activista político, o un agitador de barricada. Los intereses económicos de grandes corporaciones industriales, las ambiciones personales de grandes y pequeños investigadores, la enorme masa de dinero que se mueve alrededor de las regulaciones e impuestos a las emisiones de CO_2 han hecho que, como dicen en el campo, *"de cada piedra que se da vuelta salta una víbora."* Pero la triste parte de la política en todo este asunto la trataré al final. Sigamos con los temas que se relacionan con la ciencia, las observaciones, lo que se conoce –y que desmienten la hipótesis del calentamiento antropogénico y demuestran la tendencia hacia un clima más frío que hace totalmente innecesarias todas las medidas propuestas por el Tratado de Kioto.

REFERENCIAS: ──────────────────────────────────

1. Eric Monnin, A. Indermühle, A. Dällenbach, J. Flückiger, B. Stauffer, T. F. Stocker, D. Raynaud, J.M. Barnola, "Atmospheric CO2 Concentrations Over the Last Glacial Termi-nation, *Science,"* *Enero 5, 2001,* Vol. 291. no. 5501, pp. 112 – 114 DOI: 10.1126/ science.291.5501.112
http://www.sciencemag.org/cgi/content/abstract/291/5501/112
2. http://www.ncdc.noaa.gov/oa/climate/research/anomalies/index.php
3. Lindzen y Choi (2009), "Sobre la Determinación de realimentaciones del clima a partir de información ERBE", Revisado July 14, 2009 para publicación: *Geophysical Research Letters.*
4. S. Idso, 1980, "The Climatological Significance of a Doubling of Earth's Atmospheric Carbon Dioxide Concentration," *Science*, Vol. 207, 28 Marzo, 1980.
5. K. Emanuel, *Divine winds*, Oxford University Press, 2005.
• Willis Essenbach. "La Hipótesis del Termostato".
http://www.mitosyfraudes.org/Calen10/willis_termostato.html
6. *Enciclopaedia Britannica* 1964, volume V.
7. En la presentación del último Resumen Para Politicos del IPCC (2007) se proclamó "la ciencia está establecida."
8. Para publicaciones ver las referencias de "Nongovernmental International Panel on Climate Change". Chicago, IL: The Heartland Institute, 2009.
http://www.heartland.org/publications/NIPCC%20report

Capítulo 3

Océanos, Polos y Glaciares

El rol de los océanos como fuente y sumidero de CO_2 es una gran fuente de incertidumbre. El rol jugado por un océano en calentamiento parece no estar cuestionado. La solubilidad del CO_2 en el agua disminuye con una temperatura en ascenso –un 4% por grado centígrado. Por ello, la capacidad de un océano para absorber CO_2 disminuye cuando se calienta –o al revés, un mar que se calienta emitirá CO_2 a la atmósfera.

Los detalles de este proceso son bastante complicados. El IPCC no lo discute más allá de mencionar que el CO_2 es absorbido en las partes frías de los océanos y puede ser liberado en aguas ascendendentes en las partes cálidas. Un adecuado tratamiento requiere conocer la detallada distribución de la temperatura del océano en latitud y longitud. Además es fundamental conocer cómo se compone la "termoclina", y cómo varía de acuerdo con las distintas profundidades.

La termoclina es una capa de agua de espesor variable que tiene un gradiente de temperatura mayor o menor a las otras capas por encima o por debajo. Debe tomarse en cuenta la circulación oceánica y cómo esto hace que las aguas ricas en CO_2 de las profundidades suban hasta la superficie. También involucra conocer el grado de saturación de las masas oceánicas en función del tiempo y el espesor de la capa mezclada, muy probablemente una función de los vientos de superficie y del estado del mar.

El grado de absorción de CO_2 por parte del océano depende de la diferencia entre la presión parcial del CO_2 en la atmósfera y la presión que existiría si el océano y la atmósfera estuviesen en equilibrio.

Las personas comunes no tienen una idea cabal del tamaño de los océanos, como creo que no lo tienen del tamaño del planeta Tierra. La propaganda ecologista usa una manera de redactar sus argumentos que resulta simpática y convincente a la gente común, presentando casi siempre información distorsionada como si fuesen hechos comprobados, o postulados filosóficos muy particulares como si fuesen leyes de la naturaleza o de la física que deberían cumplirse obligadamente –pero que la malévola humanidad está evitando hacerlo. Su filosofía y su religión son un compendio de expresiones de deseos que terminan chocando con la dura realidad de la naturaleza.

Así es que una de las palabras preferidas es *"planeta"* en lugar de *"mundo"*. Desde niños nos hicimos a la idea real de que *"**mundo**"* es algo inmenso, y aún está en uso en muchas expresiones diarias como *"un mundo de problemas"*, *"un mundo de gente"*, etc. En cambio la palabra *planeta* nos envía la imagen que se les enseña a los niños en el colegio: una esferita de plástico con un mapamundi pintado que parece una cosa pequeñita y frágil. Sobre todo el aspecto *"**frágil**"* es lo que más se explota en la literatura alarmista. Como es algo pequeñito y frágil, es muy fácil dañarlo y destruirlo. Y nos acusan a nosotros de estarlo haciendo de manera acelerada.

El asunto es que los océanos son inmensos, y tienen una capacidad de contener una cantidad descomunal de cosas, comenzando por la vida marina, trillones de seres que viven, se reproducen y mueren allí, depositando sus restos en el fondo de los mares. Pocos saben que los océanos contienen más de 400 mil millones de curies (Ci) de Potasio-40, 100 millones de Ci de radio, y mil millones de Ci de Uranio-238. La primera pulgada del suelo marino contiene muchos millones de Ci de uranio, y sólo el Río Mississippi añade al mar 363 Ci anuales de radioactividad al mar. Añádase lo que aportan todos los demás ríos del mundo y como toda esa radioactividad proviene de la tierra firme, donde vivimos los humanos, tendrá la imagen de un mundo radioactivo al que todas las especies del mundo se han adaptado después de millones de años de vivir en él.

El fondo de los mares es uno de los lugares más inexplorados del mundo: hasta la fecha han caminado sobre la Luna unos 16 astronautas, miles de exploradores han surcado los desiertos de la Tierra, pero tan sólo dos personas han descendido hasta los 7000 metros o poco más de profundidad.

Cifras y más cifras

Es conveniente conocer algunas cifras para comprender cómo es el mundo que nos sirve de hogar. La Tierra tiene un diámetro medio de 12.742 kilómetros; su superficie es igual a $4\pi R^2 = 5,1 \times 10^{14}$ m^2, o 5,1 seguido de 14 ceros. El 70% de ella está cubierta por océanos y el 30% restante por la tierra emergida donde vivimos. La profundidad media de los mares es de 3.794 metros.

Área: Los océanos miden unos 3,57 x 10^{14} m2, o unos 357 millones de kilómetros cuadrados y tienen una temperatura media superficial de 17ºC, mientras que la media de la termoclina es de 3ºC. La capacidad calorífica de los mares es de 1000 Kcal/(ºC.m^3).

Volumen: 1.354 x 10^6 Km^3, o 1.354.000.000 km3 –más de mil millones de kilómetros cúbicos. Por su parte, el hielo que hay en la Tierra ha sido calculado en el 2% del volumen del océano, o 27 millones de km^3. La capa superficial de los océanos tiene agua templada que varía entre los 12 y 30ºC en las regiones templadas, haciéndose gradualmente más fría en dirección a los polos en donde llega los 0ºC o menos –el agua salada se congela a menos de 0ºC debido a su salinidad.

Por debajo de la capa superficial, que puede tener entre algunas decenas hasta unos 700 metros, el agua tiene entre –1 y 5ºC. El límite de estas capas se llama **termoclina**, como ya hemos visto antes. Los mares interiores como el Mediterráneo, o el Negro son excepciones a la distribución normal de las temperaturas. Sus aguas profundas están a unos 13ºC y la razón es su aislamiento de los restantes mares por accidentes geográficos, como el Estrecho de Gibraltar, que limitan severamente la transmisión del calor del Mediterráneo a las aguas más frías del Atlántico.

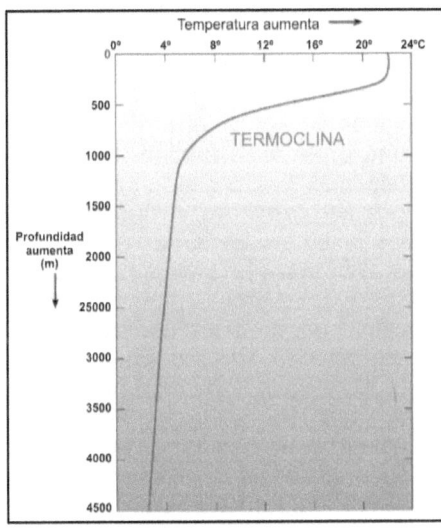

En virtud a su descomunal volumen, y a la particular capacidad del agua de absorber y mantener calor, los océanos pueden contener una cantidad inconmensurable de calor. La inercia térmica de este fenomenal volumen de agua es la que regula la temperatura de la Tierra, y este punto no ha sido bien comprendido por los modelistas del clima que han sido seducidos por la hipótesis del CO_2 como factor determinante de la temperatura y del clima. Por lo tanto ve-remos una muy interesante alternativa a esa hipótesis, que está apoyada por todas las leyes de la física y la termodinámica.

Una bolsa de agua caliente

Es importante notar que la atmósfera y los océanos retardan la radiación al espacio de la energía recibida desde el sol. Ninguno de los dos **añade** calor nuevo, ambos reciben y almacenan calor del sol antes de que se escape otra vez al espacio. En ambos casos, el agua –ya sea en su forma líquida en los océanos, o como vapor de agua en el aire- es por lejos el principal componente en el retraso del pasaje de calor de vuelta al espacio. En la atmósfera, el vapor de agua ridiculiza al CO_2 y a cualquier otro gas o componente como gas invernadero. Los océanos son, por supuesto, agua pero en una forma mucho más densa. El calor de los océanos tiene que ser procesado a través de la atmósfera antes de poder abandonar al planeta.

Ahora, consideremos las respectivas capacidades de almacenamiento de calor del vapor de agua en la atmósfera y toda el agua de los mares.

La verdad irrefutable es que esos océanos, en virtud de la densidad y volumen del agua tienen una capacidad de almacenamiento de calor ***varias magnitudes más grande*** que la cantidad de calor que puede almacenarse en la atmósfera a través del efecto invernadero. La teoría es que el CO_2 emitido por el hombre y otros gases de invernadero son, no sólo una minúscula proporción del CO_2 producido por la Tierra de manera natural, sino que el CO_2 y demás gases invernadero tienen sólo una insignificante proporción de la capacidad de almacenar calor que tiene el vapor de agua del aire, y ***adicionalmente***, la atmósfera almacena sólo una proporción mucho más insignificante del calor almacenado por los océanos. El calor almacenado por los gases invernadero ***es mucho menor en cantidad*** y mucho menos duradero que el calor almacenado en los océanos. El CO_2 ***producido por el hombre*** es una ínfima parte de otra ínfima parte del total de gases de invernadero. Entonces, ¿por qué sólo escuchamos hablar de la capacidad de la atmósfera para retener calor cuando la verdadera causa de que la Tierra tenga su temperatura atmosférica ***no es a causa de la atmósfera sino de los océanos?***

La verdad muy bien puede ser que el efecto invernadero de los gases sea mínimo y sea rápidamente reducido por la convección, condensación en nubes y lluvias, y que el verdadero termostato sean los océanos. Dejando de lado la existencia de una capacidad de retener calor de la atmósfera, sin embargo, siempre hay un flujo hacia afuera desde la superficie hacia el espacio, y eso siempre ocurrirá. El calentamiento de invernadero de la atmósfera puede ser solamente en base a una ralentización del flujo neto de calor hacia el espacio. El calor siempre se escapa al espacio después de un retraso causado por el rebote en uno y otro sentido entre la superficie y las moléculas de la atmósfera.

Es bizarro sugerir que una significativa ralentización de la pérdida de calor, frente a los forzamientos compensativos negativos de una incrementada convección, y el aumento del flujo radiante hacia el espacio causado por un mayor diferencial entre la superficie y el espacio, podría ser inducido por la ínfima contribución de CO_2 antrópico a la atmósfera. Después de todo, el CO_2 es en sí mismo una ínfima porción del total de los gases invernadero de manera que no puede tener ningún efecto significativo a largo plazo, cuando el vapor de agua –principal agente de retención de calor de la atmósfera- es a su turno también una ínfima proporción de la capacidad global de retención de calor cuando se añaden los descomunales efectos oceánicos en ese sentido.

Por una parte, los dos forzamientos negativos cancelan gran parte o casi todo el calentamiento adicional del CO_2 atmosférico, y por la otra, el efecto calentador atmosférico es minúsculo en relación al efecto calentador de los océanos. El significado del calentamiento por invernadero de la atmósfera parece haber sido groseramente exagerado al ignorar los efectos negativos de los factores convectivos y radiantes, dejando a los océanos fuera de la ecuación.

Yo sé que muchos científicos inteligentes han producido cifras calculando el presupuesto de calor del efecto invernadero atmosférico, pero el valor a ser fijado para los procesos convectivos como forzamiento negativo, por lo que yo sé, no ha sido adecuadamente cuantificado. De cualquier modo, ¿qué significado pueden tener los cálculos limitados al efecto atmosférico en el mundo real cuando el efecto de los océanos *es muchísimo más grande?*

Primera Conclusión

El sol es el principal actor en el control de la temperatura, y calienta a los océanos en donde inmensas cantidades de calor son almacenadas y liberadas a la atmósfera durante largos períodos multi decadales usualmente operando vía las oscilaciones en cada uno de los océanos. Esas oscilaciones muchas veces operan en conjunto y algunas otras lo hacen cancelándose unas a otras hasta que los retrasos en el tiempo han terminado de operar.

Adicionalmente, en diferentes tiempos ellas pueden operar con o en contra del principal factor climático que es el sol. Cada oscilación oceánica tiene un modo cálido y otro frío, y regularmente se alternan entre ellos.

La pérdida de calor de la atmósfera es rápida en relación a la pérdida de calor de los océanos, a pesar de cualquier efecto invernadero de la atmósfera, ya sea natural o antrópico. Es mayor sobre tierra donde el calor recibido en el día es perdido durante la noche por radiación hacia el espacio, aunque hay variaciones estacionales en distintas partes del mundo.

Como resultado, el mantenimiento de la temperatura atmosférica global depende del calor liberado de los océanos, igualando cualquier déficit de calor perdido diariamente por toda la atmósfera hacia el espacio. Siempre hay una pérdida neta de calor diario de la atmósfera al espacio, sin consideración a cualquier efecto invernadero de la atmósfera.

Mientras mayor es el área de tierra firme, más duro tienen que trabajar los océanos para mantener una temperatura específica. Para establecer la verdad de esto, uno tiene sólo que imaginar los extremos de temperatura de los puntos libres de agua. Tales puntos, en ausencia de los efectos moderadores de los océanos se cocinan durante el día y se congelan durante la noche, siendo el único efecto moderador la densidad de la atmósfera. Por ello es que Venus tiene una superficie caliente (atmósfera densa, **90 veces más** que la terrestre), y Marte una atmósfera muy tenue, aunque sea un 95% de CO_2.

De modo que, si por alguna razón cambia la tasa de flujo de calor desde los océanos, entonces ello afectará rápidamente a las temperaturas atmosféricas.

Eso nos trae nuevamente de regreso a nuestra teoría acerca de la interacción entre la energía solar que ingresa desde el sol y las varias oscilaciones multi decadales oceánicas. Un cambio en el calor que llega desde el sol puede tener un efecto inmediato a menos que esté en fase con el estado promedio general de varias oscilaciones oceánicas.

- Así, una declinación en la energía solar tendrá un efecto inmediato si ocurre en momentos que el balance general de todas las oscilaciones oceánicas es negativo, como está ocurriendo en estos momentos (de 2007 a la fecha), cuando el fin del ciclo solar 23 está fuertemente retrasado y el comienzo del ciclo 24 sugiere un ciclo solar más débil de lo que hemos tenido en siglos.
- El efecto enfriador de esa declinación solar sería retrasado si ocurriese en momentos en que el balance general de las oscilaciones oceánicas es positivo (como entre 1998-2007) cuando el ciclo solar 23 comenzó a mostrar debilidad en relación a previos ciclos, pero la Oscilación Decadal del Pacífico estaba todavía en su fase cálida.
- Un aumento de la energía solar tendrá un efecto retrasado si ocurre en momentos que el balance general de las oscilaciones oceánicas es negativo (1961-1975) cuando los ciclos solares 18 y 19 fueron históricamente intensos pero el efecto estuvo enmascarado por una Oscilación Decadal del Pacífico negativa, en fase fría.
- El efecto calentador será inmediato si ocurre en momentos que el balance general de las oscilaciones oceánicas es positivo (1975-1998) durante los históricamente activos ciclos 21 y 22.

Recuérdese que hay un retraso variable entre el efecto solar inicial de calentamiento o enfriamiento en el Océano Pacífico, y que ese efecto opera luego a través de todas las otras oscilaciones oceánicas, de modo que es difícil de establecer el balance general de las oscilaciones oceánicas en un momento dado. De hecho, es más probable que los cambios observados en la tendencia de la temperatura media global será la primera y más simple indicación de cuando ha ocurrido un cambio del modo solar/oceánico cálido al modo solar/ oceánico frío, y viceversa.

Mis comentarios pueden ser evaluados con referencia a las reales observaciones del mundo real desde 1961 (mencionado más arriba) que es cuando la Tierra se embarcó en el período de actividad solar más alto en los 400 años de registros históricos, como puede verse en el gráfico de la Figura 1.

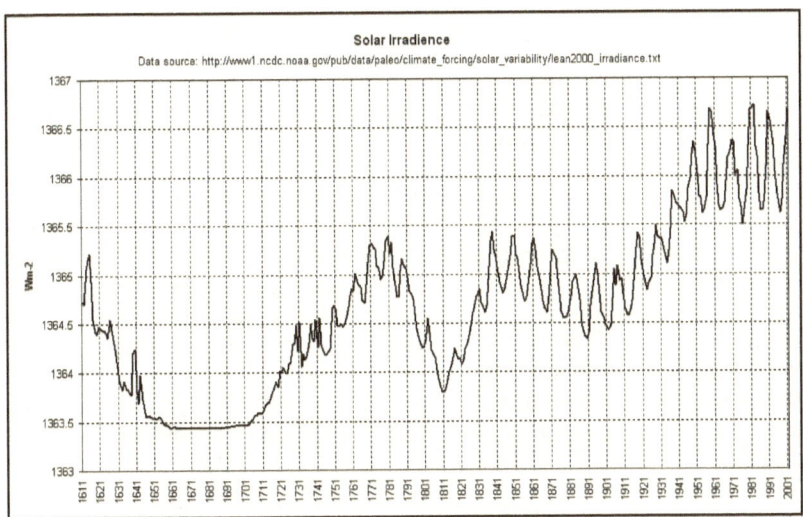

Figura 1: Radiación solar desde 1610 hasta la fecha.
http://www.junkscience.com/Greenhouse/irradiance.gif

Mientras que, evidentemente, todavía existen muchos aspectos que se ignoran totalmente acerca de la vida media del CO_2, fuentes, y sumideros, la abrumadora incertidumbre no está en la ciencia sino en los escenarios de emisión que dependen de muchas suposiciones socio-económicas.

Los mares ¿se calientan... o se enfrían?

Algo que se ha convertido en uno de los caballitos de batalla de los alarmistas es el calentamiento de los océanos y la subida del nivel, algo que provocaría la desaparición de muchas islas y atolones en el Pacífico y en el Índico. Un consejo que aprendí a valorar desde hace mucho tiempo es que, cuando en una declaración cualquiera, la primera frase contiene las palabras en tiempo potencial, *"podría"*, *"sería posible"*, *"quizás"*, *"se cree"*, *"sugiere"* y otras maneras de curarse en salud, quien habla o escribe no está seguro de lo que habla, o lo desconoce en su mayor parte. Quizás tiene miedo de que alguien les reproche sus inexactitudes después de haberse comprobado que ninguna de sus predicciones se cumplió, y que todo era producto de una imaginación afiebrada –si el científico era honesto y sincero, o haberse cegado con el CO_2.

Un nuevo estudio muestra que durante los tres años que van de 2003 a 2005, las capas superiores (0-750 m) de los océanos del mundo se ha enfriado. Un descubrimiento inesperado y por ahora inexplicado, que impone preguntas interesantes sobre el comportamiento oceánico en el largo plazo y sus consecuencias sobre el calentamiento de la Tierra. Los océanos son quienes se calientan primero bajo los efectos de los rayos solares o de la retención de la radiación infrarroja por los gases de efecto invernadero. Como el agua se calienta más lentamente que el aire, y también se enfría mucho más despacio, se habla del fenómeno de *inercia térmica* de los océanos: ellos amortiguan las subidas y descensos bruscos de temperatura, pero se calientan durante mayor tiempo debido al calor acumulado.

En este nuevo trabajo, los investigadores John M. Lyman, Josh K. Willis y Gregory C. Johnson[1] usaron en particular las boyas CTD (conductividad-temperatura-profundidad) de la red ARGO, que mejoran de manera considerable la precisión del diagnóstico, más que las mediciones anteriores. Resultado: entre 1993 y 2003, el contenido de calor de los océanos aumentó en 8,1 + 1,4 x 10^{22} julios entre 2003 y 2005. La Figura 2 indica esta tendencia. Se debe notar que las nuevas boyas ARGO sugieren que las medidas antiguas (expresadas en gris claro después de 2003), por las boyas XBT en particular, tenían la tendencia a sobrevalorar al calor.

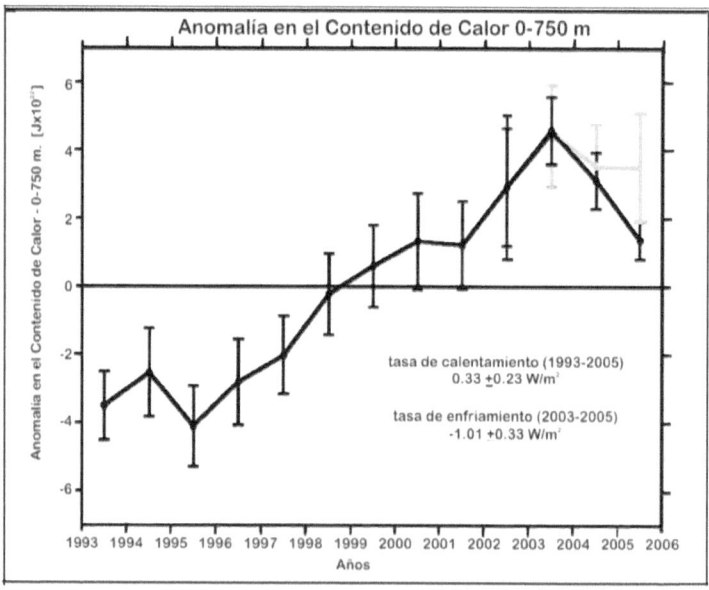

Figura 2: Anomalía del Contenido de Calor 0-750 m.

De acuerdo con Lyman et al., el máximo de la pérdida se registra alrededor de los 400 metros de profundidad, pero la señal es todavía sensible hasta los 700 metros, y los datos preliminares indican que podría continuar más allá, hasta los 1400 metros. Las zonas más cercanas a la superficie son aquellas que se han enfriado menos. En la Figura 3 se ven las variaciones de temperatura en °C de acuerdo a la profundidad de la columna vertical de agua. En total, el calentamiento de la parte superior del océano durante los últimos 13 años no representa más que 0,33 W/m2 (proyectado a toda la superficie terrestre). Comparando con el diagrama más elevado de Levitus et al., se nota que el fenómeno ya ocurrió en el pasado: a principios de los años 60 (menor pérdida) y a comienzos de los años 80 (pérdida más fuerte estimada entonces en 1,2 W/m2 por Levitus et al.) Convendrá entonces verificar si la pérdida 2003-2005 registrada por el equipo de Lyman continúa hasta alcanzar esta amplitud. En cualquier caso, ello parece relejar una variabilidad natural de los océanos.

Un fenómeno todavía sin explicación

Para explicar el fenómeno del enfriamiento, la pista sugerida por Lyman *et al* es una pérdida radiante hacia el espacio. En este caso, la radiación IR que parten del mar encontraron una nubosidad menor en baja y alta altitud durante estos tres años de pérdida de calor. Otra hipótesis sería los intercambios de calor entre las diferentes capas oceánicas, ya sean los intercambios turbulentos a nivel de la capa termoclina (*upwelings* y *downwellings*), ya sean los intercambios en dirección al fondo por la circulación termohalina. Pero los perfiles verticales registrados por las boyas ARGO no apoyan a esta última hipótesis.

Si el misterio permanece sin resolver, y si estas mediciones de ARGO deben ser confirmadas, no queda otra conclusión de que este trabajo tiene consecuencias importantes para el asunto del calentamiento climático. Como lo hemos señalado al comienzo de este texto, el contenido de calor de los océanos es determinante para anticipar los efectos a largo plazo de los forzamientos radiantes.

La sensibilidad climática transitoria indica la respuesta rápida de la atmósfera a un forzamiento (las temperaturas de superficie como las medidas a lo largo de 140 años); la sensibilidad climática al equilibrio indica la respuesta completa a este forzamiento, cuando el balance energético de la Tierra encontró su equilibrio.

El desequilibrio energético de la Tierra

En un estudio que suscitó muchos comentarios, el equipo de James Hansen[2] (NASA/GISS), ha intentado medir el actual desequilibrio energético de la Tierra y con ello la subida de las temperaturas 'aún en la cañería' después de 140 años de emisiones de gases invernadero (Hansen 2005). Llegaron a la conclusión que la Tierra absorbe hoy 0,85 W/m^2 más de los que emite (de acuerdo con ellos hay 0,6°C de aumento que debe llegar, sin ningún cambio en la atmósfera).

Pero esta conclusión basada en cálculos "internos" de sus modelos fue únicamente corroborada en la época por la evidencia empírica de los datos de Levitus et al., del contenido de calor en los océanos, estimado entonces en 0,6 W/m^2. Obviamente, la división por dos de esta cifra frente a las nuevas mediciones de Lyman et al., no concuerda con los cálculos del equipo de Hansen. Y permite pensar que el desequilibrio energético de la Tierra, por consiguiente el calentamiento a venir debido en particular a la inercia térmica de los océanos, no es más importante que esa cifra. Más todavía cuando el equipo de NASA/GISS trabaja en base a una sensibilidad climática de 0,75 W/m^2, mientras que otros modelos usan una sensibilidad situada en los 0,5 W/m^2).

Si los océanos han perdido 1,01 W/m^2 de calor por pérdida radiante hacia el espacio, según la sugerencia de Lyman et al., ello hará que sea menor la subida de la temperatura que está *"todavía en la cañería",* para hablar como los modelistas del a NASA. Al respecto de este ejemplo, algunos investigadores como Roger Pielke Sr sugieren que el contenido de calor de los océanos usados ahora como una nueva métrica para el calentamiento climático, según él más confiable que las temperaturas de la superficie terrestre sujetas a numerosas influencias mal tomadas en cuenta por los modelos, como por ejemplo, las modificaciones en el uso del suelo, como lo sostiene Roger Pielke, Sr.

En todo caso, el trabajo de Lyman et al muestra que el comportamiento de los océanos es todavía mal comprendido. Y por cierto, mal integrado en los modelos. Se puede concluir a partir de ello que las predicciones de estos modelos sobre el movimiento a largo plazo de de la circulación general y de las respuestas del clima a los forzamientos están cargadas de incertidumbres muy pesadas.

Las mediciones y los modelos cambian con frecuencia; buen tonto es quien se fía de ellos, para parafrasear al adagio popular, por aquello del Axioma de Oro de la Informática y Computación: **GIGO**, que significa, *Garbage In; Garbage Out*, o en español: *Basura Entra; Basura Sale*... los modelos computados del clima, en mi opinión, tienen menos oportunidad de acertarle al blanco que una buena tiradora del Tarot. Y no debemos olvidar que los magníficos y perfectos modelos computados financieros causaron la quiebra de Lehman Brothers en Septiembre 2008.

El Nivel del mar

Tuvalu, las Islas Maldivas, el delta de Bangladesh, Miami Beach, Venecia, Holanda, y otros pocos lugares son las imágenes que todo el mundo tiene en mente y que está convencido que serán sepultadas por las aguas del mar en castigo por no haber firmado el Tratado de Kioto y reducido las emisiones de dióxido de carbono.

Últimamente parece que las cosas son al revés. En su estudio sobre las Islas Maldivas, el oceanógrafo sueco Nils-Axel Mörner comprobó que el nivel del mar ***había descendido 20 centímetros*** desde 1970. El Dr. Morner fue presidente de la Comisión sobre Cambios en el Nivel del Mar y Evolución de Costas (INQUA) de la Unión Internacional para la Investigación Cuaternaria (1999-2003). Sus investigaciones probaron que las predicciones catastróficas del Panel Internacional del Cambio Climático (IPCC), basadas en modelos de computadora de los efectos del cambio climático, son *"**tonterías**."* Dice el Dr. Mörner:

"Entonces estamos así. Luego fuimos a las Maldivas. Yo tracé un descenso en el nivel del mar en los años 70, y los pescadores nos dijeron, "Sí, están en lo correcto, porque nosotros lo recordamos" –cosas en sus rutas de navegación han cambiado, cosas en sus puertos han cambiado. Yo trabajé en la laguna, yo perforé en el mar, perforé en los lagos, y me fijé en la morfología de las playas –tantos ambientes distintos.

Siempre la misma cosa: alrededor de 1970 el mar descendió 20 centímetros, por razones que involucran probablemente a la evaporación o a otra cosa. No un cambio en el volumen o algo parecido –era algo rápido. El nuevo nivel, que se ha mantenido estable, no ha cambiado en los últimos 35 años. Uno puede trazarlo muy, muy cuidadosamente. La respuesta aquí es: ningún ascenso en el nivel del mar.

*Otro sitio famoso son las islas de Tuvalu, que se supone que desaparecerán pronto porque hemos puesto demasiado dióxido de carbono en el aire. Allí tenemos un medidor de mareas, un registro variográfico desde 1978, de modos que son 30 años. Y otra vez más, si uno mira allí, **no hay ninguna tendencia, ningún aumento del nivel**. De modo que, ¿de dónde sacan eso del aumento en la Isla Tuvalu?* [5]

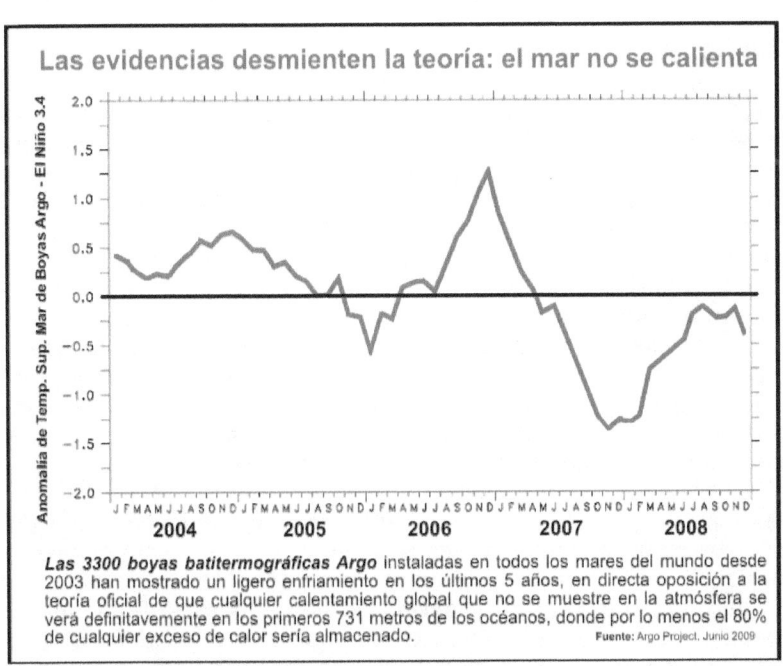

Figura 4: Temperatura de los océanos del mundo.

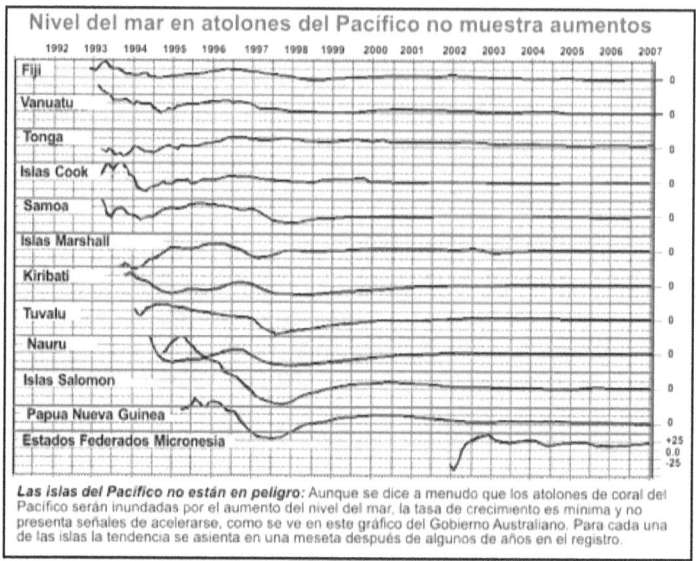

Figura 5: Tendencia del nivel del Océano Pacífico Oriental

Glaciares y Polos

Glaciares y hielos de los polos, junto a los adorables osos polares – mientras estén del otro lado de la reja del zoológico- son otros miembros de la tropilla de caballos de batalla usados para impulsar el fraude del cambio climático causado por el hombre. Los alarmistas del cambio climático han sugerido que las capas de hielo de Groenlandia y la Antártida podrían colapsar, causando un ascenso catastrófico del nivel de los mares. La idea está basa en el concepto de una placa de hielo deslizándose a lo largo de un plano inclinado lubricado por agua derretida que, por supuesto aumenta por causa del calentamiento global.

En realidad las capas de hielo de Groenlandia y a Antártida ocupan cuencas profundas y no pueden deslizarse hacia el mar por un plano inclinado –porque no hay ninguno. Además, el flujo glacial depende de la tensión como también de la temperatura, y la inmensa mayoría de la masa de hielo está bien por debajo del punto de congelación.

La acumulación de kilómetros de hielo no perturbado en los cilindros de muestras de hielos extraídos en Groenlandia y la Antártida (los mismos que se usan algunas veces para alimentar ideas para el calentamiento global), muestran cientos de miles de años de acumulación de hielo sin derretimiento o flujo. A excepción de los bordes de algunas placas, las placas de hielo se mueven en sus bases, y dependen del calor geotérmico y no del calor en la superficie, a miles de metros por encima de la base. Es imposible que las placas de hielo de la Antártida y Groenlandia colapsen.

Figura 6: Una vista de Groenlandia desprovista de hielo. Obsérvese la depresión central rodeada de alturas mayores que impiden un deslizamiento hacia el mar. (**Fuente**: *National Geographic Society*.)

La idea de un glaciar que se desliza cuesta abajo sobre una base lubricada por agua derretida del hielo parecía una buena idea cuando fue presentada en 1779 por de Saussure, pero desde entonces mucha agua ha pasado debajo del puente, y muchos glaciares se quedaron donde estaban desde hace millones de años.

La literatura "científica" al respecto está plagada de este tipo de fantasías surgidas de modelos matemáticos y no de observaciones de un mundo real. Christoffersen y Hambrey publicaron un estudio que es típico de la falta de comprensión sobre cómo fluyen y funcionan los glaciares. Ellos predicen el comportamiento de la capa de hielo deslizándose por un plano inclinado lubricado por agua derretida de la superficie. El mismo error conceptual está presente en libros de texto como *The Great Ice Age,* (2000) por R.C.L. Wilson y otros, revistas populares como el National Geographic de Junio 2007, y otros artículos científicos como el de Bamber et al. (2007), que puede ser considerado como una típica contribución de los modelos matemáticos. Las capas de hielo no crecen y se derriten en respuesta a la temperatura global. Cualquiera que tenga esta visión ingenua no podría explicar por qué las glaciaciones han estado presentes en el hemisferio sur por más de 30 millones de años, y en el hemisferio norte por apenas 3 millones de años.

La contabilidad de un glaciar

En general, los glaciares crecen, fluyen y se derriten continuamente. Hay un balance de pérdidas y ganancias. La nieve cae en sus nacientes en las tierras altas. Con el tiempo se vuelve más y más compacta, el aire es expulsado y se convierte en hielo sólido. Algunas burbujas de aire quedan atrapadas, y pueden ser usadas por los científicos para examinar la composición del aire en el momento de la nevada.

Más nevadas van formando más capas en la parte superior que siguen el mismo proceso de compresión y solidificación aumentando el volumen de la capa de hielo. Esas capas, jóvenes en la parte superior y viejas en el fondo, permiten que el hielo glacial sea estudiado a lo largo del tiempo, como las muestras de hielo de Vostok en la Antártida, una fuente de información de temperatura y niveles de dióxido de carbono que se remonta a unos 400.000 años.

La velocidad de desplazamiento de los glaciares varía mucho, dependiendo del terreno y del tamaño del glaciar. Por lo general su avance es lento, pero hay otros que avanzan muy rápido como el Glaciar Upernivek de Groenlandia que fluye a razón de 40 metros por día, que lo máximo que un glaciar pequeño de los Alpes cubre en un año. El glaciar Perito Moreno en la Patagonia avanza a unos 50 centímetros diarios en los bordes y casi 2 metros por día en su parte central.

Cuando el hielo llega a alturas menores o a latitudes donde la temperatura es mayor, comienza a derretirse y a evaporarse. La evaporación y derretimiento simultáneos de un glaciar es conocido como "*ablación,*" pero también ocurre que puede no haber derretimiento pero sí pérdida del volumen por "sublimación", el proceso físico-químico por el que un cuerpo sólido se transforma en uno gaseoso.

El movimiento del glaciar

El desplazamiento de glaciar es un proceso conocido como "***reptado***" o lento arrastre (en inglés: "creep"). Es esencialmente el movimiento de átomos de un cristal de hielo a otro. Las primeras claves de esto vinieron del estudio del hielo de los lagos que puede fluir a un estrés mucho menor que la fuerza de cizallamiento del hielo "normal", si la tensión es aplicada paralela a la superficie del lago. Esto es el resultado de las propiedades de los cristales de hielo.

El hielo es un mineral hexagonal con planos de deslizamiento paralelos a la base. El hielo lacustre es casi como una hoja de basalto columnar, con los 'ejes-c' verticales y los planos de deslizamiento todos paralelos a la superficie del lago, de manera que un empujón paralelo a los planos de deslizamiento deforma al hielo con toda facilidad. Para deformar al hielo perpendicularmente a los planos de deslizamiento es necesaria mucha mayor tensión.

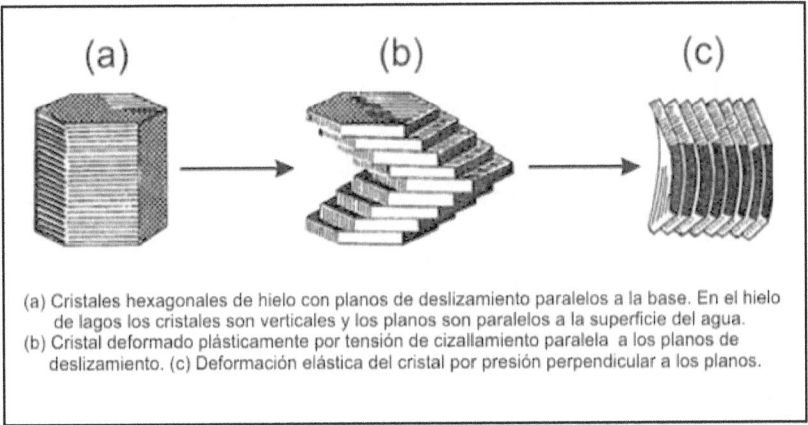

(a) Cristales hexagonales de hielo con planos de deslizamiento paralelos a la base. En el hielo de lagos los cristales son verticales y los planos son paralelos a la superficie del agua.
(b) Cristal deformado plásticamente por tensión de cizallamiento paralela a los planos de deslizamiento. (c) Deformación elástica del cristal por presión perpendicular a los planos.

Figura 6: Propiedades de los cristales de hielo planos de deslizamiento [8]

Como se dijo más arriba, el flujo de material en un estado cristalino sólido es conocido como "creep" o "reptar". Hay tres leyes de "*reptado*" relevantes al flujo del hielo:

1) El reptado es proporcional a la temperatura
2) El reptado es proporcional a la tensión (esencialmente proporcional al peso del hielo por encima).
3) Hay una tensión o "stress" mínimo llamado "tensión de rendimiento" o "*yield stress*", por debajo de la cual el reptado no se produce.

Todas estas leyes tienen efectos significantes sobre el movimiento del glaciar, y la manera en que el comportamiento del glaciar puede ser interpretado. Los glaciares Alpinos difieren notablemente de las capas de hielo de la Antártida y Groenlandia, aunque las leyes de la física permanecen siendo las mismas, y se necesario tener cuidado al transferir conocimientos de un tipo de glaciar al otro.

El Reptado es proporcional a la temperatura
Mientras más cerca está la temperatura del punto de fusión del hielo mayor es la tasa de "reptado" o lento avance del glaciar. En los experimentos con tasas fijas de presiones se descubrió que la tasa de reptado a –1° C es 100 veces mayor que a –20°C. En los glaciares de valles el hielo está casi en todas partes en el prevaleciente punto de fusión del hielo porque el calor latente de hielo es mucho mayor que su calor espe-

cífico. Se requiere de muy poco calor para elevar la temperatura de un bloque de hielo desde –1ºC hasta 0ºC; pero lleva unas 80 veces más calor convertir el mismo bloque de hielo de 0ºC a agua a 0ºC.

A causa de que la temperatura no varía en los glaciares de valle, ellos no están afectados por esta primera ley del reptado. Pero las capas de hielo polares son muy diferentes. Están enfriadas a temperaturas muy por debajo del punto de congelamiento, lo que reduce en gran medida su capacidad para desplazarse. Las capas de hielo pueden tener varios kilómetros de espesor, y la parte más caliente es en realidad su base donde el hielo está calentando por el calor interno de la Tierra, y donde se concentra el flujo.

La perforación del Proyecto de Núcleos de Hielo del Norte de Groenlandia (NGRIP) fue detenido por temperaturas relativamente altas cerca de la base y se tuvo que diseñar nuevos equipos para perforar el hielo desde 3001 hasta 3085 metros. Porque el hielo fluye sólo en la base, se pueden acumular grandes espesores de hielo estratificado, como lo revelan las muestras de hielo obtenidas.

Los informes de algunas muestras de hielo de Groenlandia dan cuenta de que no hay ningún flujo del mismo! Esto es presumiblemente el resultado de hielo con una base sumamente fría. Muy importante para las ideas de 'colapso', *el hielo no se está deslizando*. Por cierto no se está moviendo para nada. Groenlandia se diferencia de la Antártida en que las capas de hielo se derraman a través de aberturas en los bordes montañosos, y los glaciares yacen encima de profundos y estrechos valles. De acuerdo con van der Veen y otros, tales valles tienen gradientes de calor geotermal más altos que los usuales, de manera que podría ser el calor geotérmico más que el calentamiento global lo que hace que los glaciares de Groenlandia tengan tasas de flujo más altas que lo usual.

El derrame de los glaciares tiene algunas de las características de los glaciares alpinos, donde la evidencia de retroceso de los glaciares es más obvia. En muchas partes del mundo los glaciares han estado retrocediendo desde 1895 con un aumento de su ritmo desde 1930. No hay ninguna explicación obvia para esto y estas fechas no tienen una contraparte clara en los registros del CO_2.

Arranques glaciales

La velocidad de los glaciares de valle ha sido medida desde hace mucho tiempo, y es bastante variable. Algunas veces el valle fluirá varias veces más rápido de lo que lo hiciera antes. Evento que se conoce como "surge" o "arranque". Supongamos que hubo un período de varios miles de años de fuertes precipitaciones. Esto causará el engrosamiento del hielo y un flujo glacial más rápido. El pulso de un flujo más rápido se transmitirá eventualmente valle abajo. Esto es importante que se comprenda porque la tasa de aumento en el flujo del hielo no está relacionado con la actual temperatura del aire sino con el aumento de las precipitaciones de hace muchísimo tiempo atrás.

Derretimiento y Clima

En julio 21, 1983 la temperatura más baja confiablemente medida jamás en la Tierra fue en la base Vostok con –89.2° C. La temperatura más alta registrada en Vostok es –19° C, en enero de 1992, y durante el mes de julio de 1987 la temperatura jamás subió más allá de los –72° C. A estas temperaturas el hielo no puede fluir bajo las presiones que prevalecen en la superficie. El calentamiento no tiene ningún efecto sobre temperaturas tan bajas porque el hielo no fluirá más rápido a –60° C que a –70° C. En el caso de los mantos de hielo del polo sur podría llevar muchos miles de años para que el hielo fluya desde las áreas de acumulación al área de derretimiento. El balance entre el movimiento y derretimiento no se correlaciona entonces con el clima de hoy sino con el clima de miles de años atrás.

Glaciares y Las Precipitaciones

Hemos visto que los glaciares y las capas de hielo están en un estado de cuasi-equilibrio, gobernados por tasas de derretimiento y tasas de acumulación. Para que un glaciar mantenga su actual tamaño tiene que tener precipitaciones en su cabecera. Esto lleva a la ligeramente compleja relación con la temperatura. Si el clima regional se hace muy seco, no habrá precipitaciones y el glaciar disminuirá de volumen. Esto podría ocurrir si la región se vuelve tan fría como para reducir la evaporación del océano.

Si la temperatura se eleva, la evaporación se refuerza y por consiguiente habrá nevadas en las cabeceras. De manera paradójica, un aumento en la temperatura regional puede llevar a un crecimiento de los glaciares y las capas de hielo. Hoy, por ejemplo, las capas de hielo de la Antártida y Groenlandia están creciendo por la acumulación de nevadas causadas por una mayor evaporación en la zona.

Témpanos

Donde las capas de hielo o glaciares individuales llegan al mar, el hielo flota y eventualmente terminará quebrándose y formará témpanos o "icebergs". Esto es inevitable en tanto los glaciares lleguen al mar. En el hemisferio Sur el Capitán Cook vio témpanos en su búsqueda de la gran tierra del sur. Los témpanos han sido familiares para los marinos del Hemisferio Norte y el Titanic chocó contra uno que había derivado más al sur que lo normal en 1912. La ruptura es de manera inevitable un evento súbito que se puede convertir en un típico escenario de Horror del Calentamiento Global.

Cuando a principios de 2007 una placa de hielo de Groenlandia se quebró, todos los científicos entrevistados dijeron estar sorprendidos por lo súbito del suceso. ¿De qué otra manera podría quebrarse una placa de hielo? ¿De qué otra manera se desploma un viejo balcón de un edificio en ruinas? *Súbitamente*. Y esta es un área que estaba libre de hielos antes de la Pequeña Edad de Hielo. Los exploradores del Ártico acostumbraban a llegar con sus barcos mucho más cerca del norte de Groenlandia que ahora.

Lo importante para recordar y mantener en la memoria es que la liberación o rotura del hielo en el borde de un frente de hielo de ninguna manera refleja el flujo de hielo en la profunda cuenca interior.

La Edad de las Capas de Hielo

En los hielos de Groenlandia hay muchas perforaciones que tienen más de 3 kilómetros de profundidad de hielo sin perturbaciones que se remontan en el tiempo a más de 150.000 años, mucho menos que el equivalente en la Antártida. Las perforaciones en Vostok suministran información de los pasados 414.000 años antes de que el hielo comenzara a deformarse. La perforación en Dome F tiene 3035 metros, y la de Dome C 3309 metros; ambas están fechadas en 720.000 años antes que ahora. El hielo de Epica en la Antártida tiene 760.000 años, como también el hielo perforado en Guliya, Tibet.

Pero más importante que la edad es el gran espesor del hielo preservado, y que allí se preservan registros completos de deposiciones a pesar de que las temperaturas en esos tiempos algunas veces fueron mucho más altas que las actuales. No se conforman al modelo de derretimiento de la superficie, ya sea antes o ahora. Después de las tres cuartas partes de un millón de años de acumulación de hielo continuado, ¿cómo podemos creer que las capas de hielo están ahora por *colapsar*?

El Colapso de las Capas de Hielo

Algunas de las afirmaciones actuales del 'colapso' de las capas de hielo se basan en falsos conceptos. Las capas de hielo no se derriten desde la superficie hacia abajo –sólo se derriten en los costados y los bordes. Una vez que los bordes se pierden, una mayor pérdida depende de la tasa de deslizamiento o flujo del hielo. La tasa de flujo del hielo no depende del clima actual sino de la cantidad de hielo ya acumulada, y que se mantendrá fluyendo durante un tiempo muy largo. Es posible que un aumento del calor cause un aumento en las nevadas y por consiguiente el crecimiento de la capa de hielo, y no su disminución.

Las muestras de hielo usadas para determinar el clima en los últimos 400.000 años también muestran que la capa de hielo de la Antártida se fue acumulando durante ese período por medio de capas estratigráficas de nieve, que no han sido deformadas o vueltas a derretir. El mecanismo que ilustran Christoffersen y Hambrey, de lagos de nieve derretida en la superficie encontrando su camino hasta el fondo de los glaciares a través de fisuras en el hielo, lubricando la base del glaciar no es compatible con la acumulación de las no perturbadas capas de nieve. Podría ocurrir en glaciares de valles, menos profundos, pero no nos dice absolutamente nada acerca del '*colapso*' de las capas de hielo.

Las Cuencas Heladas

Otro problema interesante de las capas de hielo de la Antártida y Groenlandia es este: ¿Llenaron las capas de hielo una cuenca preexistente o fue el peso del hielo el que creó la depresión de la cuenca?

Generalmente se asume que el peso en aumento del hielo en crecimiento causará un hundimiento isostático de la roca debajo de él, y un aumento cada vez mayor de hielo causará un hundimiento aún mayor. De manera alternativa, dado que muchos continentes tienen montañas en sus bordes y tierras bajas en su centro (Figura 7), la Antártida y Groenlandia podrían haber tenido una depresión similar aún antes de que el hielo comenzara a acumularse. Una cuenca deprimida proveería las condiciones ideales para la acumulación del hielo si el clima es el adecuado. La isostasia podría reforzar el efecto, pero no tiene el problema de iniciarlo Esta idea podría ser relevante al tema de por qué las capas de hielo Canadiense y Escandinava se derriten con frecuencia mientras que la Antártida y Groenlandia no lo hacen. La capa canadiense no tiene una cuenca profunda donde el hielo se pueda acumular y ganar suficiente espesor para causar un efecto isostático.

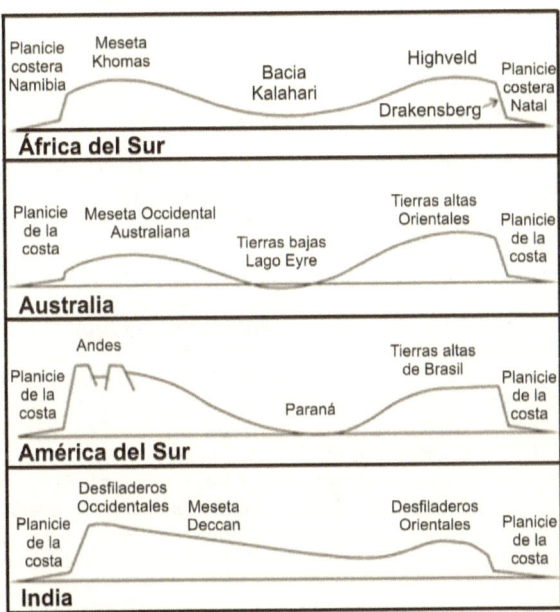

Figura 7: Conformación de cuencas y mesetas [8]

El escenario inverso es que el derretimiento de una capa de hielo causará el ascenso de la tierra. Esto está ocurriendo en la Bahía de Hudson, Canadá y en Escandinavia. Estocolmo está ascendiendo a razón de un milímetro por año, y los antiguos puertos vikingos están ahora 9 kilómetros tierra adentro. Fíjese en Google y verá que el Puerto de Palos, desde donde Cristóbal Colón partió en su famoso viaje está hoy muy tierra adentro, bastante alejado del mar. ¿Subió el terreno, o descendió el mar? Esta respuesta isostática significa que la corteza debe estar fluyendo en las profundidades, en la zona plástica, reptando. El reptado en el manto toma mucho tiempo, de manera que Escandinavia está todavía ascendiendo. Miles de años después de que la carga de hielo fuese retirada.

De la misma forma, el flujo de las capas de hielo está respondiendo a la antigua formación de energía potencial, a pesar del actual derretimiento del frente del hielo. El derretimiento de unas pocas décadas no es indicación de '*colapso*' de las capas de hielo.

Referencias

1) Lyman J.M. et al. (2006), Recent cooling of the upper ocean, Geoph. Res. Lett., 33, L18604, doi:10.1029/2006GL027033
2) Hansen J. et al. (2005), Earth's energy imbalance: confirmation and implications, Science, 208, 1431-35.
3) Levitus S.J. et al. (2005), Warming of the world ocean 1955-2003, Geoph. Res. Lett., 32, L02604, doi :10.1029/2004GL021592
4) http://www.pmel.noaa.gov/~lyman/Pdf/heat_2006.pdf (pdf, en ingles) sobre el texto revisado del estudio de Lyman et al.
5) Mörner, N.A., Tooley, M., Possnert, G., "Nuevas Perspectivas Para el Futuro de las Maldivas," *Global and Planetary Change* 40 (2004) 177–182
6) Mörner, N.-A., 2003a. Estimating future sea level changes from past records. Glob. Planet. Change 40, 49–54 (this issue).
7) Mörner, N.A., 2003b. "No flooding of the Maldives". Submitted. Pfeiffer, M., Dullo, C., Eisenhauer, A., 2001. "Indian Ocean reef corals: evidence for secular changes in monsoon circulation?" In: Ruth, S., Ruggenberg, A. (Eds.), 2001 Margins Meeting Schrift. Deutschen Geol. Gesellschaft, vol. 14, pp. 151–152.
8) Ollier C., Pain, C. Why the Greenland and Antarctic Ice Sheets are Not Collapsing, AIG News, No. 97, August 2009.

Capítulo 4

La Hipótesis del Termostato

Willis Eschenbach es un ingeniero que vive en Guadalcanal, en las Islas Salomon, al este de Australia. Es el encargado de de una compañía transportadora de petróleo crudo, y en sus tiempos libres se dedica al buceo entre los corales de la isla y a la investigación de los fenómenos del clima, y a lo largo de los años se ha ganado el respeto y el reconocimiento de la comunidad científica "escéptica" del calentamiento global antropogénico. También es mi amigo de la Internet, y desde hace años nos enviamos mensajes contando nuestras vidas privadas. Uno de mis intereses ha sido desde muy pequeño la historia de la Segunda Guerra Mundial, y que Willis viviese precisamente en unos de los sitios del Pacífico donde se desarrollaron importantes acciones de guerra, me hizo prometerme que algún día le visitaría e iríamos juntos a bucear entre la gran cantidad de aviones, barcos de desembarco y de transporte que descansan en el fondo del mar de esas islas.

Pero mientras llega ese momento, con Willis hemos hablado mucho sobre el clima, dado que hemos participado activamente en un foro de discusión científica sobre el tema, el conocido *"Climate Sceptics"* fundado por el finlandés Timo Hammeranta. Hemos analizado allí casi todos los factores atmosféricos que influyen en el clima y quiero presentar aquí uno de sus excelentes trabajos sobre la regulación del clima causada por lo que Willis llama *"El Efecto Termostato"*, porque creo que nunca se decidirá a publicarlos juntos en un libro. Además porque su explicación está escrita de manera amena y será comprensible para las personas sin mayores conocimientos técnicos, y la única fórmula que tiene es de una simplicidad inobjetable.

Muchos de sus estudios han sido publicados en revistas y sobre todo en blogs de seriedad inobjetable como el del meteorólogo norteamericano Anthony Watts, en su famoso sitio *"WattsUpWithThat.com"*, que recibió el Premio al *Mejor Blog Científico del Mundo de 2008*, que durante los días en que estalló el gran escándalo científico de los científicos de la Unidad de Investigación del Clima (CRU), de la Universidad de East Anglia, en Inglaterra, Anthony Watts recibía un promedio de 13 millones de visitas mensuales. Sobre ese escándalo hablaré más adelante en los próximos capítulos porque en mi opinión, y la de miles de científicos, es uno de los fraudes científicos más grande jamás se haya cometido en la historia de la ciencia por el alcance que tuvo y sigue teniendo sobre las políticas que se pretenden imponer al mundo para reducir, o volver atrás, el calentamiento global. Ahora, el estudio de Willis Eschenbach.

La Hipótesis del Termostato
Por Willis Eschenbach

Abstracto

La Hipótesis del Termostato es que las nubes tropicales y las tormentas regulan activamente la temperatura de la Tierra. Esto mantiene a la Tierra a una temperatura equilibrada. Se presentan diversas evidencias para establecer y dilucidar la Hipótesis del Termostato –la histórica estabilidad de la temperatura de la Tierra, consideraciones teóricas, fotos satelitales, y una descripción del mecanismo de equilibrio.

Estabilidad Histórica

Durante mucho tiempo la estabilidad de la temperatura de la Tierra ha sido un constante rompecabezas climático. El planeta ha mantenido una temperatura de ~3% (incluyendo las edades glaciales) durante al menos los últimos 500 millones de años, hasta donde podemos estimar las temperaturas. Durante el actual Holoceno las temperaturas no han variado más de ±1%. Y durante las edades de hielo la temperatura fue asimismo similarmente estable.

En contraste con la estabilidad térmica de la Tierra, la física solar ha indicado desde hace mucho (*Gough, 1981; Bahcall et al., 2001*) que hace 4.000 millones de años la irradiación solar era alrededor del 75% de la actual. En los primeros tiempos geológicos, sin embargo, la Tierra no era correspondientemente más fría. Los proxys de temperatura tales como la relaciones deuterio/hidrógeno y $^{16}O/^{18}O$ no muestran un 30% de calentamiento en la tierra durante este tiempo. ¿Por qué no se calentó la tierra cuando el Sol comenzó a hacerlo?

Esto es conocido como la "Paradoja del Sol Débil" (Sagan y Muller, 1972), y usualmente se explica cómo considerando a la atmósfera temprana mucho más rica en gases de invernadero que la actual atmósfera. Sin embargo, esto implicaría una disminución gradual del forzamiento de los Gases de Invernadero (GI) que igualó de manera exacta el aumento de miles de millones de años en el forzamiento solar hasta los valores actuales. Esto parece ser sumamente improbable. Un candidato mucho más probable es algún mecanismo natural que ha regulado la temperatura de la tierra durante todo el tiempo geológico.

Consideraciones Técnicas

Bejan (Bejan 2005) ha mostrado que el clima puede ser modelado robustamente como un motor de calor, y los océanos y la atmósfera como los fluidos de la operación. Los trópicos son el extremo caliente del motor. Algo de ese calor tropical es irradiado nuevamente al espacio. El trabajo es realizado por los fluidos en operación en el curso del transporte del resto de ese calor tropical hacia los Polos.

Allí, en el extremo frío del motor de calor, el calor es radiado hacia el espacio. Bejan demostró que la existencia de una real cobertura de las celdas Hadley es un resultado derivado de la "Ley de Construcción" (o *Constructal Law*). También mostró Bejan la manera en que es determinada la temperatura del sistema de flujo.

"Nosotros seguimos esto desde el punto de vista "constructal" donde la circulación [global] misma representa una geometría de flujo que es el resultado de la maximización de un comportamiento global sujeto a restricciones globales."

"La mayor potencia que el sistema compuesto podría producir está asociado con la operación reversible de la planta de potencia. La entrega de potencia en este límite es proporcional a:

$$w = q \left(1 - \frac{T_L}{T_H} \right) \text{ (Bejan 2005)}$$

"Donde q es el flujo total de energía a través del sistema (trópicos a los polos), y TH y TL son las temperaturas altas y las bajas (temperaturas tropicales y polares en grados Kelvin).

El sistema trabaja incesantemente para maximizar la entrega de potencia. Esta es una vista del sistema entero que transporta calor de los trópicos hasta los polos.

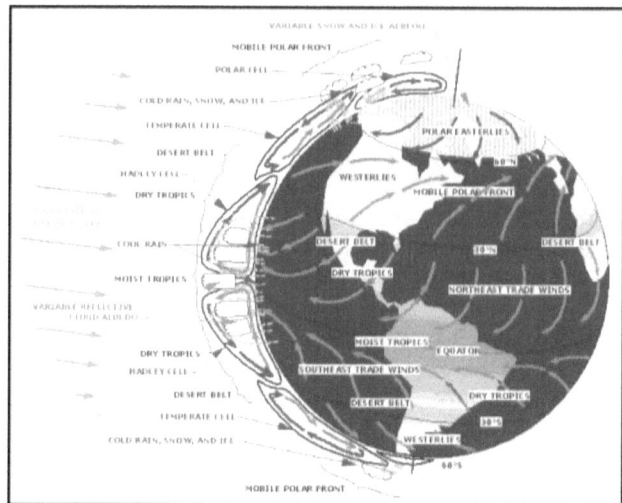

Figura 1: La Tierra como un Motor de Calor. Las celdas Hadley ecuatoriales proveen la potencia para el sistema. Sobre los trópicos, el Sol (flechas de la izquierda) es más fuerte porque incide sobre la Tierra de manera más perpendicular. El largo de las flechas anaran-jadas muestra la fuerza relativa del Sol. El aire seco cálido desciende hacia los 30ºN y 30ºS, formando los grandes cinturones desérticos que circundan al globo. El calor es transportado por una combinación del océano y la atmósfera hasta los polos. En los polos el calor es radiado hacia el espacio.

En otras palabras, los sistemas de flujo como el clima terrestre no asumen una temperatura estable así nomás, sin importar qué. Los sistemas reforman su propio flujo de tal manera como para maximizar la energía producida y consumida. Es este proceso dinámico, y no una simple transformación lineal de los detalles de la composición de gases de la atmósfera lo que determina el rango de las temperaturas de trabajo del planeta.

Nótese que la *"Ley Constructal"* dice que cualquier sistema de flujo *"cuasi se estabilizará"* en órbita alrededor (pero que nunca alcanzará) algún estado ideal. En el caso del clima este es el estado de la máxima producción de energía y consumo. Y esto a su vez implica que cualquier planeta acuoso tendrá una temperatura de equilibrio que es activamente mantenida por el flujo del sistema. Ver el "paper" de Hsien-Wang Ou listado en la referencias para mayor información sobre el proceso.

El Mecanismo de Gobierno del Clima

Todo motor de calor tiene un acelerador. El acelerador es la parte del motor que controla cuánta energía **ingresa** al motor de calor. Una motocicleta tiene un acelerador de mano. En un automóvil, el acelerador es llamado el "pedal del acelerador". Controlan el ingreso de la energía.

La estabilidad de la temperatura terrestre a lo largo del tiempo (incluyendo períodos alternado bi-estables glaciales/interglaciales), como también consideraciones teórica, indican que este motor de calor tiene que tener alguna clase de gobernante que controla el acelerador.

Mientras que todos los motores de calor tienen un acelerador, no todos tienen un gobernador. En un auto es un gobernador llamado "Control de Crucero", que es un dispositivo que controla al acelerador (pedal). Un gobernador ajusta la energía que ingresa al motor del automóvil para mantener una velocidad constante sin tener en cuenta los cambios en forzamientos internos o externos (por ejemplo colinas, subidas, vientos, eficiencia del motor y pérdidas de la misma).

Podemos ir eliminando los candidatos para este cargo de mecanismo de gobierno del clima notando primero que el gobernador controla al acelerador (que a su vez controla la energía suministrada al motor). Segundo, notamos que un gobernador exitoso tiene que ser capaz de manejar el sistema más allá del resultado deseado (en exceso).

Debe notarse también que un gobernador que contiene un bucle de histéresis, es diferente a una realimentación negativa. Una realimentación negativa *sólo puede reducir un aumento*. No puede mantener un estado estable a despecho de forzamientos distintos, cargas variables, y pérdidas cambiantes. *Sólo un gobernador puede hacerlo.*

La mayoría de la absorción del calor del Sol en la tierra ocurre en los trópicos. Los trópicos, como el resto del mundo, son en su mayor parte océanos: y la tierra que está allí está mojada. En una palabra, los trópicos *humeantes de vapor de agua*. Hay poco hielo allí, de modo que son las nubes las que controlan cuánta energía ingresa al motor de calor del clima.

Yo propongo que dos mecanismos interrelacionados, pero separados, actúan directamente para regular la temperatura de la Tierra –las **nubes tropicales cúmulos** y los **cumulonimbus**. Los cúmulos son esas nubes como copos de algodón que abundan cerca de la superficie en las tardes cálidas. *Cumulonimbos* son las nubes de tormenta que comienzan su vida como simples cúmulos. Ambos tipos de nubes son parte del control del acelerador, reduciendo el ingreso de la energía. Además, los cúmulonimbos son activos motores de calor que proveen del exceso sobrante necesario para actuar como un gobernador del sistema.

Un placentero experimento mental muestra la manera en que este gobernador de nubes funciona. Se llama *"Un Día en los Trópicos"*. Yo vivo en el profundo y húmedo trópico, a 9°S, con una vista del Océano Pacífico Sur desde mi ventana. Así es como es un día típico por aquí. De hecho, es un típico día de verano en cualquier lugar de los trópicos. El informe del tiempo es más o menos así:

Limpio y calmo en la madrugada. Leves brisas mañaneras, aumentando las nubes hacia el mediodía. En la tarde, aumento de nubes y vientos con probabilidad de chaparrones y tormentas eléctricas a medida que se desarrollan. Aclarando hacia la caída del sol o después de ella, con una ocasional tormenta después de haber anochecido. Aclaración progresiva durante la noche.

Ese es el ciclo diario más común del tiempo tropical, lo bastante común como para ser un cliché en todo el mundo. Está manejado por las variaciones día/noche en la fuerza de la energía del sol. Antes del amanecer la atmósfera es típicamente calma y limpia. A medida de que el océano (o la tierra firme húmeda) se calienta, aumentan la temperatura y la evaporación. El aire cálido y húmedo comienza a elevarse. Muy pronto el aire húmedo ascendente se condensa en nubes. Las nubes reflejan la luz solar incidente. Ese es el primer paso de la regulación del clima. Un aumento de la temperatura lleva a la formación de nubes. Las nubes reducen un poco el acelerador, reduciendo la energía que ingresa al sistema. Comienzan a enfriar las cosas. Esta es la parte de la realimentación negativa del control del clima de las nubes.

El sol tropical es fuerte, y a pesar de la realimentación negativa de los cúmulos el día continúa calentándose. Más golpea el sol al océanos, más caliente se hace; se forma más aire húmedo y luego más nubes. Esto, por supuesto, refleja más los rayos solares y el acelerador se cierra otro poco. Pero el día se sigue calentando.

El desarrollo completo de las nubes cúmulo monta el escenario para la segunda parte de la regulación de la temperatura. Esto no es una simple realimentación negativa. Es el sistema gobernante del clima. A medida de que la temperatura continúa aumentando, la evaporación creciendo, algunas de las nubes algodonosas se transforman rápidamente. Se extienden velozmente hacia las alturas, ascendiendo y formando pilares de nubes de miles de metros de altura en pocos minutos. Se han transformado en cumulonimbos y nubes de tormenta. Ver ilustración en la página siguiente.

El cuerpo en forma de columna de la tormenta actúa como una enorme chimenea vertical de calor. La tormenta chupa aire caliente y húmedo de la superficie y lo envía a grandes alturas. En las alturas el agua se condensa transformando el "calor latente" en "calor sensible". El aire es recalentado por la liberación del calor sensible y sigue ascendiendo.

En la parte superior el aire es liberado por la nube muy arriba, mucho más arriba que la mayor parte del CO_2. En esa atmósfera enrarecida el aire tiene mayor libertad para irradiar calor al espacio. Al moverse dentro de la chimenea de calor de la tormenta, el aire sortea a la mayoría de los gases de invernadero y sale cerca de la parte superior de la troposfera. Durante su tránsito hacia las alturas no hay una interacción radiante o turbulenta entre el aire ascendente y la troposfera media e inferior. Dentro de la tormenta el aire ascendente es pasado por un túnel a través de la mayor parte de la troposfera para emerger en la parte más alta.

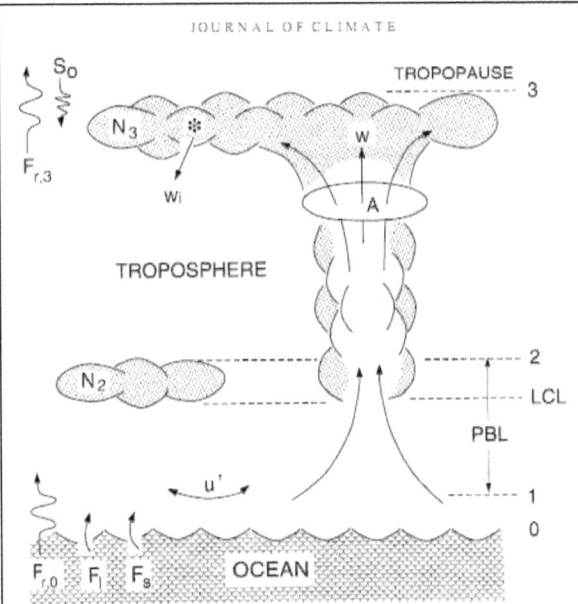

JOURNAL OF CLIMATE

Fig. 1. A schematic of the model system. Levels 0, 1, 2, and 3 mark, respectively, the ocean surface, the top of the air-sea interfacial layer, the top of the low clouds, and the tropopause. Because of the shallowness of the low clouds, no distinction in height is made between level 2 and the LCL. Variables with a numerical subscript indicate global means at the respective level, which may differ from their values in the updrafts. The symbols A, N_1, N_3 indicate fractional areas occupied by the deep updrafts, the low, and high clouds, respectively; u' is the turbulent wind velocity at level 1; and w and w_i are the vertical velocities of the deep updrafts and the settling ice (both taken as positive), respectively. Other symbols are defined in the text.

Esquema de un cumulo nimbus de acuerdo con Bejan, A, y Reis, A. H., 2005.
Fuente: Thermodynamic optimization of global circulation and climate, Int. J. Energy Res.; 29:303–316. http://homepage.mac.com/willieseschenbach/.Public/Constructal_Climate.pdf

Además de reflejar la luz solar desde la superficie superior como lo hacen los cúmulos, y transportar el calor a la alta troposfera donde lo irradia más fácilmente al espacio exterior, las tormentas enfrían la superficie en una gran variedad de formas, en particular sobre los océanos.

1) **Enfriamiento gobernado por el viento:** Una vez que la tormenta comienza crea su propio viento alrededor de la base. Este viento auto generado aumenta la evaporación de varias maneras especialmente en el mar.

(a) La evaporación crece linealmente con la velocidad del viento. A una velocidad típica de 10 metros/seg (20 nudos), la evaporación es unas diez veces mayor que en condiciones calmas. (convencionalmente tomadas como 1 m/seg)

(b) El viento aumenta la evaporación al crear sprays y espuma, y al soplar el agua de los árboles y hojas. Esto aumenta en gran modo el área de la superficie de evaporación porque el área total de la superficie de millones de gotitas está evaporando, como también la superficie misma.

(c) En menor medida, el área superficial también es aumentada por las olas creadas por el viento (una superficie con olas tiene un área de evaporación mayor que una plana).

(d) A su vez, las olas creadas por el viento aumentan de gran manera la turbulencia en la capa fronteriza (o "boundary layer"). Esto aumenta la evaporación al mezclar al aire seco enviándolo hacia abajo y al aire húmedo hacia las alturas.

(e) A medida de que el spray se calienta rápidamente a la temperatura ambiente, que en el trópico es a menudo más cálida que la del océano, la evaporación también aumenta por sobre la tasa de evaporación de la superficie del mar.

2) Aumento del albedo causado por el viento: El spray y la espuma blancos, deriva de rotación, ángulos de incidencia cambiantes, y los topes de las olas de color blanco aumentan mucho el albedo de la superficie del mar. Esto reduce la energía absorbida por el océano.

3) Lluvia y viento fríos: A medida de que el aire húmedo asciende por dentro de la chimenea de calor de la tormenta, el agua se condensa y cae. Ya que el agua se origina de las temperaturas de condensación o de congelamiento en las alturas, enfría a la atmósfera inferior a través de la cual cae, y enfría a la superficie cuando la impacta. Además, la lluvia que cae origina un viento frío. Este viento frío sopla radialmente hacia fuera del centro de la lluvia, enfriando al área a su alrededor.

4) Aumento del área reflectante: Las cúmulos algodonosos no son altos, de manera que básicamente reflejan la luz solar desde su parte superior. Por el otro lado, la chimenea vertical de las tormentas refleja la luz solar a lo largo de toda su extensión. Esto significa que las tormentas dan sombra a un área del océano fuera de proporción con su "pisada", particularmente durante el final de las tardes.

5) Modificación en la cantidad de cristales de hielo en la troposfera superior (Lindzen 2001; Spencer 2007): Estas nubes se forman a partir de minúsculas partículas de cristales de hielo que salen de la chimenea de los motores de calor de las tormentas. Parece que la regulación de estas nubes tienen un gran efecto, dado que se piensa que calientan (a través de la absorción de la radiación IR -infrarroja) más de lo que enfrían (a través de la reflexión).

6) Aumento de la radiación nocturna: A diferencia de las nubes estratos de larga vida, los cúmulos y los cumulonimbos por lo general mueren y se desvanecen cuando la noche se enfría, llevando a los típicamente limpios cielos de la madrugada. Esto permite un gran aumento de la radiación IR de la superficie durante la noche.

7) Transporte de aire seco a la superficie: El aire que es chupado de la superficie y elevado a las alturas es contrabalanceado por el flujo descendiente de aire de reemplazo emitido desde la parte superior de la tormenta. Este aire que desciende ha perdido la mayor parte de su humedad (vapor de agua) dentro de la tormenta, de manera que es relativamente seco. Mientras más seco es el aire, mayor cantidad de humedad puede levantar para su próximo viaje a las alturas. Esto aumenta el enfriamiento de la superficie por evaporación. En parte porque utilizan un amplio rango de mecanismos de enfriamiento; las nubes cúmulos y las tormentas son sumamente buenas para el enfriamiento de la superficie de la Tierra. Juntas, ellas forman el mecanismo que gobierna la temperatura de los trópicos.

Pero, ¿dónde está ese mecanismo?

El problema con mi experimento mental para describir un típico día tropical es que siempre está cambiando. La temperatura sube y baja, las nubes crecen y desaparecen, el día cambia a la noche, las estaciones vienen y se van. ¿Dónde, en ese incesante cambio está el mecanismo que lo gobierna? Si todo está siempre cambiando, ¿qué es lo que lo mantiene igual mes a mes, y año tras año? Si las condiciones son siempre diferentes, ¿qué es lo que lo mantiene siempre dentro de sus carriles?

Para poder al gobernador en acción, necesitamos un punto de vista diferente. Necesitamos un punto de vista *sin el tiempo cronológico*. Necesitamos un punto de vista atemporal sin las estaciones, un punto de vista sin días y noches. Y curiosamente, en este experimento mental llamado "Un Día en los Trópicos", hay ese punto de vista sin tiempo, donde no sólo no hay día y noche sino donde es siempre verano.

El punto de vista sin días y noches, el punto de vista desde donde podemos ver al gobernador del clima trabajando, es el punto de vista del Sol. Imagine que está viendo a la tierra desde el Sol. Desde el punto de vista del Sol no existen días o noches. Todas las partes de la cara visible de la tierra están siempre iluminadas, el sol nunca ve al tiempo nocturno. Y bajo el Sol siempre es verano.

Si aceptamos la convención de que norte está arriba, entonces mientras enfrentamos a la Tierra desde el Sol, la superficie visible de la Tierra se mueve de izquierda a derecha a medida de que el planeta gira. El borde izquierdo de la cara visible está siempre en el amanecer, y el borde derecho siempre en el atardecer. El mediodía es una línea vertical en el centro de la cara visible. Desde este punto de vista atemporal, la mañana está siempre y para siempre a la izquierda, y la tarde siempre estará a la derecha. En resumen, al cambiar nuestro punto de vista hemos intercambiado las coordenadas del tiempo por coordenadas espaciales. Este intercambio facilita ver la manera en que el gobernador opera.

Los trópicos se extienden de izquierda a derecha a lo largo de la cara visible. Vemos que cerca del extremo izquierdo, después del amanecer, siempre hay pocas nubes. Las nubes aumentan a medida que miramos hacia la derecha. Alrededor de la línea del mediodía ya hay cúmulos. A medida que miramos de izquierda a derecha la cara visible de la Tierra, en dirección a la tarde, vemos más y más nubes y un creciente número de tormentas cubren una gran parte de los trópicos. Es como si existiese un espejo semitransparente gradual sobre los trópicos, con menos nubes reflectantes a la izquierda, lentamente en aumento a grandes nubes espejo y cobertura de tormentas hacia la derecha.

Después de lucubrar esta hipótesis de que vistos desde el Sol el lado izquierdo de los trópicos tendrían menos nubes que el lado derecho, pensé, *"Hey, esa es una proposición para testear que apoyaría o demolería mi hipótesis."* De manera que para investigar si este postulado aumento de las nubes a la derecha de la tierra existía, tomé un promedio de 24 fotos del Océano Pacífico tomadas a la hora local del mediodía, el 1º y el 15 de cada mes durante un año entero. Luego calculé el cambio promedio en el albedo y así el cambio promedio en el forzamiento en cada tiempo. Aquí está el resultado:

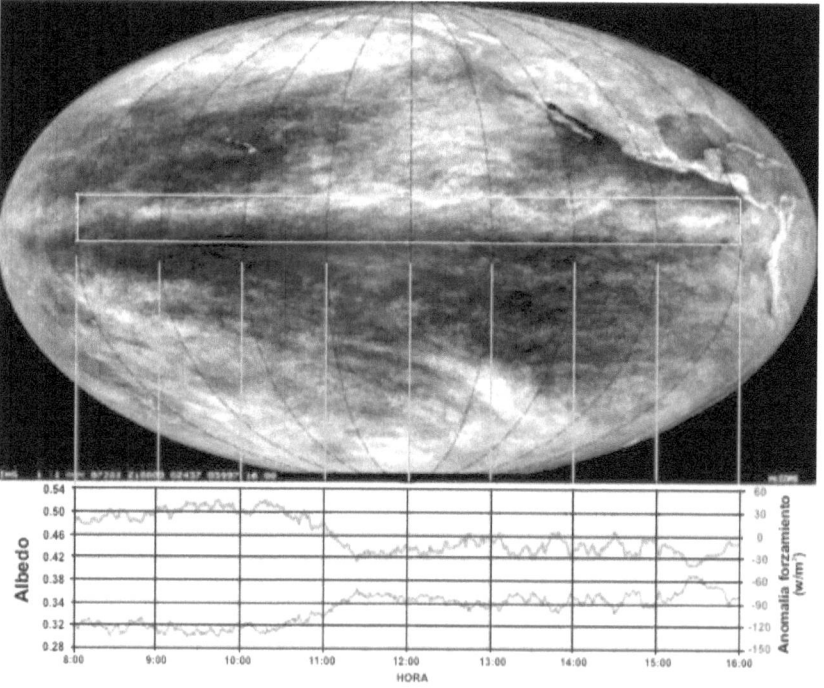

Figura 2: Promedio de un año de las imágenes del satélite GOES-West tomadas al mediodía local del satélite. La Zona de Convergencia Intertropical (ITZC) es la banda brillante en el rectángulo amarillo. El tiempo local en la Tierra se ve en las líneas negras de la imagen. Los valores del tiempo se muestran al pie del gráfico incluido. La línea superior del gráfico es la anomalía del forzamiento solar (en watts/m2) en el área delimitada por el rectángulo sobre el ecuador. La línea inferior es el valor del albedo en el área mostrada en amarillo.

El gráfico debajo de la imagen de la Tierra muestra al albedo, y al forzamiento solar en el rectángulo amarillo que contiene a la *Zona de Conver-*

gencia Intertropical. Nótese el agudo incremento del albedo entre las 10:00 y las 11:30. Usted está mirando el mecanismo **que impide que la Tierra se sobrecaliente.** Provoca cambios en la insolación de alrededor de –60w/m2 entre las 10 de la mañana y el mediodía.

Ahora considere qué pasaría si por alguna razón la superficie de los trópicos fuese un poco más fría. El sol tarda un poco más en calentar la superficie. La evaporación no se eleva hasta más tarde en el día. Las nubes son más lentas para aparecer. Las primeras tormentas se forman más tarde y lo hacen en menor cantidad, y si no es lo bastante caliente esos gigantescos motores de calor que enfrían la superficie no se forman en absoluto.

Y desde el punto de vista del Sol toda la sombra espejada se desplaza hacia la derecha, dejando que más radiación solar penetre por más tiempo. La reducción de 60 w/m2 del forzamiento solar no ocurre hasta más tarde en el día, aumentando la insolación local.

Cuando la superficie tropical se hace más caliente que lo normal, la sombra espejada se desplaza hacia la izquierda, y las nubes se forman antes. Las tardes cálidas favorecen la formación de tormentas que enfrían la superficie. De esta forma, una sombrilla enfriadora auto-ajustable de tormentas y nubes mantiene a la temperatura dentro de un estrecho rango.

Ahora, algunos científicos han afirmado que las nubes tienen una realimentación positiva. A causa de esto, las áreas donde hay más nubes terminarán siendo más cálidas que las áreas con menos nubes. Esta realimentación positiva es vista como la razón de que las nubes y el calor están correlacionados.

Yo y otros muchos tenemos la visión opuesta de esa correlación. Yo mantengo que las nubes son causadas por el calor, y no que el calor es causado por las nubes. Afortunadamente, tenemos maneras de determinar si los cambios en la sombrilla reflectante de nubes y tormentas son causadas (y por ellas limitando) la elevación general de la temperatura, o si un aumento de nubes hace que la temperatura general ascienda. Esto es mirar al cambio en albedo con el cambio en temperaturas. Aquí hay dos visiones del albedo tropical, tomadas con seis meses de separación. Agosto es el mes más cálido del Hemisferio Norte. Como se indica, el Sol está en el norte. Nótese el elevado albedo (áreas de azul claro) en toda África, China, y en la parte norte de Sudamérica y América Central. En contraste, hay un muy bajo albedo en Brasil, África del Sur e Indonesia/Australia. Lo verá en la Figura 3.

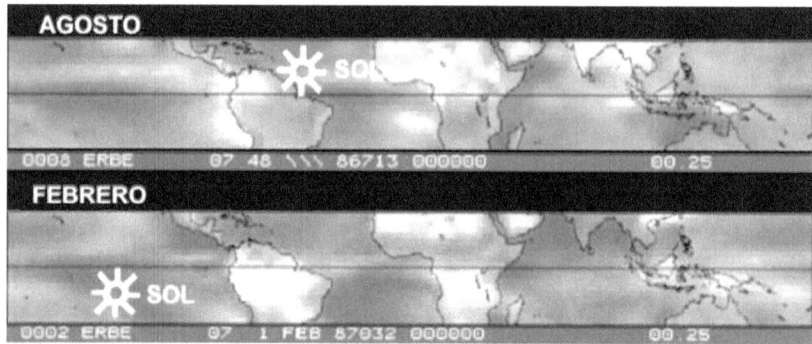

Figura 3: Albedo mensual promedio. El lapso es de seis meses de separación. Agosto es el pico del verano en el Hemisferio Norte. Febrero es el pico del verano en el Hemisferio Sur. Las áreas gris claro son las más reflectantes. (mayor albedo).

Por el otro lado, en febrero el Sol está en el sur. La situación del albedo está invertida. Brasil, Sudáfrica y Asia/Australia están calientes bajo el Sol. En respuesta al calor se forman nubes y esas áreas tienen ahora un albedo grande. Al contrario, el norte tiene ahora un bajo albedo, con la excepción de los reflectantes desiertos del Sahara y Rub Al Khali. Claramente, el albedo de las nubes (de los cúmulos y cumulonimbos) siguen al Sol al norte y al sur, impidiendo que la Tierra se sobrecaliente. Esto muestra de manera definitiva que, más que el calor ha sido causado por las nubes; son las nubes quienes fueron causadas por el calor.

Muy separado de esto, estas imágenes muestran de una manera distinta que el calor maneja la formación de las nubes. Sabemos que durante el verano la tierra se calienta más que el océano. Si la temperatura está impulsando la creación de nubes, esperamos ver un cambio mayor en el albedo sobre la tierra que sobre el océano. Y este es claramente el caso. Vemos que en el Pacífico Norte y el Océano Índico el Sol aumenta al albedo sobre el océano, en particular donde el océano es poco profundo. Pero los cambios en la tierra son en general mucho más grandes que los cambios sobre el océano. Otra vez, esto muestra que las nubes son formadas en respuesta a un aumento del calor, y en consecuencia lo limitan.

Como trabaja el gobernador:

La producción de nubes y tormentas está gobernada por la densidad del aire. La densidad del aire es una función de la temperatura (afectando directamente a la densidad) y de la evaporación (el vapor de agua es más liviano que el aire). Una tormenta es un motor de calor tanto auto-generado como también auto-sostenido. Los fluidos que intervienen son aire cálido cargado de humedad y agua líquida. Auto-generación significa que cada vez que se hace lo bastante caliente en el océano tropical, que es casi todos los días, a un cierto nivel de temperatura y humedad, algunas de las nubes copos de algodón súbitamente "se incendian". La parte superior de las nubes se extienden hacia arriba mostrando el progreso de elevación del aire cálido cargado de humedad. En las alturas, el aire ascendente abandona la nube reemplazado por más aire húmedo en la parte inferior. Súbitamente, el lugar de una plácida nube tenemos una tormenta activa.

"Auto-generada" significa que las tormentas surgen espontáneamente en función de la temperatura y la evaporación. Por encima del umbral necesario para crear a la primera tormenta, la cantidad de tormentas crece rápidamente. El rápido aumento en tormentas limita la cantidad posible del crecimiento de la temperatura.

"Auto-sostenida" significa que una tormenta se pone en marcha, ya no requiere de toda la temperatura inicial que la había iniciado. Esto se debe a que el viento auto-generado en la base, más el aire seco que desciende desde más arriba, elevan mucho la tasa de evaporación. La tormenta está impulsada por la densidad del aire. Requiere de una fuente de aire liviano y húmedo. La densidad del aire está determinada por la temperatura y el contenido de humedad (porque, curiosamente, el vapor de agua de peso molecular 16 es apenas un poco más de la mitad de pesado que el aire, que tiene un peso molecular promedio de 29).

La evaporación no es sólo una función de la temperatura. Está gobernada por una compleja mezcla de velocidad del viento, temperatura del agua, y presión de vapor. La evaporación se calcula por lo que llama una "fórmula gruesa", que significa una fórmula basada en la experiencia más que en la teoría. Una fórmula usada comúnmente es:

E = VK(pv – pa)
donde,
E = evaporación,
V = velocidad del viento (función de la diferencia de temperatura ["symbol" DT]),
K = coeficiente constante,
pv = presión del vapor en la superficie en evaporación (función de la temperatura del agua en grados K a la cuarta potencia),
pa = presión del vapor del aire encima de la superficie (función de humedad relativa y temperatura del aire en grados K a la cuarta potencia).

El asunto crítico para tomar en cuenta en la fórmula es que la evaporación varía linealmente con la velocidad del viento. Esto significa que la evaporación cerca de una tormenta puede ser de un orden de magnitud más grande que la evaporación a corta distancia de allí. Además de los cambios en evaporación, hay por lo menos otro mecanismo que está incrementando la formación de nubes a medida de que el viento aumenta. Esto es la producción de cristales aéreos de sal provocada por el viento. La rotura de las olas impulsadas por el viento produce estos cristales microscópicos de sal. La conexión con las nubes es que estos cristales son los principales núcleos de condensación del vapor de agua para las nubes que se forman sobre los océanos. La producción de núcleos de condensación adicionales, junto con un aumento de la condensación, conduce a cambios más rápidos y grandes en la producción de nubes con un aumento de la temperatura.

De modo que la evaporación inducida por el viento significa que, para misma densidad del aire la temperatura de la superficie puede ser inferior que la temperatura requerida para iniciar la tormenta. Esto significa que la tormenta seguirá subsistiendo y continuará enfriando la superficie hasta bien por debajo de la temperatura de inicio.

Esta capacidad de llevar a la temperatura por debajo del punto inicial es lo que diferencia a un *"gobernador"* de una *realimentación negativa*. Una tormenta puede hacer más que reducir la cantidad de calentamiento de la superficie. En verdad puede enfriar mecánicamente a la superficie por debajo de la temperatura requerida para la iniciación de la tormenta. Esto permite mantener activamente una temperatura fija en la región alrededor de una tormenta.

Una característica clave de este método de control (cambiando los niveles de las fuerzas que ingresan, realizando un trabajo, y aumentando las pérdidas térmicas para amortiguar las temperaturas en crecimiento) es que la temperatura de equilibrio no está gobernada por cambios en la cantidad de pérdidas o cambios en los forzamientos del sistema. La temperatura de equilibrio está determinada por la respuesta del viento, el agua, y las nubes al aumento de temperatura, y no por la inherente eficiencia del sistema, o los ingresos al mismo.

Más aún, la temperatura de equilibrio no está muy afectada por los cambios en la fuerza de la radiación solar. Si el sol se hace más débil, la evaporación disminuye, lo que disminuye a las nubes, lo que aumenta el sol disponible. Esta es la probable respuesta a la vieja pregunta de cómo la temperatura de la Tierra estuvo estable a lo largo del tiempo geológico, mientras la fuerza del sol se incrementó de manera marcada.

Variación Gradual del Equilibrio y Deriva

Si la Hipótesis de Termostato es correcta y la Tierra tiene un equilibrio de la temperatura mantenido activamente, ¿Qué causa las lentas derivas y otros cambios en la temperatura de equilibrio vistas en los tiempos históricos y geológicos?

Como lo demuestra Bejan, un determinante de las temperaturas que ocurren es cuán eficiente es todo el motor de calor del planeta para mover los terawatts de energía desde los trópicos hasta los polos. En una escala de tiempo geológico, obviamente un enorme determinante de esto es la ubicación, orientación, y elevación de las masas continentales. Eso es lo que hoy hace a la Antártida diferente al Ártico. La ausencia de una masa de tierra en el Ártico significa que el agua cálida circula por debajo del hielo. En la Antártida el frío cala hasta el hueso...

Además, la geografía oceánica que da forma a las corrientes que transportan las aguas cálidas tropicales a los polos y regresan agua fría (eventualmente) a los trópicos, es también un gran determinante de las temperaturas que ocurren en motor de calor del clima global.

En lapsos más cortos, podría haber cambios lentos en el albedo. El albedo es una función de la velocidad del viento, evaporación, dinámica de las nubes y (en menor grado), de la nieve y el hielo. Las tasas de evaporación son fijadas por las leyes de la termodinámica, que dejan sólo a la velocidad del viento, dinámica de las nubes, nieve y hielo, como capaces de afectar el equilibrio.

La variación en la temperatura de equilibrio puede, por ejemplo, ser el resultado de un cambio en la velocidad promedio global de los vientos. La velocidad del viento está acoplada al océano a través de la acción de las olas, y ocurren entonces variaciones a largo plazo en el *momentum* del acoplamiento océano-atmósfera. Estos cambios en la velocidad del viento pueden variar la temperatura de equilibrio de una manera cíclica.

O podría estar relacionado con un cambio generalizado en color, tipo, o extensión de las nubes, la nieve y el hielo. El albedo depende del color de la superficie reflectante. Si la reflexión es cambiada por alguna razón, la temperatura de equilibrio podría ser afectada. Para la nieve y el hielo esto podría ser, por ejemplo, un aumento del derretimiento causado por un depósito de carbón negro sobre la superficie. Para las nubes, esto podría ser un cambio de color debido a aerosoles o a polvo.

Finalmente, las variaciones del equilibrio podrían estar relacionadas con el sol. La variación en el número de partículas magnéticas y cargadas podría ser lo bastante grande para hacer una diferencia. Hay fuertes sugerencias de que la cobertura nubosa está influenciada por el ciclo magnético solar Hale de 22 años, y este registro de 14 años sólo cubre una parte de un solo ciclo Hale.

Conclusiones y Reflexiones

1) El sol provee más que suficiente energía para asar completamente a la Tierra. Las nubes impiden que eso suceda reflejado un tercio de la energía solar de vuelta al espacio. Por lo poco que conocemos, este sistema de formación para limitar la temperatura nunca ha fallado en la historia de la tierra.
2) Este escudo reflectante de nubes se forma en los trópicos en respuesta al aumento de la temperatura.
3) A medida de que las temperaturas tropicales continúan ascendiendo, el escudo reflectante es ayudado por la formación de motores de calor independientes llamadas "tormentas". Éstas enfrían la superficie de varias maneras, transportan el calor a las alturas, y convierten al calor en trabajo (vientos).

4) Lo mismo que los cúmulos, las tormentas también se forman en respuesta al aumento de las temperaturas.

5) Porque las tormentas son causadas por la temperatura, a medida de que las temperaturas tropicales aumentan, las tormentas tropicales y la producción de cúmulos aumentan también. Estas se combinan para regular y limitar el aumento de la temperatura, Cuando las temperaturas tropicales son frescas, los cielos del trópico se limpian y la tierra se calienta con rapidez. Pero cuando los trópicos se calientan, los cúmulos y los cumulonimbos le ponen un límite al calentamiento. Este sistema mantiene a la Tierra dentro de una banda más o menos estrecha de temperaturas.

6) El sistema de la regulación de la temperatura del planeta está basado en las inalterables leyes físicas del viento, del agua y las nubes.

7) Esta es una explicación razonable de la manera en que la temperatura de la Tierra estuvo tan estable (o más recientemente, biestable como glaciaciones e interglaciales) durante cientos de millones de años.

Willis Eschenbach
Guadalcanal, Islas Salomon.

Lecturas recomendadas

1. Bejan, A, and Reis, A. H., 2005, "Thermodynamic optimization of global circulation and climate," *Int. J. Energy Res.*; 29:303–316. Disponible en:
http://homepage.mac.com/williseschenbach/.Public/Constructal_Climate.pdf

2. Richard S. Lindzen, Ming-Dah Chou, and A. Y. Hou, 2001, "Does the Earth Have an Adaptive Infrared Iris?", doi: 10.1175/1520-0477(2001)0820417: DTEHAA2.3.CO;2, *Bulletin of the American Meteorological Society*: Vol. 82, No. 3, pp. 417–432. Disponible online en:
http://ams.allenpress.com/pdfserv/ 10.1175%2F1520-
0477(2001)082%3C0417:DTEHAA%3E2.3.CO%3B2

3. Ou, Hsien-Wang, "Possible Bounds on the Earth's Surface Temperature: From the Perspective of a Conceptual Global-Mean Model," *Journal of Climate*, Vol. 14, 1 July 2001. Disponible online en: http://ams.allenpress.com/archive/1520-0442/14/13/pdf/i1520-0442-14-13-2976.pdf

Capítulo 5

Huracanes y Ciclones

Brisas, vientos, vendavales, tornados...

El aire se mueve

No es novedad para nadie, pero la atmósfera pocas veces está quieta. La existencia del viento está causada por diferencias de la presión atmosférica entre regiones vecinas. De manera muy simple, cuando el sol brilla calienta la atmósfera y también la superficie. Al calentarse, el aire aumenta de volumen y tiene menos densidad que el aire más frío. Pesa menos y es empujado hacia arriba por el aire frío, más denso y pesado, que roda el área que se está calentando. Es el mismo mecanismo por el cual las chimeneas bien construidas tienen 'tiraje': el aire calentado por el fuego es empujado hacia arriba a lo largo de la chimenea por el aire más frío de la habitación.

El movimiento hacia mayores alturas de la masa de aire caliente se conoce como convección, o *corriente convectiva*. En los días calurosos del verano se ven altas nubes que llegan casi hasta la estratosfera. Dentro de ellas hay corrientes convectivas de mucho poder: no es nada raro que se registren velocidades superiores a los 200 kph, y es la principal causa de la formación del granizo. Las gotas de agua de las grandes alturas se congelan y caen hacia la superficie pero la corriente de convección las vuelve a arrastrar hacia arriba otra vez. En su recorrido ascendente los pequeños granos de hielo se van cargando nuevamente de agua y aumentando de tamaño.

Cuando en las alturas la corriente convectiva disminuye su velocidad el granizo vuelve a caer por su propio peso. Este ciclo se repite muchas veces hasta que, o el tamaño y el peso del granizo vence a la fuerza de la corriente ascendente, o la corriente ascendente ha disminuido su fuerza. Entonces el granizo cae libremente a tierra causando los daños tan comunes para la vegetación, huertas, cosechas, y chapa y parabrisas de los automóviles.

Ciclones y anticiclones

La meteorología define a los ciclones como 'una gran circulación de bienvtos alrededor de una región de baja presión atmosférica, rotando en sentido antihorario en el hemisferio norte y en sentido horario en el hemisferio sur.'

Los anticiclones son exactamente lo opuesto: 'una gran circulación de vientos alrededor de una región de alta presión atmosférica, rotando en sentido horario en el hemisferio norte y antihorario en el hemisferio sur.' Los efectos de los anticiclones son cielos claros, sin nubes, como también una atmósfera más fría. Durante el invierno, otoño y primavera, se pueden formar bancos de niebla a baja altura.

En el hemisferio sur, cuando los anticiclones avanzan hacia el norte producen los vientos provenientes del este a su frente. La dirección de giro de los ciclones y anticiclones está determinada por el llamado '*efecto Coriolis*' causado por la rotación de la Tierra y es opuesto en cada hemisferio. Los huracanes, por ejemplo, en el hemisferio norte giran en sentido horario, y los escasos huracanes del hemisferio sur lo hacen en sentido contrario.

Los anticiclones tienen diferentes características en invierno y en verano. Por ejemplo, durante el verano los anticiclones producen días calientes con pocas o ninguna nube. A veces, cuando el anticiclón tiene características de '*anticiclón de bloqueo*', se producen las famosas olas de calor que tanto se usan para asustar a la gente, asegurando que el cambio climático por calentamiento aumentará su frecuencia y su gravedad. Todavía se sigue usando para ello la famosa ola de calor de Europa, especialmente en Inglaterra, durante agosto de 2003, que sostienen que causó más de 13.000 muertos tan sólo en Francia.

El causa de la ola de calor asesina fue la instalación sobre el territorio de Inglaterra del Anticiclón de las Azores que se quedó en ese lugar empujado por los meandros de la Corriente de Chorro, o Jet Stream. El centro de alta presión bloqueó los vientos frescos del Atlántico provenientes del oeste, y los derivaron hacia el norte en dirección a Escandinavia – donde no hubo ola de calor– y hacia el norte de África, donde las temperaturas fueron normales. Un fenómeno totalmente meteorológico sin relación con el promocionado calentamiento del planeta.

Durante los anticiclones de verano el aire húmedo caliente de la superficie se eleva formando las altas nubes conocidas como cúmulonimbus que luego se transforman en tormentas. En invierno, durante los anticiclones producen cielos sin nubes pero menos radiación por el menor ángulo de incidencia de los rayos del sol. La temperatura desciende haciendo los días fríos y las noches más frías todavía debido a la ausencia de nubes que impidan la irradiación del calor hacia el espacio exterior. Esas noches claras de invierno presagian las heladas en la próxima madrugada y las medidas de precaución de los horticultores.

Los Huracanes y Tifones

Se llama huracanes a las tormentas o ciclones tropicales que se forman en el Atlántico, y que avanzan desde el oeste de África hacia el continente americano, especialmente la región del Caribe y la costa este de los Estados Unidos. La calificación de tifón se reserva para el mismo fenómeno pero que se desarrolla en el Pacífico occidental y avanza sobre el sudeste asiático.

Todos los ciclones tropicales son áreas de baja presión atmosférica cerca de la superficie de la Tierra. Las presiones que se registran en el centro u 'ojo' del huracán están entre las bajas que se dan a nivel del mar. Los ciclones se caracterizan –y están gobernados– por la liberación de grandes cantidades del 'calor latente' de la condensación, que ocurre cuando el aire húmedo es empujado hacia arriba y su vapor de agua se condensa. Este calor se distribuye verticalmente alrededor del centro de la tormenta. Así, a cualquier altura dada (excepto muy cerca del suelo, donde la temperatura del agua determina la temperatura del aire) el entorno dentro del ciclón es más cálido que el exterior del mismo.

Las temporadas de huracanes en el Atlántico comienzan oficialmente el 1º de junio de cada año y termina el 31 de octubre. Hay ciclos de temporadas activas y otras de actividad muy reducida. La teoría del calentamiento global predecía un aumento en frecuencia y potencia de los huracanes, pero hoy se está dudando mucho sobre esta afirmación. Por ejemplo, la temporada de 2005 vio al famoso huracán Katrina y a 26 huracanes y tormentas con nombre, pero al año siguiente la cantidad y potencia de los huracanes fue ínfima, y menor aún la de 2007 y la de 2009 fue una de las más tranquilas registradas con 9 huracanes en total, ninguno de ellos de categoría 5, y la mayoría como tormentas y depresiones tropicales, como se aprecia en el mapa de abajo. No se registró ningún huracán tocando tierra en Estados Unidos.

La figura 1 muestra la temporada de huracanes de 2009, y la Figura 2 muestra las diferentes temporadas de huracanes ploteadas en grupos de 5 años, donde las barras inferiores de color gris claro son las tormentas tropicales, el gris medio los huracanes categoría 1 a 3, y las gris oscuro los huracanes grandes, categorías 4 y 5.

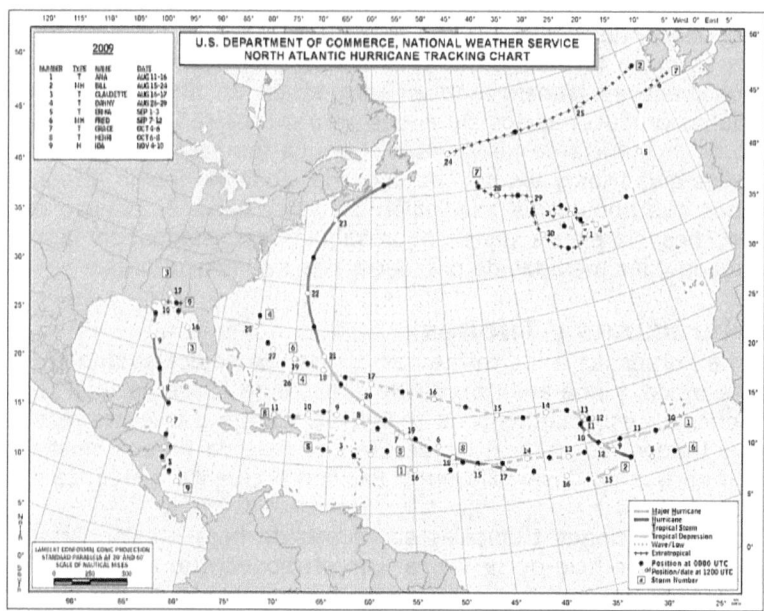

Figura 1: Temporada de huracanes del Atlántico y Caribe en 2009

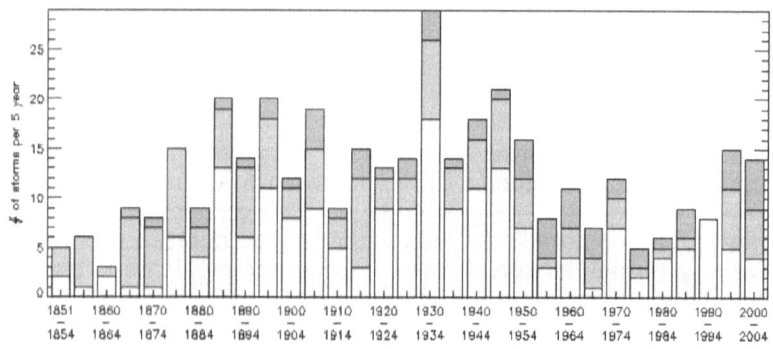

Figura 2: Huracanes 1851-2004, en grupos de 5 años

Se observan ciclones de aumento   disminución en la cantidad e intensidad de huracanes, pero no hay una tendencia que se pueda definir. Y esta es la actividad de huracanes y tifones en todo el mundo entre 1994 y 2006:

Ciclones Tropicales, 1945-2006

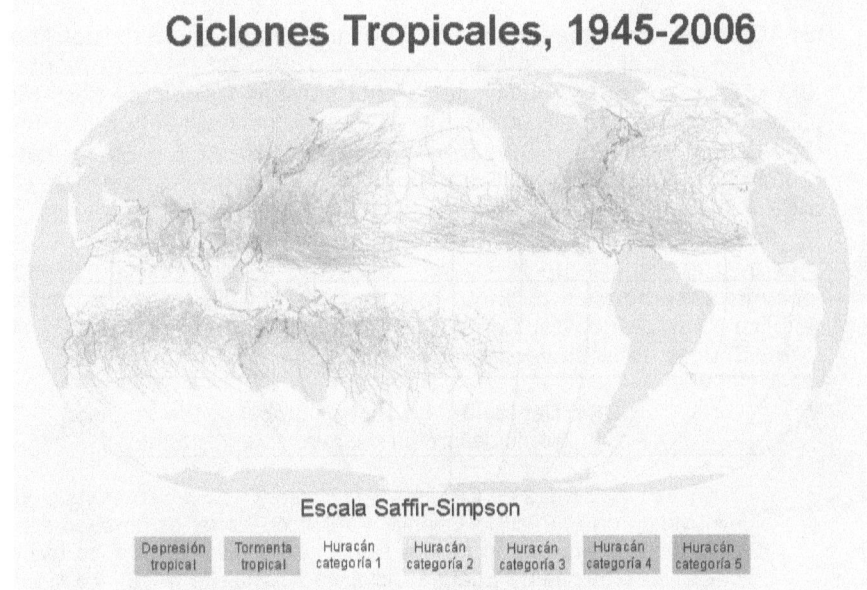

Escala Saffir-Simpson

Depresión tropical	Tormenta tropical	Huracán categoría 1	Huracán categoría 2	Huracán categoría 3	Huracán categoría 4	Huracán categoría 5

Figura 3: Ciclones Tropicales Globales 1945-2006

Obsérvese como en Sudamérica y la costa occidental de África, al sur del Sahel, no hay huracanes: sólo 2 en ese período fueron tormentas tropicales y uno llegó a rozar la costa de Río de Janeiro.

El Índice ACE

ACE son las siglas del inglés 'Energía Ciclónica Acumulada', que es una medida usada por el NOAA, o Administración Nacional de Océanos y Atmósfera de Estados Unidos, para expresar la actividad de ciclones tropicales individuales y temporadas enteras de ciclones, en particular la del Atlántico Norte. Emplea una aproximación de la energía usada por un sistema tropical durante su vida y se calcula cada seis horas. El ACE de una temporada es la suma de los índice ACE de cada tormenta toma en cuenta el número, la fuerza, y duración de todas las tormentas tropicales de la temporada.

El índice ACE se usa para categorizar la temporada de huracanes por su actividad. La categorización del NOAA divide las temporadas en:

- Mayor que lo normal: un valor ACE por encima de 103 (117% de la media 1951-200),
- Casi normal: ni por encima ni por debajo de la media.
- Debajo de lo normal: un valor ACE inferior a 66 (75% de la media 1951-2000)

El ACE más alto jamás estimado para una sola tormenta en el Atlántico es 73,6, para el huracán San Ciriaco en 1899. Esta sola tormenta tuvo un ACE mayor que muchas de las temporadas completas del Atántico. Otras tormentas del Atlántico con ACE altos incluyen al huracán Iván en 2004, con un ACE de 70,0; Donna en 1960, con ACE = 64,5; Isabel en 2004, ACE = 63.28; y el Gran Huracán de Charleston en 1893, con un ACE = 63,5.

Pero, al contrario del aumento en la potencia y frecuencia de huracanes que se viene anunciando, el índice ACE estuvo descendiendo hasta encontrarse ahora en el punto más bajo de los últimos 30 años. Nos lo explica Ryan Maue, del Centro de Estudios de Predicciones Oceánicas-Atmosféricas de la Universidad de Florida:

"Gran Depresión: La energía global de los ciclones tropicales cerca del mínimo en 30 años.

"Con las temporadas de Ciclones Tropicales (CT) del Hemisferio Norte disminuyendo en el Pacífico Oriental y Atlántico Norte, es un buen momento para tomar en cuenta lo que la Tierra ha ofrecido durante los últimos 12 meses en términos de Energía Ciclónica Acumulada (ACE). Ya que la última temporada del Hemisferio Sur fue muy tranquila, con valores ACE bien por debajo de lo normal, y la continua inactividad del Hemisferio Norte, la suma de los dos ACE, el ACE Global llegó a valores mínimos récord a principios del verano de 2009 y se ha recuperado apenas hace poco.

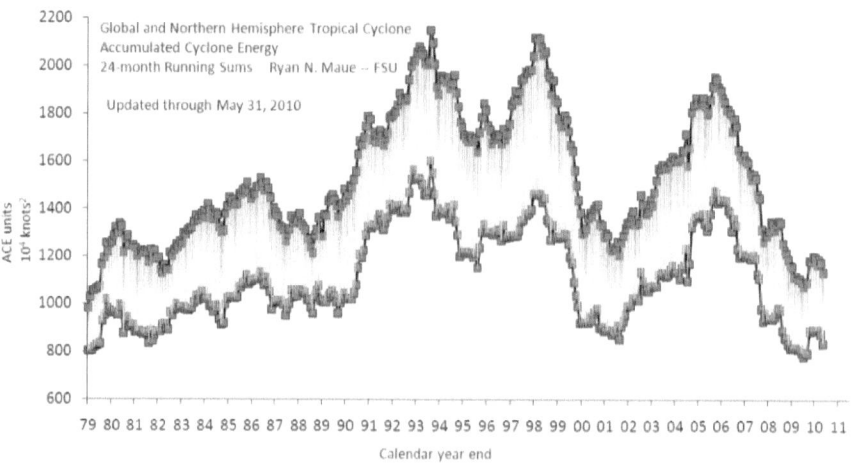

Figura 4: ACE Global 1971-2009

La actividad global de huracanes, tanto el Hemisferio Norte como en el Sur ha seguido hundiéndose a niveles no vistos desde la década de los 70. Más sorprendente aún, cuando se analiza la información del Hemisferio Sur para crear los valores globales, vemos que la Energía Ciclónica Global se hundió cuando menos a los niveles mínimos en 30 años. Dado que la información de intensidad y detección de huracanes es más problemática cuando uno se remonta en el tiempo, cuando las prácticas de información y observación eran distintas a las actuales, es posible que estemos subestimando la energía global ciclónica durante los años 70.

Durante los 6 meses pasados, extendiéndonos hasta octubre de 2008 cuando la temporada tropical del Hemisferio Sur se estaba iniciando, el ACE global se había estrellado debido a dos años consecutivos de actividad por debajo de lo normal del Hemisferio Norte. Para evitar confusión, no me estoy refiriendo específicamente a la temporada 2008 del Atlántico Norte que fue arriba de lo normal (en términos ACE), pero sino del hemisferio (o la global) en total. El Atlántico Norte representa solamente 1/10 a 1/8 de la energía ciclónica en promedio, pero que demanda una desproporcionada atención de los medios debido a los devastadores impactos sociales de las recientes toma de tierra de los últimos grandes huracanes.

¿Por qué el récord mínimo del ACE?

Durante los dos últimos años o más, (2007-2009) el clima de la Tierra se enfrió bajo los efectos de un dramático episodio de La Niña. La bacía del Océano Pacífico ve de manera típica huracanes más débiles que por cierto tienen una vida más corta y por consiguiente menos ACE. Por el contrario, debido a un buen investigado flujo de la atmósfera superior (es decir, el cizallamiento vertical) se desarrollaron condiciones favorables para el desarrollo e intensificación de los huracanes del Atlántico, la Niña tiende a favorecer una activa temporada de huracanes en el Atlántico Norte, mientras que El Niño reduce su actividad.

Así, la actividad tropical del Pacífico Occidental Boreal (tifones) en 2007 y 2008 estuvo bien por debajo de lo normal. Lo mismo para el Pacífico Oriental Boreal. El hemisferio sur, que incluye a la parte sur del Océano Índico desde la costa de Mozambique a través de Madagascar hasta la costa de Australia, y a Pacífico Sur y el Mar de Coral, tuvo en 2008 una actividad por debajo de la normal. Durante la temporada 2008-2009 de CT, el ACE del hemisferio sur fue casi la mitad de lo que se espera para un año normal, con una cantidad de huracanes muy débiles y de corta vida.

Todos estos números cuentan una historia muy simple: lo mismo que hay períodos activos de actividad de huracanes en todo el mundo, también hay períodos de inactividad, y estamos actualmente experimentando un período muy impresionante de inactividad, **ahora de casi 3 años.**"

Por lo general, los meteorólogos como Ryan Maue siempre hacen referencia a la actividad del Niño y La Niña para explicar la mayor o menos actividad de los huracanes, y ello se basa exclusivamente en una observación de la vida real. No hay nada que discutir al respecto. Lo que queda por discutir –y descubrir– es la causa de la formación y la intensidad del fenómeno ENSO, es decir, Los Niños y Niñas. Hay varias teorías pero ninguna es la aceptada completamente por la comunidad científica, que parece no haberse puesto de acuerdo sobre casi nada relacionado con el clima.

Sin embargo, las últimas 5 palabras del último párrafo del informe de Ryan Maue, *"...ahora de casi tres años,"* abre la puerta a una inquietante correlación: esos últimos tres años fueron los de menor actividad geomagnética del sol, correspondiendo al mínimo solar ente el final de Ciclo 23 y el comienzo del Ciclo 24. Este mínimo del intervalo 23-24 tuvo 801 días sin manchas en el sol. Y esta sospecha que tenemos sobre que el sol puede tener una influencia excluyente sobre el clima de la Tierra viene a hacerse cada vez más sólida con las investigaciones que van apareciendo publicadas con mayor frecuencia sobre el asunto. Dice Maue:

> Históricamente, la actividad de huracanes en el Atlántico Norte se caracteriza por "hambre o fiesta", haciendo así definiciones de lo que es normalmente difícil. En los períodos 'activos' (1995 al presente) , una temporada 'normal' ve una tremenda cantidad de actividad ciclónica comprada con el período inactivo ~1970-1994. En la figura de abajo (Fig. 5), línea horizontal [que parte del 100 de la escala a la izquierda] indica la tendencia lineal del ACE Nacional de 1950 a 2009. –un período de 60 años de registros decentes– y la línea es plana. Ninguna tendencia desde 1950.

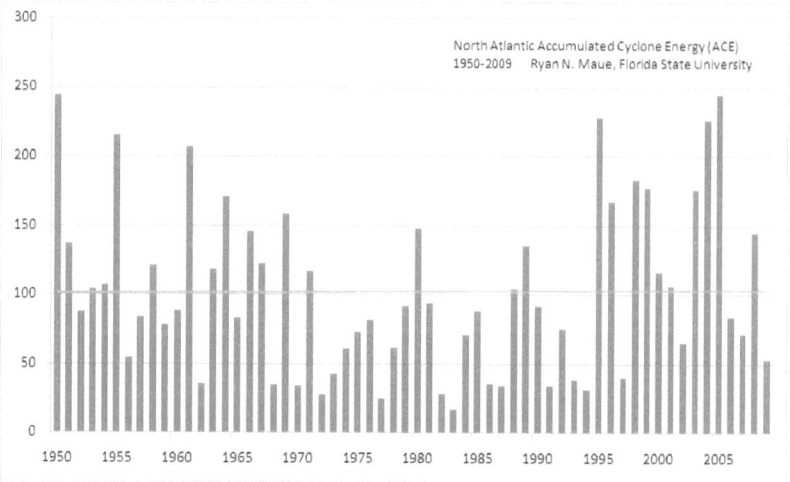

Figura 5: Índice ACE desde 1950 a 2009

Cuando un equipo de ponosticadores como Gray y Klotzbach en el CSU y Tropical Storms Risks, etc, publican su próximo pronóstico estacional, ellos presentan una actividad que representa toda la actividad de la temporada, en un sentido integrado prediciendo ya sea cuenta/frecuencia o ACE. Sin embargo, no hay razón para suponer que todo el período entre junio-noviembre experimentarán las mismas condiciones favorables/desfavorables océano/atmósfera con respecto a la formación de ciclones tropicales. Por cierto, el Atlántico Norte tiende a desarrollar actividad. Por ejemplo, una tormenta tras otra puede formarse de las Ondas que vienen desde el este, desde África, y viajar a través de la Principal Región de Desarrollo, consecutivamente durante el pico de la temporada.

La actividad CT del Hemisferio Norte está en un comienzo lento con sólo una débil tormenta registrada en el Pacífico Occidental (Omais). El ACE promedio del año calendario a hoy hasta mayo 5 es sólo ~17 y se eleva considerablemente a medida de que transcurre el mes. La temporada de CT del Hemisferio Sur está ya superada en gran medida hasta el próximo otoño.

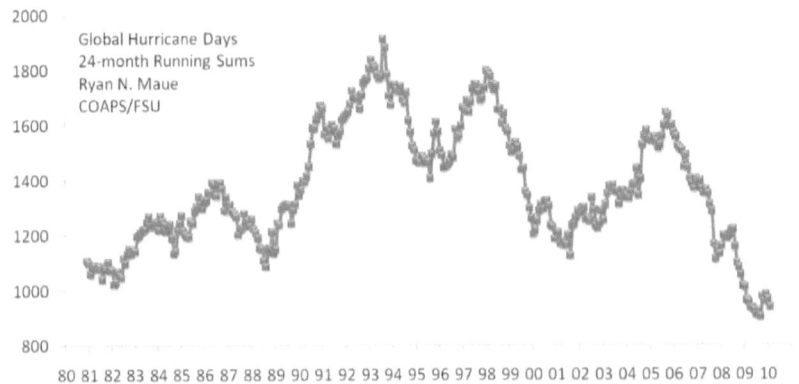

Figura 6: Días de Hurcanes, global, 1980-2009

La temporada del HS fue normal para 2009-2010. Mirar al HS antes de la temporada de huracanes del HN, durante los últimos 30 años ha sido u excelente pronosticador de la futura actividad. (Maue, 2010, Conferencia Trop.). En verdad, se puede esperar por lo menos una actividad normal este año, pero no como la extrema o hiperactiva temporada de los pronósticos de 'extremo alto' esperada por Gray, Accuweather, y otros. Uno tiene que mantener un contexto global en mente cuando se trata de actividad de huracanes. ¿Tiene algún sentido considerar al Niño como un mayor gobernador o inhibidor de la actividad del Atlántico Norte, pero ignorar completamente lo que está sucediendo en otras bacías como el Pacífico Occidental u Oriental? Uno debe mantener una perspectiva global...

Lo que podemos esperar

Nos dice también Maue que, de acuerdo con los escenarios del calentamiento global, se predice que la aumentará la intensidad de los huracanes en un pequeño porcentaje, pero permanecen muchas preguntas como cuánto, dónde y cuándo. Esta ciencia que está muy lejos de estar establecida. Ciertamente, Al Gore ha quitado a la diapositiva relacionada con los huracanes de sus presentaciones en PowerPoint. Muchos estudios han sugerido que estos cambios están ocurriendo, especialmente en los huracanes más fuertes debido al calentamiento de las temperaturas del mar. Quizás son estudios hechos antes de que las boyas del Proyecto Argo descubrieran que las temperaturas de la superficie del mar estaban reduciéndose ligeramente, pero la metodología y los problemas de datos con cada uno de esos estudios quizás echen sombras sobre sus conclusiones.

La noción de que la energía ACE global haya colapsado no contradice a la conexión en la literatura científica y el reciente cambio de clima, sino que provee una nueva –pero menos publicitada– pieza del rompecabezas. En verdad, la muy fuerte variabilidad interanual del ACE global fuertemente ligada con ENSO, sugiere que el rol de los ciclones tropicales en el clima está muy fuertemente modulado por los grandes factores que a gran escala mueven y sacuden al clima global. El perceptible, y quizás mensurable, impacto del calentamiento global sobre los huracanes en el clima actual es una miseria (o ruido) comparado con la reorganización y modulación de las localizaciones de la formación de huracanes y los corredores preferidos de ruta/intensificación dominados por ENSO, y otros factores climáticos.

Además, nuestra comprensión del complicado rol de los huracanes con el clima es, para decirlo caritativamente, nebuloso. Tenemos que aumentar la compresión de la actual actividad de los huracanes y su relación con el clima, pero debemos dejar de lado las afirmaciones alarmistas de que un calentamiento aumentará la frecuencia y la fuerza de los huracanes.

Referencias:

- Maue, Ryan, 2010, http://www.coaps.fsu.edu/~maue/tropical/
- Sitio web: http://www.coaps.fsu.edu/~maue/

Capítulo 6

Atolones de Coral

Maldivas y Tuvalu No se Hunden

Como lo expliqué en al capítulo anterior, Willis Eschenbach es un científico aficionado a la climatología del siglo 20, y tiene numerosos artículos
publicados en sitios web como el famoso WUWT (WhatsUpWithThat.com
de Anthony Watts) y en revistas como Energy & Environment de la editora Dra. Sonja Boeheer-Christiansen, mencionada en los emails del
Climategate como una peligrosa influencia para los científicos del calentamiento global.

Entre sus muchos artículos, vale la pena reproducir aquí el que trata
sobre los atolones e islas del Pacífico que, según sus gobiernos, están a
punto de ser cubiertos por las aguas gracias al ascenso del nivel del mar
que causa el calentamiento global. Por supuesto Willis me ha autorizado
a publicar cualquiera de sus escritos, ya sea en nuestro sitio web de la
Fundación Argentina de Ecología Científica, como en este libro. Lo que
nos cuenta Willis contradice completamente las lóbregas predicciones de
los primeros ministros de las islas y de las ONGs ecologistas.

Salven a los Atolones de Coral
de sus propios Habitantes,
no del Ascenso del Nivel del Mar

Por Willis Eschenbach
Honiara, Islas Salomon.
Septiembre 23, 2009

Atolones de coral y ascenso del nivel del mar

Mucho se ha escrito últimamente en relación a la inminente desaparición
de los atolones de colar del mundo debido al ascenso del nivel del mar.

Recientemente, aquí, en las Islas Salomon, se ha culpado al ascenso del nivel del mar por la intrusión de agua salda en la "lente" de agua dulce que hay debajo de algunos atolones.

Debajo de la superficie de la mayoría de las islas hay un cuerpo de agua dulce con la forma de una lente que flota sobre el agua salda debajo suyo. Lo alegado es que el nivel del mar que asciende está contaminando al depósito de agua dulce con agua salada. Estas aseveraciones y alarmas ignoran muchos hechos. El primero y más importante de los hechos, descubierto por nada menos que por Charles Darwin, es que los atolones de coral esencialmente '*flotan*' sobre la superficie del mar.

Cuando el mar sube de nivel, el atolón también asciende, y cuando el nivel del mar desciende, también lo hace la isla. Los atolones existen en un delicado equilibrio entre arena nueva y escombros de coral que son agregados desde el arrecife, y arena y escombros que son erosionados por el viento y las olas de regreso al mar.

Cuando el mar desciende, más arena se desploma o desbarranca desde las partes altas, y el atolón queda más expuesto a la erosión del viento. El atolón desciende junto con el nivel del mar. Cuando el nivel sube la erosión del viento disminuye. El coral crece junto con el aumento del nivel del mar. El flujo de arena y escombros sobre el atolón continúa y el atolón se eleva. Dado que los atolones suben y bajan junto con el nivel del mar, la idea de podrían ser sepultados por las aguas cuando suba el nivel del mar es totalmente infundada.

Los atolones son como boyas. Han pasado por aumentos del nivel mucho más grandes y mucho más rápido que el actual lento crecimiento. Dado ese hecho científicamente establecido, ¿Por qué hay una intrusión de agua salda en las lentes de agua dulce? Hay varios factores que afectan a esto. El primero y principal, la lente de agua es una cantidad limitada. A medida de que la población de una isla aumenta se retira cada vez más agua del reservorio. El final inevitable de esto es la invasión de agua del mar en reemplazo de la extraída. Esto afecta tanto a los pozos como a las plantas, ya que ambos extraen agua de la misma lente.

También lleva a infundadas afirmaciones de que el culpable es el ascenso del nivel del mar. No lo es. El agua de mar está ingresando porque se está extrayendo agua dulce del reservorio. La segunda razón para la intrusión de agua salada en la lente es la reducción en la cantidad de arena y escombros que se acumula en el atolón y que provienen del arrecife. Cuando se perturba el equilibrio entre arena agregada y arena perdida, el atolón se achica. Esto tiene dos causas principales –la extracción de corales y *la matanza del pez equivocado*.

El uso de coral para la construcción en muchas islas es sumamente común. Algunas veces esto se hace de una manera que daña al arrecife como también lo hace la extracción de coral. Esta es la parte visible de la pérdida del arrecife, la parte que podemos ver. Lo que pasa inadvertido es la pérdida de la arena del arrecife, que es esencial para la continuada existencia del atolón. La causa de la pérdida de la arena es la indiscriminada y total matanza de los peces conocidos como '*parrot fish*' [pez loro] y otros peces con 'picos' que se alimentan de las algas de los arrecifes. Un solo pez loro, por ejemplo, crea alrededor de media tonelada de arena de coral por año. Los peces loro y otros peces de pico crean la arena al moler el arrecife con sus mandíbulas masivas, digiriendo el alimento y excretando el coral molido.

Nota de Eduardo Ferreyra: El *parrot fish* o pez loro, es un especie mayormente tropical; son perciformes y de la familia *Scairdae*. Son muy abundantes en arrecifes de poca profundidad en el Mar Rojo, el Atlántico, el Índico y el Pacífico, y la familia de los parrot contiene diez géneros y unas 90 especies. Son llamados así por su dentición; sus numerosos dientes están arreglados en un mosaico densamente empacado en la superficie externa de las quijadas tomando la forma de un pico de loro que lo usan para rascar algas de los corales y otras superficies rocosas.

Aunque son considerados herbívoros, los peces loro comen una gran variedad de organismos que viven en los arrecifes de coral. Su actividad alimentaria es importante para la producción y distribución de la arena de coral en el bioma del arrecife, y puede impedir que las algas ahoguen al coral. Los dientes crecen continuamente haciendo difícil controlar el sobrecrecimiento en los acuarios. Ingerida durante la alimentación, la roca de coral es molida por los dientes faríngeos. Después lo excretan como arena y así se crean algunas veces pequeñas islas.

Además de producir toda esa fina arena blanca que forman las hermosas playas, los peces de pico también aumentan la salud general del coral, crecimiento, y producción. Esto sucede de la misma manera en que la poda hace que los árboles frutales produzcan nuevas ramas, y de la misma manera los leones mantienen a los rebaños de cebras saludables y productivos. El 'pastoreo' constante de los peces loro mantienen a los corales en modo de producción 'a full'. Sigue Willis con su artículo sobre los atolones.

Desgraciadamente, estos peces duermen durante la noche y son fácilmente barridos por los pescadores submarinos nocturnos. En años recientes su población ha descendido en muchas áreas. ¿Resultado Mucha menos arena.

La tercera razón para la intrusión de agua salada en las lentes es el ciclo de mareas. Actualmente estamos en la parte más alta del ciclo de mareas de 18 años. La marea más alta en Honiara, Guadalcanal, fue 10 centímetros más alta que la máxima marea alta de 1996, y las máximas irán decreciendo hasta 2014. La gente a menudo confunde una marea inusualmente alta con un aumento en el nivel del mar, que no es tal. No existe ningún registro de un aumento de la tasa de crecimiento en el nivel del mar. De hecho, el nivel del mar global se ha aplanado en los últimos dos años.

¿Qué Puede Hacerse?

¿Qué puede hacerse para revertir la situación en los atolones? Hay una cantidad de pasos prácticos esenciales que los habitantes de los atolones puede dar para preservar y reconstruir sus atolones, y proteger a las lentes de agua dulce.

No tengan tantos hijos. Un atolón tiene un abastecimiento limitado de agua. No puede mantener a una población ilimitada. Punto.

Recojan cada gota de lluvia que caiga. En el suelo, construyan pequeños diques en cualquier curso de agua para hacer que el agua de lluvia impregne la tierra y descienda a las lentes de agua en lugar de correr hasta el mar. Pongan tanques de agua debajo de cada alero de sus casas. Caven 'pozos de recarga' que regresen al agua filtrada de la superficie a las lentes en los tiempos de grandes lluvias. Atrapen al agua de la escorrentía. En Majuro han colocado canaletas en ambos lados de la pista de aterrizaje para recoger toda el agua de lluvia de la pista. Es recogida de las canaletas y bombeada a tanques de almacenamiento. En otros atolones dejan que el agua de lluvia simplemente se escurra de regreso hasta el mar.

Conservar, conservar, conservar. Usar el agua de mar en vez de agua dulce cuando sea posible. Usen la menor cantidad posible de agua dulce.

Hagan tabú a la pesca del pez loro y otros peces de pico. Dejen de pescarlos por completo. Háganla una especie protegida. El pez loro debería ser el *'pájaro nacional'* de cada nación de los atolones. Hablo en serio. Si uno lo declara el 'pájaro nacional', los turistas preguntarán por qué un pez es el pájaro nacional y les podrán explicar cómo los peces loro son la fuente de las hermosas playas sobre las que caminan de manera que no deben arponearlos ni comerlos.

Dejen de matar al pez que fabrica el suelo sobre el que viven. Cada año los peces loros y similares están proveyendo de toneladas y toneladas de fina arena blanca para mantener su isla a flote en tiempos turbulentos. Ustedes debería estar honrándolos y protegiéndolos en lugar de matarlos! Esta es la cosa más importante que ustedes pueden hacer.

Sean precavidos en relación al uso del coral como material de construcción. El atolón no es terreno sólido. No es una 'cosa' constante en la manera en que una isla rocosa es una cosa. Un atolón es un remolino, un cuerpo en constante cambio que está siendo rellenado por un (ojalá) río sin fin de arena y escombros de coral. Es un proceso donde, por un lado los arrecifes saludables más los peces loros, más las tormentas, proveen de una continua corriente de arena de coral y escombros. Esta arena y los escombros están siendo añadidos de manera constante al atolón haciéndolo más grande.

Al mismo tiempo, la arena y los escombros están siendo comidos, erosionados y soplados del atolón. La forma del atolón cambia de estación a estación y de año en año. Crece en este extremo y el mar barre aquel otro. Por supuesto, si alguna cosa altera el equilibrio entre la arena añadida y la arena perdida, si el abastecimiento anual de arena de coral y escombros de coral comienza a disminuir (por daño al arrecife, o extracción de coral para construcción, o por matanza del pez loro), o si la pérdida total de arena y escombros aumenta (por grandes lluvias, o fuertes vientos, o cambios en las corrientes) el atolón resultará afectado.

De manera que si el coral es necesario para la construcción, sáquenlo de manera racionada, frugalmente, en puntos específicos. Extraigan coral muerto o moribundo con preferencia al coral vivo. Extraigan el coral profundo y no el superficial. Usen herramientas de mano. Dejen suficientes corales saludables alrededor para resembrar el área con coral nuevo. Un arrecife saludable es la fábrica que produce anualmente toneladas y toneladas de material de construcción que es absolutamente necesario para mantener a flote al atolón. Ustedes lo perturban a su propio riesgo.

Reduzcan la pérdida de arena del atolón de cualquier manera posible. Esto puede hacerse mediante plantas que detengan la erosión del viento. Pero no introduzcan plantas para ese propósito. Alienten y trasplanten las que ya crecen localmente. La reducción de la erosión del agua tam-bién se consigue con los pequeños diques mencionados más arriba, que atraparán a la arena erosionada por la lluvia. No descuiden la erosión humana. Cada paso que un persona da en el atolón empuja a la arena cuesta abajo, más cerca a un regreso al mar. Extiendan alfombras de hojas donde esto es evidente, en todos los sitios donde los caminos se están erosionando. La gente forma un sendero y muy pronto está más bajo que el terreno a su alrededor. Cuando llueve se convierte en un pequeño canal por donde se forman torrentes. De manera invisible el agua lava a su preciosa arena hacia el océano. Protejan a su isla. Impidan que sea lavada y soplada hacia el mar.

Monitoreen y construyan la salud del arrecife. Ustedes y nadie más son los responsables del bienestar de la asombrosa fábrica submarina mantenida por los peces, que año tras año mantiene a su atolón e impide que desaparezca. Los programas de resiembra de coral hecho por algunas escuelas han sido muy exitosos. Hagan que los niños se involucren en la vigilancia del arrecife. Eduquen a la gente para que ellos sean los guardianes del arrecife. Hablen con los pescadores, explíquenle lo de los peces loro y la manera en que mantienen vivo al atolón.

Expandan al atolón. La moderna ingeniería de costas ha demostrado que es muy posible hacer crecer a un atolón. La clave es frenar o ralentizar al agua del mar cuando pasa. Mientras más despacio corre el agua más arena se acumula. Ralentizar al agua se consigue construyendo bajas paredes submarinas perpendiculares a la playa. Estas se extienden hasta los extremos y están a pocos metros debajo de la superficie.

Esto se hace normalmente con unos tubos de *tela geotextil* que se rellena de concreto. En los atolones se puede logra un efecto similar mediante cestones de alambre rellenos de bloques de coral muerto. Aten con alambre los cestones y asegúrenlos juntos en una forma triangular, apuntálenlas con barras de refuerzo y esperen a que la arena las rellene.

Probablemente podría hacerse con viejas cubiertas atadas juntas y trozos de coral muerto apilados encima. Probablemente llevaría un par de años para llenarse. En las fotos de la próxima página se ve un antes y un después del sistema usado en una playa (no en un atolón) tomadas con tres años de diferencia.

Playa antes del rellenado de arena   **Playa tres años más tarde**

Nótese la baja altura y la forma triangular de la pared extendiéndose desde la playa y siguiendo bajo el agua (hecho de tres tubos de tela geo-textil). Esta forma triangular no intenta detener las corrientes marinas. Sólo las frena y las dirige hacia la playa para que depositen su carga de arena. Eventualmente, toda el área es rellenada con arena. Por supuesto, para hacer eso es necesario disponer de una fuente constante de arenas, como por ejemplo, un arrecife saludable... con muchos peces loro. Por ello dije antes que la cosa más importante para la supervivencia de los atolones es proteger a los peces y al arrecife.

Si se tiene peces loro y un arrecife saludable, se tendrá abundancia de arena y escombros para siempre. Si no, ustedes están en problemas.

Los atolones de coral han probado durante miles de años que, si se los deja solos, ellos pueden subir y bajar con los cambios del nivel del mar. Y si seguimos algunas simples prácticas de conservación ellos pueden continuar haciéndolo y soportar a sus habitantes. Pero no pueden sobrevivir un ilimitado crecimiento de la población, o a la pesca irrestricta, o la extracción incontrolada de las lentes de agua dulce, o la descontrolada extracción de coral para construcción. Mis mejores deseos para todos,

Comentario de Eduardo Ferreyra: Completo y valioso informe que será de enorme utilidad para los gobiernos de las islas del Pacífico que temen ser sepultadas por algún aumento del nivel del mar que, como muestra Willis Eschenbach -y lo comprobara Charles Darwin, sólo hará que los atolones floten siguiendo el ascenso del nivel. Además, se puede añadir que los *Acrophora* y otros corales pedregosos, que proveen el grueso de la masa de los arrecifes modernos, crecen hasta 15 centímetros al año (6 pulgadas).

Los corales de géneros más antiguos crecen alrededor de 5 cm al año. Ambas tasas de crecimiento están bien seguras más allá de las predicciones más agresivas de los alarmistas del calentamiento. Además, los corales se propagan sexualmente y la larva móvil resultante (*planulae*) puede viajar largas distancias para establecer nuevas colonias. Los corales son muy antiguos en la historia del mundo y su resistencia es proverbial. Se remontan a varios cientos de millones de años y han sobrevivido a numerosos eventos de extinciones masivas, donde desapareció el 90% de las especies existentes.

No es necesario que nos preocupemos por la supervivencia de los corales, sobre todo en un período de temperaturas similares o inferiores a varios períodos por los cuales han pasado, o períodos cuando el CO_2 atmosférico fue 20 veces más elevado que el actual, con la correspondiente disminución de la alcalinidad (a aumento de la acidez...) de las aguas del mar. Quizás si en el futuro hay otro calentamiento global similar o mayor que el que acaba de pasar a la historia, los corales extiendan la zona de crecimiento más hacia los polos.

La Gran Barrera de Arrecifes de Australia, en su actual forma, se creó hace apenas 10.000 años hacia el comienzo del actual interglacial. Los corales han sobrevivido varias edades de hielo y varios interglaciales de mayor temperatura que las de hoy. Creer que más CO_2 o más temperatura les harán daño es desconocer la historia de la Tierra y la manera en que los corales reaccionan y se adaptan a su cambiante entorno. O tener intenciones bastante oscuras pero que ya conocemos.

Más Referencias:

1 . **Sobre nivel del mar en Honiara**: *Pacific Country Report Sea Level & Climate: Their Present State Solomon Islands*, June 2006, http://www.bom.gov.au/ntc/IDO60031/IDO60031.2006.pdf

2. **Sobre ascenso del nivel del mar deteniéndose**: *Universidad de Colorado en Boulder*, http://sealevel.colorado.edu

3. **Sobre el descubrimiento de Darwin**: *Darwin, C., The Autobiography of Charles Darwin 1809-1882*, 1887.

'Ningún otro trabajo mío comenzó en un espíritu tan deductivo como este; porque toda la teoría fue pensada en la costa oeste de Sudamérica antes de que yo hubiese visto una isla de verdadero coral. Por consiguiente sólo tuve que verificar y extender mis pensamientos mediante un cuidadoso examen de los arrecifes vivientes. Pero debería ser observado que durante los dos años previos yo había estudiado incesantemente el efecto en las playas de Sudamérica la intermitente elevación de la tierra, junto con la pérdida y depósito de sedimento. Esto me llevó necesariamente a reflexionar mucho sobre los efectos de la subsidencia, y fue fácil de reemplazar en la imaginación la continua deposición de sedimento por el crecimiento hacia arriba del coral. Hacer esto fue formar mi teoría de la formación de los arrecifes de coral y los atolones.' (***Darwin***, 1887, p. 98.99)

4. **Sobre el resultado de la mineración de arrecifes**: Xue, C. (1996) *'Coastal Erosion And Management Of Amatuku Island, Funafuti Atoll, Tuvalu,'* 1996, South Pacific Applied Geoscience Commission (SOPAC),
 http://conf.sopac.org/virlib/TR/TR0234.pdf

5. **El mismo tópico**: Xue, C., Malologa, F. (1995) *'Coastal sedimentation and coastal management of Fongafale, Funafuti, Tuvalu,'* SOPAC Technical Report 221

6. **Sobre creación de arena y los peces loro**:
http://www.seacortez.com/fish/scaridae.html

7. **Sobre la causa de la erosion en Tuvalu**: *'Tuvalu Not Experiencing Increased Sea Level Rise,'* Willis Eschenbach, Energy & Environment, Volume 15, Num-ber 3, 1 July 2004 , pp. 527-543

8. **Sobre expansión de las playas de islas**: *Holmberg Technologies,*
http://www.erosion.com/

En otro artículo de Willis Eschenbach sobre las islas de coral, nos cuenta lo que sigue:

Hace poco se publicó un estudio titulado, '*La respuesta dinámica de islas de arrecifes al ascenso del nivel del mar: evidencia de un análisis multidecadal del cambio en las islas del Pacífico Central,*' por Arthur Webb y Paul Kench[1].
  Una de las ironías del nuevo estudio involucra al atolón de Amatuku, en la isla nación de Tuvalu. Amatuku se convirtió en el '*muchacho del poster*' de '*los atolones que se ahogan*' gracias a un artículo en la edición Julio/Agosto 2003 de la revista Sierra publicada por del Sierra Club. El artículo se titulaba '*Marea Alta en Tuvalu*', con el subtítulo "En el Pacífico tropical el cambio climático amenaza crear una Atlantis de la vida real.'[2]
  El autor del artículo del Sierra Magazine describe los terroríficos efectos del 'calentamiento global' en el Atolón Amatuku, lugar del Instituto de Entrenamiento Marino Tuvalu:

Para explicar el calentamiento global en crudo detalle, todo lo que Tito Ta-
pungao tiene que hacer es mostrar al visitante los alrededores de su escuela.
Vestido en sus planchados pantalones blancos de marinero, el funcionario
jefe ejecutivo del Instituto de Entrenamiento Marino de Tuvalu señala una
cabaña blanca de ladrillo construida por los misioneros en 1903. Ahora, un
siglo más tarde, las mareas altas anuales se elevan hasta la mitad de los
pilares de las camas.'

Pero primero un poco de historia. Considérese: la cabaña de los misioneros estaba construida por lo menos un metro más arriba de la marea
alta. Añádase otro medio metro para el suelo, y otro medio metro para
que el agua llegue 'hasta la mitad de los pilares de las camas'... imposible, pensé, que el nivel del mar se haya elevado dos metros en Tuvalu.

Después de posteriores investigaciones encontré que la respuesta ya
se conocía, porque los geólogos habían estudiado el área [3]. Descubrie-
ron que el cambio de la forma del atolón Amatuku fue el resultado del
cambio de corrientes ocurrido por grandes alteraciones hechas en el
arrecife durante la Segunda Guerra Mundial. Se había cavado un canal
desde la laguna hasta Amatuku, y se había construido un terraplén entre
Amatuku y el muy cercano atolón de Malitefale. El relleno para construir
el terraplén provino de "fosas de préstamo", huecos cavados en la parte
plana del atolón para extraer cascajo de coral para la construcción. Y
algunas décadas después de la guerra, se cavaron más fosas para extraer más material para construir el Instituto Marítimo. En la figura 3 se
ven los cambios en el atolón Amataku.

Como puede verse, los cambios en la estructura del arrecife fueron
extensos. Todas estas alteraciones en el arrecife cambiaron las
corrientes alrededor de los dos atolones. Y por supuesto, el resultado fue
que cambió la forma de los atolones. Este cambio en la forma es de
esperarse –después de todo, los atolones son pilas de arena y escombro
de coral en el medio de un océano salvaje. Uno de los resultados fue la
erosión (no por el CO2, no por el calentamiento, no por el ascenso del
nivel del mar, sino por la erosión causada por los cambios efectuados
por el hombre en el arrecife) del extremo del atolón donde estaba
ubicada la cabaña de los misioneros.

Desde que publiqué mi 'paper' he recibido bastantes ataques por mis
afirmaciones. He recibido muchos emails iracundos de la gente de
Tuvalu y del resto del mundo, emails castigándome por sugerir que el
ascenso del nivel del mar no ahogará a los atolones; emails impugnando
mis antepasados; emails diciendo que pronto vería a "miles de
refugiados climáticos" de Tuvalu; y la mayoría de emails diciendo que
estaba claramente equivocado, de que era patentemente obvio que el
creciente nivel del mar inevitablemente terminaría cubriendo de agua a
los atolones, ufa, y bueno.

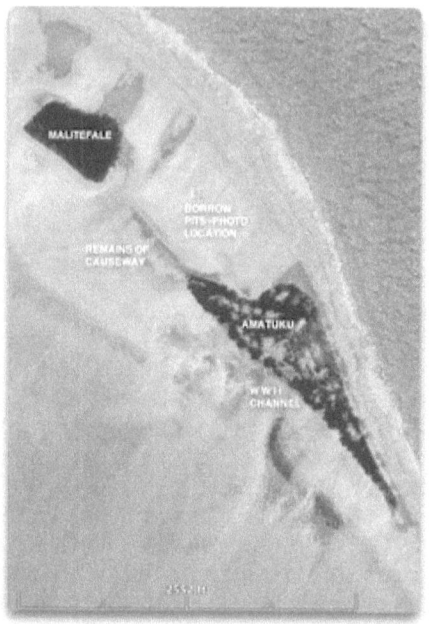

Figura 3: Cambios en el atolón de Amatuku

Bueno, basta de historia. Recibí una copia pre-publicación del actual estudio en discusión de una de mis fuentes subterráneas (submarinas?). El abstracto del estudio dice, y las negritas son mías:

Abstracto

Se percibe que las islas atolones se erosionarán en respuesta al medido y al futuro ascenso del nivel del mar. Usando fotografías aéreas históricas e imágenes satelitales, este estudio presenta el primer análisis cuantitativo de los cambios físicos de 27 islas atolones en el Pacífico Central durante un período de 19 a 61 años. Este período de análisis se corresponde con registros instrumentales que muestran una tasa de aumento del nivel del mar de 0,2 mm/año^{-1} en el Pacífico
Los resultados muestran que el 86% de las islas permanecieron estable (43%) o aumentaron su área (43%) durante el marco de tiempo del análisis. Las tasas más grandes de aumentos decadales en el área de las islas varían entre 0,1 y 5,6 hectáreas. Sólo el 14% de las islas estudiadas exhibieron una reducción neta en el área de las islas. A pesar de pequeños cambios netos en su área, las islas exhibieron cambios gruesos más grandes. Esto se expresa en cambios en

la configuración de la plataforma y posición de las islas sobre plataformas de arrecifes.

Los modelos del cambio en las islas incluyeron: desplazamiento de la línea costera en dirección a la laguna; progradación de la línea costera de la laguna; y extensión de los extremos de islas alongadas. Colectivamente, estos ajustes representan una neta migración de las lagunas de las islas en un 65% de los casos.

Los resultados contradicen a los existentes paradigmas de la respuesta de las islas y tienen significativas implicancias para la consideración de la estabilidad de las islas bajo el actual ascenso del nivel del mar en el Pacífico Central. Primero, las islas son rasgos geomorfológicamente persistentes sobre plataformas de atolones de arrecifes coralinos y pueden aumentar su área a pesar de los cambios en le nivel del mar.

Segundo: las islas son formas terrestres dinámicas que sufren un rango de ajustes físicos en respuesta a las cambiantes condiciones del entorno, de los que el nivel del mar es sólo uno de los factores.

Tercero: La erosión de las líneas costeras debe considerarse en el contexto de ajustes físicos de toda la línea costera de la isla ya que la erosión puede ser balanceada por la progradación de ostro sectores de las líneas costeras.

Los resultados indican que el estilo y la magnitud de los cambios geomorfológicos variarán entre las islas. Por consiguiente, las Naciones Isleñas bene poner una alta prioridad en resolver los precisos estilos y tasas de cambio que ocurrirán durante los próximos cien años y reconsiderar las implicancias para la adaptación.

Ah!, la vindicación es dulce. Los autores concuerdan totalmente con lo que yo había escrito en 2004. Los niveles del mar e ascenso no destruirán a los atolones, y sus formas están cambiando constantemente. Exactamente lo que hizo que yo sufriese tanto abuso por haberlo dicho. Además del Abstracto, las Conclusiones del 'paper' son muy interesantes. Aquí hay algunos extractos –las negritas son mías.

Conclusiones del estudio:

La persistencia futura de las islas de bajo nivel ha sido el objeto de considerable preocupación internacional y debate científico. Se cree ampliamente que las actuales tasas del ascenso del nivel del mar han desestabilizado las islas promoviendo una extendida erosión y amenaza la existencia de las naciones atolones. Este estudio presenta un análisis de los cambios físicos en 27 islas atolones localizadas en el Océano Pacífico Central durante un período de 19 a 61 años. ... Los resultados contradicen a las extensas percepciones de que todas las islas de arrecifes están erosionándose como consecuencia del reciente ascenso del nivel del mar. Más importante, los resultados sugieren que las islas de coral son formas terrestres geomorfológicamente resistentes que por ello han permanecido predominantemente estáticas o han crecido en el área durante los últimos 20 a 60 años.

Dada esta tendencia positiva, las islas de coral podrían no desaparecer de los anillos de atolones y otros arrecifes de coral en el futuro cercano como se ha especulado. Sin embargo, las islas sufrirán constantes cambios morfológicos. Basados en la evidencia presentada en este estudio, se puede esperar que el ritmo de cambios morfológicos puede amentar con un futura aceleración del ascenso del nivel del mar.

Los resultados no sugieren que no vaya a ocurrir erosión. Por cierto, como se encontró en el 15% de las islas de estudio, la erosión podría ocurrir en algunas islas. La erosión de las islas debería ser considerada como un factor más en el espectro de los cambios geomorfológicos que han sido destacados en este estudio y que también incluyen: progradación de la línea de costa de las lagunas; migración de islas sobre plataformas de arrecifes; expansión y extensión de islas. Es muy posible que el modo específico y la magnitud del cambio geomorfológico varíe entre islas. Por consiguiente, las islas naciones deben comprender mejor el ritmo y la diversidad del cambio morfológico de las islas y considerar las implicancias de la persistencia y la morfodinámica de las islas y para la adaptación futura.

Yo no podría haberlo dicho mejor... Ah! ¿Y qué hay de la ironía?

Willis Eschenbach, Junio 2, 2010.

Reunión de gabinete submarina en Maldivas

Entonces debe quedarnos claro que el caballito de batalla de los ecologistas alarmados por la futura desaparición de las islas del Pacífico son fantasías, y la angustia de sus pobladores debería evaporarse de inmediato. Pero los intereses comerciales que rodean al asunto son demasiado poderosos, y esa sería la razón para la reunión de gabinete "submarina" realizada a principios de 2010 por el Primer Ministro de Maldivas para llamar la atención y solicitar ayuda económica para paliar la futura crisis del "hundimiento.

La gente de Tuvalu quiere que los trasladen a Nueva Zelanda o Australia. En esos países hay más facilidades para vivir mejor, en especial las leyes de seguridad social y servicios de salud gratis que en Tuvalu no existen.

Después de todo, parece que el oceanógrafo Nils-Axel Mörner tenía razón al decir que el nivel del mar en Maldivas había descendido 20 centímetros desde 1971.

Referencias

1. http://www.sierraclub.org/sierra/200307/globalwarming2.asp
2. http://commondatastorage.googleapis.com/static.panoramio.com/photos/original/2494794.jpg
3. http://homepage.mac.com/willieschenbach/.Public/Xue_tuvalu_erosion.pdf

Clima Feroz

Capítulo 7

Argentina y el Cambio Climático

Cuando leo o escucho a alguien hablar sobre predicciones para el clima futuro, no puedo menos que sonreírme, o con más frecuencia lanzar una carcajada, no tanto por las predicciones que se hacen, sino por la gran seguridad con que se pronuncian esas creencias. Porque lo que se está expresando no son hechos que realmente ocurrirán sino la creencia de que en el campo de la climatología hay conocimientos e información necesaria para poder pronosticar o predecir el futuro. Personalmente, le tengo más confianza a las cartas del Tarot Egipcio que a las supercomputadoras del Centro Hadley de la Universidad de East Anglia.

Y esto es algo que se puede demostrar analizando el porcentaje de éxito predictivo de ambas técnicas. Aunque muchos creyentes en el esoterismo sostienen que hay tiradoras de Tarot con un elevado porcentaje de aciertos, mi opinión es que el porcentaje de aciertos anda rondando entre 4% y 50%. La primera es el porcentaje que la ley de probabilidades otorga para la adivinación del futuro, y el 50% las probabilidades más seguras: que acierte la predicción o que fracase. Es como revolear una moneda a 'cara' o 'ceca'. Sale una o sale la otra.

Por su parte, las computadoras del Centro Hadley han demostrado en los últimos años tener un porcentaje de acierto para sus pronósticos del tiempo y el clima, tanto a corto como a mediano y largo plazo de aproximadamente CERO. Las predicciones de este centro para los veranos e

inviernos de la Gran Bretaña, desde 2007 hasta la fecha, no han pasado del cero. Se recordará que pronosticaron inviernos moderados más cálidos de lo normal para 2007, 2008 y 2009, y veranos muy cálidos, bautizados como 'barbecue summer' o 'verano a la parrilla'.

Ocurrió precisamente lo opuesto, especialmente el verano de 2009 y el invierno 2009-2010 que quebró todos los récords de frío en el Hemisferio Norte. La BBC de Londres emite sus pronósticos del tiempo mediante los datos que le envía el MET, el Servicio Meteorológico de Gran Bretaña, que emplea la información que la supercomputadora le proporciona. Han sido tantas las quejas de los videntes y lectores del material de la BBC que ésta ha debido cancelar su contrato con el MET y recurrir a otros servicios de pronosticadores en empresas privadas. Las pérdidas económicas que los fallidos pronósticos del tiempo estaban causando en áreas sensibles de la economía inglesa como la agricultura, transportes, recreación, comercio, etc, fueron la gota que rebalsó la copa.

¿Significa esto que los pronósticos del tiempo no sirven para nada? Es una pregunta difícil de responder. Por lo menos usando los actuales modelos lineales del clima las predicciones del tiempo tienen un relativamente alto porcentaje de éxito. Este porcentaje, sin embargo, comienza a disminuir de manera acelerada a partir de las 48 horas de emitido el pronóstico, y a veces antes. Un ejemplo reciente: el SMN argentino pronosticó el día 24 de enero de 2009 una temperatura máxima de 37ºC para el día siguiente en la ciudad de Córdoba. Al final del día la temperatura registrada fue de 30.8ºC. Un error de 7ºC en 24 horas es bastante grueso.

Pero hay métodos de predicción del tiempo a mediano y largo plazo – desde un mes a 6 meses- que han demostrado tener un porcentaje de aciertos demasiado elevado como para atribuirse al azar. Es el caso del servicio de predicciones del tiempo de la compañía WeatherAction, dirigida por el astrofísico inglés Dr. Piers Corbyn, que tiene una larga lista de suscriptores, en su mayoría agricultores de la Gran Bretaña. También estaba inscripta la compañía en las agencias de apuestas de Londres, hasta que las pérdidas que sufrían las agencias por los constantes aciertos de Corbyn con sus predicciones que terminaron cancelando su participación en el mercado de las apuestas.

El astrofísico Corbyn ha acertado sus predicciones del clima inglés y del oeste de Europa con un consistente 85%, mientras que las que hizo relativas a las temperaturas y lluvias de los inviernos y veranos ingleses se cumplieron al 100%.

Piers Corbyn no emplea un modelo climático tradicional sino que su técnica se basa en... la observación de la actividad del sol, y las mareas lunares. Los meteorólogos ortodoxos frunce el ceño ante esta técnica y se resisten a aceptar que el sol y la luna puedan tener una influencia tan poderosa sobre el clima. Pero, como dice la Biblia: 'Por sus frutos reconoceréis al árbol.' Quizás esté cercana la época en que en los futuros modelos del clima se incluyan finalmente al sol, la luna, los ciclos Jovianos, los cambios en el baricentro del sistema solar, y los rayos cósmicos, factores que están ausentes en su inmensa mayoría ya que los modelos actuales sólo incluyen a la TSI, o Irradiación Solar Total, los watts/m^2.

El clima del pasado y del futuro

Una manera de poder imaginar –ya que no predecir o profetizar- al clima del futuro, es observando cómo ha sido el clima de diversos lugares de la Tierra en otros tiempos, ya sea décadas atrás, o siglos y hasta cientos de miles o millones de años. Luego se aplica la *Ley de la Repetición de los Efectos Observados* y se espera que se vuelvan a repetir. Esto es viable, en gran medida, en las observaciones astronómicas y las variaciones de la actividad magnética del sol. Dado que la posición del sol en el sistema solar, como también la de los planetas que la componen es fácilmente calculable, tanto hacia el pasado como hacia el futuro, y lo mismo acontece con ciclos de diversa amplitud y longitud, muchos astrónomos se basan en ellos para hacer sus predicciones.

Han comprobado que las variaciones de esos ciclos se correlacionan con mucha justeza con las variaciones observadas en el clima de la Tierra, aunque no permite, por supuesto, hacer predicciones regionales. El problema es que los climas locales o regionales que conforman al clima global han estado cambiando a lo largo de la historia en menor o mayor grado debido a las actividades del hombre. Los cambios en el uso del suelo han sido de una importancia enorme; la construcción de represas y lagos artificiales, canales, deforestaciones y nuevas coberturas con cultivos o plantaciones de árboles para la industria forestal, caminos, carreteras, ciudades, etc, hacen que el mismo clima de hace 100 años difícilmente pueda repetirse en un lugar determinado, aún cuando todas las demás variables atmosféricas o concentración de gases de invernadero volviesen a ser las mismas.

Y ese es la principal dificultad para predecir cuál sería el clima futuro en la Argentina en 2030, 2050, o 2100. Y la peor de las dificultades es: el clima de los próximos 30, 50, 100 años, ¿será más frío o más cálido que el actual? Ni las computadoras ni el Tarot lo puede decir. Sólo lo podemos 'imaginar', cosa que hacen los profesores que programan las computadoras, pero resulta demasiado peligroso tomar decisiones políticas basados en la imaginación o en sueños de ciencia ficción.

Por lo tanto, lo que presento más adelante es sólo producto de mi imaginación, basado en parte en cómo era el clima del pasado, y cómo fue cambiando gracias a tantos nuevos factores incluidos por el hombre.

Un mundo más cálido

Supondremos que la temperatura seguirá aumentado en la mayor parte de la Tierra, y el juego de la estadística al que llaman 'temperatura global' muestre ese aumento. El principal obstáculo para una predicción es: ¿cuánto aumentará esa temperatura global? Los científicos discuten hoy si la temperatura aumentará o disminuirá. Nadie tiene pruebas para afirmar con certeza una u otra cosa. Si se observan y se analizan los datos disponibles del clima –que son muchos pero, a mi entender como el de miles más– son insuficientes, parecería que quienes se inclinan por un próximo enfriamiento disponen de muchos argumentos y evidencias que tienen más peso que los argumentos y evidencias de quienes opinan lo contrario. Ya vimos que los argumentos de los primeros se basan en la observación de las variaciones de la actividad solar y otros factores astronómicos, mientras que los otros ignoran total mente al factor solar y reducen al problema a un solo factor: el CO2 y su improbable capacidad de calentar a la atmósfera potenciando al efecto invernadero.

Podemos comenzar por lo que dicen las autoridades nacionales. Este es el Informe Oficial de la Secretaría de Ambiente de Argentina:

Consecuencias del cambio climático en Argentina: informe oficial
(http://www.nuestroclima.com/blog/?p=447)

La Secretaría de Ambiente presentó un informe en donde se analizan las consecuencias del cambio climático en Argentina durante las últimas décadas, que consigna que las emisiones de gases de efecto invernadero provocaron el aumento del caudal de los ríos y un notable aumento de la temperatura promedio.

El informe fue presentado por la titular del organismo oficial, Romina Picolotti, de acuerdo a lo establecido por la *Conferencia de las Partes de la Convención Marco de las Naciones Unidas para el Cambio Climático* (CMNUCC).

El estudio, realizado por personal de la Dirección de Cambio Climático, concluyó que el 95% de los gases de invernadero en la Argentina se originan en las actividades de la producción industrial, agrícola y ganadera, en tanto que el 5% restante proviene de los residuos y desechos.

Específicamente, las emisiones tienen origen en la explotación agrícola, que produce óxido nitroso; el ganado vacuno, a través de la fermentación entérica; el transporte carretero, que emite dióxido de carbono; la producción de energía y los procesos industriales.

Según la funcionaria, *"este estudio demuestra el estado de situación actual de los gases de efecto invernadero y nos permite planificar, con escenarios al 2020 y 2040, las políticas públicas necesarias para su mitigación"*. También destacó que los efectos del cambio climático han afectado *"a todo el territorio nacional con un incremento en las precipitaciones medias y anuales, sobre todo en el noroeste y en el centro del país"*.

El aspecto más importante que surge de la investigación realizada es el aumento de **un grado en la temperatura promedio en todo el país**, que **seguirá subiendo entre 2 y 4 grados más en los próximos años**. Esta situación "va a provocar climas aún más cálidos de los que se están viviendo actualmente", sobre todo en la zona centro y norte de la República Argentina, de acuerdo a las declaraciones de Picolotti.

También se espera un incremento del caudal de los ríos y mayores inundaciones, en especial en la cuenca del río Salado. Por el contrario, se estima que habrá sequías prolongadas y disminución de caudal en los ríos nacidos en los Andes cordilleranos, como resultado del retroceso de los glaciares de la región.

El informe incluye además un plan de acción elaborado para mitigar los efectos negativos del cambio climático en el territorio nacional. Se apunta sobre todo a la reducción en la emisión de gases de efecto invernadero de diversas maneras, así como también se aspira a la adopción de medidas que aumenten la eficiencia energética.

Siempre me ha maravillado la seguridad con que los burócratas emiten sus opiniones. Para ellos no existe la posibilidad de que podrían estar equivocados, o sus análisis estar muy errados por la carencia de miles de datos imprescindibles para intentar comprender cómo funciona el clima. Por lo general emplean la metodología de observar las tendencias de algunos pocos años atrás y proyectarlas al futuro, si caer en cuenta de que la historia nos muestra que las tendencias nunca se mantienen demasiado tiempo.

Un ejemplo típico para tener cuidado con la proyección de las tendencias al futuro inmediato y al lejano, es el de la tendencia de crecimiento de un bebé hasta los dos años. Al proyectar esa tasa de crecimiento linealmente tendremos un adolescente de 15 años con una estatura de más de 7 metros.

Pero la observación de la historia de un país o región nos puede dar una somera idea de lo que se puede esperar para el futuro, y eso si tenemos la precaución de incluir en nuestro análisis las modificaciones de muchos factores que afectan a los microclimas regionales, como las modificaciones en el uso de suelo, construcción de represas, forestaciones y deforestaciones, etc.

Me parece interesante y de lectura obligada el estudio hecho por José M. Suriano y Luis H. Ferpozzi en 1993, y publicado en la Revista de la Sociedad rural de Jesús María, 77:20-24:, de la que hago extensos extractos:

Inundaciones y SEQUÍAS en la historia pampeana

Introducción
José María Suriano y Luis Humberto Ferpozzi realizaron hace algún tiempo para la revista *Todo es Historia*, un pormenorizado estudio sobre los cambios climáticos en la pampa húmeda. Son 18 páginas de apretado texto. Pero además una gran sorpresa, ya que evidencia que el clima fue el determinante de hechos trascendentales, el que realmente decidió políticas, batallas, fundaciones... constituyéndose en ingrediente fundamentalísimo de la idiosincrasia pampeana. Es obvio que interese saber cómo se forma. Conocer para comprender y prever, si es posible. Lo que sigue es una síntesis de algunos aspectos de ese trabajo. Se agrega también, la referencia a las dos últimas décadas de lluvia y las dos teorías y las soluciones que se proponen.

"El nombre de la pampa es prestado" dice Todo es Historia. Pampa, como se sabe, es una voz quechua que designa a las zonas, más o menos llanas y más o menos extensas del altiplano andino, a 4.000 metros de altura, sin árboles. Los españoles aceptan ese nombre de sus baquianos altoperuanos de habla quechua,

porque no conocían una extensión tan grande, llana y sin árboles, nunca habían visto algo parecido.

El conocimiento que se tiene de ella es harto insuficiente ya que se han realizado profusamente estudios en detalle usando técnicas modernas y sofisticadas, que al aplicarse a una "entidad cuyo carácter y dinámica general se desconocen", han dado muy pobres resultados. De lo que se trata es de descubrir la verdadera naturaleza del fenómeno pampa.

La historia de la pampa está relacionada con la de los cambios climáticos globales, mientras que su clima o sus posibles climas, están determinados por su ubicación en el globo terrestre. Los climas terrestres son el elemento principal y determinante de la constitución de un ambiente y no están distribuidos al azar sobre la superficie terrestre.

Como casi toda la energía que alimentan las fábricas climáticas proviene del sol, los climas tienden a disponerse en fajas, según los paralelos y la relación con el ángulo de incidencia de la radiación solar. A su vez la variedad y singularidad de los ambientes se enriquece con la topografía y con la distribución de tierras y aguas.

La pampa se encuentra en la faja de climas subtropicales, donde son predominantes los ambientes esteparios y semidesérticos. La Pampa limita con el semidesierto del centro del país, como en África similar ambiente limita con el desierto de Kalahari, o como en Australia con su gran desierto central, todos en la faja de climas subtropicales.

La pampa húmeda se refiere a una estepa subtropical húmeda o pradera en su parte nororiental, y una estepa subtropical seca, teniendo a semidesierto, en su parte sudoccidental, *"según la distribución climático ambiental basada en los promedios de los datos meteorológicos de los últimos 100 años"*.

Se trata de un valor medio que no dice nada acerca del dinamismo de ese cuadro ambiental, ya que durante ese siglo hubo épocas -décadas- en que el semidesierto avanzó desde el oeste hasta ocupar un tercio de la provincia de Buenos Aires. Hoy la estepa subtropical húmeda ha rebasado los límites de esa provincia.

Cómo Se forma el Clima

El generador del clima pampeano está determinado por el sistema de circulación atmosférica que regula todo el clima sudamericano al sur de la faja ecuatorial.

Consta de dos centros permanentes de alta presión: el *anticiclón sub-tropical atlántico*, que emite vientos cálidos y húmedos, que penetran a la pampa por el norte y el noroeste. El restante es el *anticiclón subtropical pacífico*, que emite vientos fríos y relativamente secos, que llegan a la pampa por el oeste y sudoeste, para llegar muy secos después de cruzar los Andes -el Pampero.

Estos centros emisores de vientos ocupan superficies oceánicas de centenares de kilómetros cuadrados, mueven billones de toneladas de aire y vapor y controlan la distribución de la temperatura y humedad de los continentes y océanos de un amplio sector del globo.

También estudios recientes muestran que la puna ejerce una influencia importante.

Otro sistema importante que contribuye a suavizar las condiciones del invierno pampeano es el *sistema de la sudestada*, de vientos fríos y húmedos, que se origina por células que se desprenden del anticiclón subtropical pacífico y que se instalan, temporalmente, en el Atlántico, frente a la Patagonia.

Los paleoclimatólogos saben que la tierra ha atravesado épocas más cálidas y más frías que la actual. Los datos meteorológicos sistemáticos sólo abarcan el último siglo, por lo que son de utilidad limitada. Se sabe sin embargo que *una disminución de las temperaturas medias del planeta coincide con un desplazamiento hacia el Ecuador de la posición media de los anticiclones subtropicales atlántico y pacífico.*

Las capas o fajas tropical y ecuatorial se contraen.

"Este fenómeno se expresa en territorio argentino de la siguiente manera: se refuerza el sistema de vientos del oeste y sudoeste (el Pampero se hace más intenso, más frecuente y más persistente). Este viento seca a la pampa. Se dificulta la llegada a la pampa de las masas de aire cálido y húmedo que, desde el Amazonas y el Atlántico ecuatorial traen los vientos del norte y noreste. El clima desértico avanza desde el sudoeste sobre el clima de estepa y sobre la provincia de Buenos Aires, desplazando al subtropical húmedo hacia la Mesopotamia".

Las nevadas en la cordillera son más abundantes y los ríos que nacen en ellas se harán más caudalosos, formando lagunas y alimentando abundantemente el sistema Desaguadero, Curacó, Colorado.

Por el contrario, cuando las temperaturas medias del planeta tienden al incremento (épocas de calentamiento) la posición media de los anticiclones subtropicales atlántico y pacífico tienden a desplazarse hacia el sur junto con la expansión de las fajas tropical y ecuatorial. Se debilitan los vientos del oeste-sudoeste (Pampero). Hay mayor penetración de las masas de aire cálido y húmedo, subtropical, aumento de las precipitaciones en el Chaco y La Pampa.

Edades Para Creer o No

En el siglo XVI (años 1.500 a 1.600, los primeros 100 del descubrimiento de América) estaba en su máximo esplendor lo que los climatólogos llaman "La Pequeña Edad del Hielo". El Pampero predominaba. Dicen que la pequeña edad de hielo finalizó a mediados del siglo XIX (alrededor de los años 1.850). Interesa la referencia a datos más concretos y más recientes.

Dice Todo es Historia que,

"Casi todos los viajeros, científicos o no, que visitaron la pampa con anterioridad a la finalización, alrededor de 1.850, de la pequeña edad del hielo, coinciden en definir al territorio más allá del Salado, como un desierto. Y efectivamente, eso era. La travesía de Buenos Aires hacia Tandil y Bahía Blanca era considerada suicida sin baqueano, y el principal problema no era el indio, sino la falta de agua".

Lo más notable, siguen diciendo los autores en la revista, es el rodeo de la frontera por el sur de Santa Fe. En el camino a Cuyo, el problema era salvar el bache entre el arroyo del Medio- laguna de Melincué, hasta llegar al río Quinto. Era otra temida travesía. Esa angosta franja rumbo a Córdoba era un vacío. ¿Porqué los campos ubicados entre el pie de las sierras de Córdoba y San Luis y la banda occidental del Paraná no podían ser ocupados?

Si hubieran sido aptos, aunque más no sea para ganado, se hubieran llenado de estancias en el siglo XVIII (1.700 a 1.800). La ganadería en la época colonial está circunscripta al litoral y a una estrecha faja junto al Río de la Plata. Pasaron muchos años (recién en la época de Rosas) para que llegaran hasta el río Salado. Al sur y al oeste de esa línea no reinaba el salvaje, sino que era una travesía, un espacio vacío que no podía ser ocupado ni siquiera por los aborígenes.

Las bases de los indios, sus lugares más o menos permanentes, se ubicaban junto a una serie de lagunas de la Pampa, San Luis y sur de Mendoza, que recibían, como el río Desaguadero-Curacó, parte de los deshielos. Las verdaderas concentraciones de población indígena estaban en la actual provincia de Neuquén y se desplazaban a lo largo de los ríos Negro y Colorado en el sur y por el centro, sobre el sistema Desaguadero-Curacó hasta las lagunas mencionadas. Sólo el ñandú y el guanaco podían metabolizar esos pastos.

El Fin de la Pequeña Edad de Hielo

Hacia la segunda mitad del siglo XIX las temperaturas medias mundiales aumentaron y el clima se volvió más benigno en general. Es así que cuan-do se concreta la Conquista del Desierto en los años 70, ya las condiciones ambientales estaban cambiando. Estaba finalizando la *Pequeña Edad del Hielo*. Debe tenerse en cuenta que en un trabajo del muy posterior *Instituto de Suelos y Aerotecnia*, se hace referencia a médanos vivos en la década de los años 70, hasta en una estancia del partido de 25 de Mayo. Se citan especialmente como zonas de enormes médanos las de Guatraché y Rucanelo en la hoy provincia de la Pampa, como a la que va de Trenque Lauquen a Guaminí. Quien realiza esta síntesis corrobora como testigo de arenales inmensos hasta la primera parte de los años 50.

Dice *Todo es Historia* que hasta las tres últimas décadas del siglo XIX la humedad fue en aumento, permitiendo la ocupación de territorios, los ferrocarriles y la agricultura, que llegaron hasta los límites de lo que hoy, en los libros de texto, se fijan para la pampa húmeda.

Hacia principios del presente siglo culmina este proceso de humedecimiento de la pampa. Los excesos de agua, para entonces, dieron lugar a las inundaciones. Donde más se hicieron sentir fue en la zona ganadera más antigua de la provincia de Buenos Aires, donde estaban los propietarios más influyentes: la cuenca del Salado.

La Sequía de los Años 30

Durante la primera guerra mundial comenzaron anotarse las sequías. Primero una cada tres años, luego dos de cada cuatro. Hasta que en los años 30 estalló lo que ha dado en llamarse la *"crisis climática de los años treinta"*.

Esas sequías encontraron un área sin protección a causa de los desmontes y el reemplazo de la vegetación natural, por lo que el avance del desierto, para desesperación de colonos, empresas ferroviarias y gobierno, fue muy rápido. Los médanos se movilizaron hasta el partido de 9 de Julio. Más al oeste la situación era dramática. La arena lo cubría todo.

Quien realiza esta crónica vio cómo era en los años 40 el Pampero, se comenzó a llevar los cardos rusos quien sabe adónde y a los chacareros (muchos tíos y primos) a engrosar el hasta entonces pequeño Gran Buenos Aires. Quien realiza esta crónica siempre se preguntó quien trajo más gente a los barrios de emergencia, si el Pampero con su aluvión geológico, o el por entonces Presidente Perón, con el casi irreproducible término del *"aluvión zoológico"*.

Quien realiza esta crónica, al menos por su experiencia sabe que primero fue el Pampero. Y que a ese aluvión geológico era inevitable darle una respuesta. Dice *Todo es Historia* que la crisis climática de los años 30 tuvo una gran incidencia como agravante de la crisis socioeconómica de la época.

Agrega que *"entre 1.920 y 1.960 las sequías fueron, por lejos, el principal problema agrícola argentino en la pampa húmeda".* Fue entonces cuando prosperó la producción ovina en la Patagonia y las economías regionales. En 1952 se secaron las lagunas del sistema de las encadenadas.

Quienes como el padre de quien realiza esta crónica, a principios de siglo pudieron "adentrarse" un par de cientos de kilómetros en lo que es hoy la provincia de La Pampa, para los años 30 debieron desandar ese camino.

Regresa la Humedad

A partir de principios de la década de los sesenta comienzan a notarse los efectos del regreso de la humedad. Quien realiza esta crónica no podía creer lo que veía, con los ojos húmedos todavía, por el recuerdo de una imagen, la más triste de su vida, la de los parrales de la estancia "La Mercedes" tapados por la arena, a sólo unos 10 metros de los escalones de entrada a la casa, *"que después, supe, se dice casco".*

Este humedecimiento, dice Todo es Historia, *"debía corresponderse con una tendencia al aumento de las temperaturas medias mundiales".* Esa tendencia es reconocida recién hacia 1975.

La Gran Síntesis

Alrededor de 1850 termina la Pequeña Edad del Hielo, de tiempo seco, que explica gran parte de la historia de los primeros años de Argentina independiente, su crecimiento, la causa de porque los poderosos lo eran, etc.

Hacia los años 1870 aparece el clima más húmedo. Tras 50 años del cambio definido, es decir, algo después de 1920, se reanuda el tiempo seco. Dura esta época otros 50 años aproximadamente. Es la sequía de los años 1920/30 hasta 1960, la que permite explicar mucho más de lo que uno cree, de la historia reciente de los argentinos, del peronismo, de la incipiente industrialización, del crecimiento acelerado de los centros urbanos.

Para Pensar

Y si la historia vuelve a repetirse, es la pregunta. Hasta ahora la fortuna o desgracia de amplios segmentos de la población dependió en gran medida del clima. Quienes alguna vez ocuparon la zona de la cuenca del Salado, hoy ven con letra de imprenta sus apellidos en la historia argentina.

Otro tanto ocurre con los que sin buscar esos rumbos, se orientaron para el oeste, o para el norte. El clima también les dio un lugar en la historia. Cabe preguntarse si todo esto es argumento suficiente como para comenzar a prepararse para los 50 años de clima predominante-mente seco *que se iniciaría entre el 2010 y el 2030.* Falta sólo un par de décadas.

La Síntesis de Anchorena

Dice Tomás de Anchorena, secretario del Prosa (Promoción de la Conservación del Suelo y del Agua) e integrante de la Fundación para la Educación, la Ciencia y la Cultura (RECIC): *"Desde 1976 se ha iniciado una etapa de grandes lluvias que aún continúan". "En las 7 décadas del presente siglo existió una alternativa de períodos lluviosos y de sequía con lapsos entre ellos de uno a cuatro años". "En las últimas 7 décadas se produjeron sequías en 1949 y en 1960, e inundaciones en 1914 y 1971".*

Alerta Anchorena que si esta situación fue grave en épocas anteriores, cuando no existía una agricultura intensiva y predominaba la actividad pastoril, hoy día con un suelo que ha perdido su virginidad y fertilidad original, herido por procesos agrícolas abusivos, el asunto se ha convertido en el asunto socio económico de gran envergadura. Recomienda máxima prudencia.

Si se continúa con una política simplista de eliminar el agua con la apertura indiscriminada de zanjas y canales, es que no se piensa que se repetirán las épocas de sequía. Sobre el tema, subraya Anchorena en la mejor síntesis que quien realiza esta crónica haya leído en su vida, existen dos teorías.

Una, la que partiendo del pensamiento de Florentino Ameghino considera el problema integral de alternativas, de excesos hídricos sucedidos de grandes sequías. Plantea la necesidad de manejar los excesos de agua dentro de las cuencas regionales para poder así mantener los excedentes aprovechables en épocas de sequía.

Otra, la que busca una solución coyuntural, eliminando lo más prontamente posible los excesos de agua, mediante canales que los expulsen al océano. Esta es la que ha sido adoptada hasta el momento. *"Todos los antecedentes existentes permiten aceptar, razonablemente, que actuar exclusivamente sobre una emergencia conduce al caos que hoy presenta la provincia de Buenos Aires".*

Está en juego, dice, no solamente el presente social y económico de la provincia, sino la grave posibilidad de destruir el potencial de una de las regiones más fértiles del mundo. Anchorena propone la creación de una comisión interdisciplinaria y quien realiza esta nota dice, ¡Vaya el mérito, comienza por lo obvio! Esa comisión se ocupará, si es interdisciplinaria, no sólo de manejar los excesos de agua actuales, sino de prever faltantes futuras, como de reformular la tarea agraria con criterios conservacionistas.

El hecho es que proponer que se consulte a los mejores de distintas ramas, ha llegado a ser un mérito. Algo tan grave o más que los cambios climáticos, que aparentemente pueden ir previéndose.

Se impone profundizar cualquier análisis sobre esta última parte de un medio siglo de mayores temperaturas, **que nada tendrían que ver con el efecto invernadero.** Aparentemente.

Cabe preguntarse si todo lo considerado en el estudio anterior ha sido considerado por los modelos de los "climatólogos" de la ex Secretaría del Ambiente de Romina Picolotti. Si han caído en cuenta de la existencia de ciclos climáticos muy nítidos y bien definidos en la historia, o su pasión por el CO2, como único factor de cambio les ha cegado totalmente.

Resulta interesante la observación que hacen ya en 1993, sobre la repetición de un ciclo de 50 años de sequías que se iniciaría hacia 2010, y que coincide precisamente con lo que se está viendo en Argentina desde principios de 2009, donde una sequía severa golpeó al país, a pesar de la fuerte existencia del fenómeno de El Niño en el Pacífico.

Las Salinas del Bebedero

El Doctor en Geología, Miguel A. González, ex Investigador del CONICET Y Miembro de la Academia de Ciencias de New York realizó un estudio de varias décadas en la región de desértica de las Salinas del Bebedero, en la provincia de San Luis. Los trabajos de González y sus colegas han sido reconocidos como de importancia mundial debido a sus hallazgos, uno de los cuales fue la comprobación, por primera vez, que los fósiles de foraminíferos se podían encontrar también en ambientes alejados de los mares.

Muy poco o nada conocido por la prensa argentina, el Dr. González describe sus descubrimientos en una página del sitio web de la Universidad de San Luis,[1] que recomiendo leer para conocer en profundidad el valor de sus trabajos.

En la enciclopedia online Wikipedia podemos leer algunos detalles de las Salinas que servirán para abrir el apetito de los curiosos que deseen profundizar un poco más el tema. He destacado en **negritas** lo es importante ir recordando y comparando con el enfriamiento actual:

Estudios geomorfológicos y paleoclimáticos permitieron reconocer varias líneas de costa concéntricas, para las que se obtuvieron edades isotópicas (carbono 14) comprendidas entre 20.000 años antes del presente (a.AP), hasta aproximadamente 12.000 a.AP. Durante ese lapso la laguna tuvo más de 25 m de profundidad y el agua en la misma era dulce. Esa abundancia de agua en la laguna coincidió con sucesivos avances de glaciares en la cordillera de los Andes, ocurridos durante la última glaciación del Pleistoceno. El desecamiento posterior de la laguna se correspondió con el calentamiento con el que terminó esa glaciación. Durante los últimos 10.000 años (período geológico conocido con el nombre de Holoceno), la laguna tuvo varios episodios de crecimiento, en correspondencia con episodios menores de enfriamiento global, a los que se vincularon pequeños avances de los glaciares cordilleranos.

El último de esos avances se conoce mundialmente con el nombre de *"Pequeña Edad de Hielo"*. En esos momentos, en la salina ocurrieron por lo menos dos pulsos de niveles de agua elevados, durante los cuales su profundidad alcanzó los 10 metros. El primero de ellos ocurrió entre los siglos 15 y 16 (episodio de **enfriamiento mundial** que coincide con el **mínimo secular de actividad solar denominado Spörer**). El segundo ocurrió entre los siglos 18 y XIX (correspondiéndose con el **mínimo de actividad solar denominado Dalton**).

Al sudoeste de la salina existe un campo de dunas longitudinales fósiles con dirección sudoeste-noreste, actualmente cubiertas de vegetación. Esas dunas fósiles fueron activas durante los momentos del Pleistoceno en que la laguna tuvo sus niveles más elevados, e indican **vientos muy constantes** soplando desde el cuadrante sudoeste. La existencia de esos vientos y de la aridez local concomitante, **fue coherente con el clima frío mundial** (glaciación) que caracterizó a ese lapso final del Pleistoceno.

Ahora le toca el turno al Dr. González contarnos sobre su vida dedicada a la exploración y el estudio de las Salinas y que nos puede predecir:

Así fue como a principios de 1.979 aparecimos ambos en Salinas del Bebedero. América fue a estudiar los caracoles y yo fui a colaborar, buscando evidencias geológicas y geomorfológicas de la evolución del antiguo lago. Ella luego dejó la Biología y se volcó con todo a la Medicina y a la Cardiología, destacándose internacionalmente. Pero yo quedé 'enganchado' para siempre, sin poder cortar el vínculo con esa salina que me atrapó. Si estuviese en Corrientes, podría decir que esta salina *tiene payé!!*. Tiene algún embrujo del cual no pude escapar; o quizá nunca quise hacerlo. A lo mejor el asunto pasa porque, como me escribió una colega y gran amiga, Eva Donnari, Salinas del Bebedero es *"...el corazón de esta tierra!!"*

Desde entonces escuché muchas historias lugareñas compartiendo ruedas de fogón y caminatas con la gente de la Salina. También y afortunadamente, pude estudiar mucho sobre los ambientes actuales y los paleoambientes de San Luis, de la Argentina y del mundo. Hice muchas investigaciones de campo y de laboratorio y escribí muchos trabajos científicos sobre Salinas del Bebedero. Trabajos que han aportado su granito de arena al reconocimiento de la evolución del clima y de los ambientes de Argentina y del mundo y que además sirvieron para lustrar mi ego, como cuando me nombraron miembro de la Asociación Americana para el Avance de las Ciencias o de la Academia de Ciencias de Nueva York.

[...]

Retomo el tema de los enfriamientos globales para recordar que el último que experimentó el planeta fue llamado Pequeña Edad de Hielo y se desarrolló entre los siglos 17, 18 y primera mitad del siglo 19. Como no podía ser de otro modo, también sobre estos enfriamientos nos habló la salina. Tanto durante el enfriamiento conocido como *Edad de Hielo Medieval*, como durante la *Pequeña Edad de Hielo*, a la salina entró importante cantidad de agua desde el río Desaguadero.

Ahora bien, ¿Cómo nos lo contó? De modo similar a como nos contó sus secretos anteriores. En nuestra búsqueda encontramos evidencias de dos antiguas playas correspondientes a sendos episodios lacustres elevados vinculados a esos enfriamientos. Los restos de ambas, bastante próximas entre sí, se encuentran a la altura de la Hostería del campamento salinero, e indican que en los momentos de su formación, el nivel del lago estaba a unos diez metros por encima del nivel actual de la salina.

Por fortuna, en los sedimentos de ambas playas abundaban las valvas de otro pequeño molusco gasterópodo; otro 'caracolito' de uno a dos milímetros de largo, al cual, de acuerdo a los biólogos, le ha tocado en suerte llamarse *Littoridina australis* (D'Orbigny). Como antes nos habían servido las valvas de *Chilina parchappi*, esta especie de caracolito que vive en aguas salobres nos sirvió para hacer análisis de Carbono-14 y conocer cuándo se habían formado ambas playas.

Para seguir afirmando la ya certeza de que el lago crecía durante los episodios de enfriamientos mundiales, las edades para ambas playas oscilaron en alrededor de 630 años y 325 años antes del presente, respectivamente, para ambos episodios lacustres. Dicho de otro modo, en ambos casos la depresión de Salinas del Bebedero estuvo llena de agua alrededor de los siglos 14 y 18, respectivamente. Por lo tanto uno de esos episodios lacustres coincidió con la Edad de Hielo Medieval y el otro coincidió con la Pequeña Edad de Hielo.

En orden de conocer un poco más la dinámica natural de los ambientes de Salinas del Bebedero, ya habíamos comparado la evolución que tuvo el cuerpo de agua que la ocupó reiteradamente, con la evolución del clima mundial y como vimos, hubo buena coincidencia de ambas. Cuando el planeta se enfrió, el lago tuvo entrada de agua desde el río Desaguadero; paralelamente *el enfriamiento del planeta* condujo a que gran parte de Sudamérica al este de los Andes, *tuviese los climas más áridos de toda su historia geológica.*

Tratemos entonces de imaginarnos lo que fue en repetidas oportunidades el lago del Bebedero: un gran lago en medio de un desierto de arena y de grava, con mucha menos vegetación aún que la existente hoy en la periferia de la salina. Ahora bien, ¿Cuál pudo ser el 'mecanismo', por definirlo de alguna forma, que sincronizó la ocurrencia de los mencionados episodios climáticos alrededor de todo el mundo?

EL SOL Y EL CLIMA TERRESTRE

Cualesquiera hayan sido los factores que causaron semejante sincronismo alrededor del mundo, tienen que haber manejado poderosas energías como para calentar y enfriar alternativamente los ambientes superficiales del planeta. Hacia eso orientamos posteriormente nuestra atención, para conocer mejor el origen de las oscilaciones ambientales y climáticas observadas por nosotros no solo en Salinas del Bebedero.

Vale al respecto mechar un poco de 'otra historia', dentro de esta historia tan particular y 'tan mía'. Hace cuarenta y dos años el Dr. Rhodes W. Fairbridge, eminente Geólogo australiano, desde hace décadas Profesor de la Universidad de Columbia (Nueva York) e Investigador Científico de la NASA, pionero en el estudio de la evolución climática del planeta y a quien no sólo tuve la satisfacción de conocer, sino la de ser orientado por él en mis investigaciones, organizó en la Academia de Ciencias de Nueva York un simposio denominado: 'Solar Variations, Climatic Change, and Related Geophysical Problems' ('Variaciones solares, cambios climáticos y problemas geofísicos relacionados').

En el mismo participó un gran número de investigadores de todo el mundo, cubriendo un espectro no menos amplio de disciplinas científicas. Allí se mostraron relaciones de causa/efecto existentes entre numerosas evidencias geológicas, climáticas y paleoclimáticas, con cambios de la actividad solar, de la órbita lunar y de la órbita terrestre, entre otros factores astronómicos. Recientemente y a modo general, esas relaciones fueron explicadas por el mismo Fairbridge (1.995) como:

-'...an astronomically forced regular input of energy: a sort of regularity that controls the daily and annual motions of the Earth, the lunar orbit and the tides.' ('...una introducción regular de energía [a la Tierra] forzada astronómicamente: un tipo de regularidad que controla los movimientos diarios y anuales de la Tierra, la órbita lunar y las mareas.')

Pero en la historia de la humanidad, cada vez que alguna persona señaló hacia el sol con un dedo, fue demasiado frecuente que muchos otros sólo fuesen capaces para ver ese dedo y nada más. Aquél simposio de 1.961 podría ser considerado como un dedo señalando hacia el sol y seguramente puede ser tomado como un límite entre el 'antes' y el 'después' de las investigaciones climáticas y ambientales.

A partir del mismo, numerosos investigadores comenzaron a interesarse y a investigar con mayor profundidad las evidencias de las relaciones existentes entre el clima terrestre y el sol; pero muchos otros directamente no las aceptaron. Tal divergencia de ideas aún es evidente. Por un lado los primeros siguieron encontrando cada vez más evidencias de las conexiones entre los ambientes terrestres y el sol y reforzaron la idea de que este último ejerce un rol líder sobre el clima terrestre. Pero al mismo tiempo los segundos directamente rechazaron esas evidencias y apostaron todas sus fichas a la existencia de otros posibles factores controlando el clima terrestre.

Quienes rechazaban la idea de que la actividad solar pudiera controlar el clima terrestre, se basaban en que era muy pequeña la variación en la emisión de radiación desde el sol entre sus episodios de máxima y de mínima actividad, conocidos como 'ciclo de manchas solares'. En principio esa variación parecía insuficiente como para explicar la influencia solar sobre el clima del planeta. Además argumentaban en contra de la influencia del sol sobre el clima terrestre, debido a que no se conocía un mecanismo eficiente como para que esa pequeña variación en la emisión energética solar pudiese influir sobre el clima.

Pero como al respecto bien lo remarcó en 1.993 el Dr. Roederer, científico argentino de primer nivel mundial en el estudio de las relaciones Tierra-Sol, quien trabaja en la Universidad de Fairbanks (Alaska, U.S.A.): - *'...el desconocimiento de un mecanismo viable no es un argumento científico válido; de hecho, la mayoría de las investigaciones en ciencias naturales comienzan sin un conocimiento de los mecanismos actuantes.'*

Del análisis de las series climáticas instrumentales más extensas registradas en el Hemisferio Norte (como por ejemplo, la correspondiente a Londres), surgió la evidencia de que desde mediados del siglo pasado se registraba la ocurrencia de un sostenido calentamiento. Ese calentamiento, que en promedio era del orden de 0,6º C, parecía muy importante como para no ser investigado en busca de sus causas.

Descartada a priori y de modo poco científico, la posible influencia del sol para explicar el calentamiento real medido en el Hemisferio Norte desde mediados del siglo pasado, aquellos investigadores comenzaron a buscar otras posibles causas de tal calentamiento. De ese modo se llegó a reflotar el 'efecto de invernadero', tan mentado en la última década y media, aunque conocido desde hace más de cien años.

En definitiva, ¿qué podría estar ocurriendo con el clima global? Cualquier intento en pos de comprender como se calienta una casa sin prestar atención al rol que juegan las estufas que existan en ella, puede convertirse en una tarea infructuosa, cuando no, en tarea de resultados equívocos. Pese a ello y como les conté previamente, numerosos científicos preocupados por el clima de la Tierra descartaron el efecto del sol sobre el mismo, pese a ser prácticamente *la única 'estufa'* de la superficie del planeta. Porque recordemos que el sol entrega más del 99 % de la energía utilizada en todos los procesos que ocurren en la porción exterior de la Tierra, incluyendo en ello a gran parte de la corteza terrestre sólida.

La energía solar inclusive moviliza muchos procesos geológicos desarrollados hasta una profundidad importante dentro de la corteza terrestre, vinculados a procesos biogeoquímicos superficiales y sub superficiales.

En primer lugar y en contra de lo hasta ahora supuesto respecto a que las variaciones en la emisión energética del sol no alcanzarían para modular el clima terrestre, Hansen y Lacis (1.990) demostraron que a un 0,1% de variación en la emisión de radiación solar, el clima terrestre responde con una variación media del orden de 0.2° C. Por lo tanto y aquí viene lo interesante, una disminución de la emisión energética solar oscilante entre 0.2% y 0.5%, sería más que suficiente como para *producir un enfriamiento planetario similar al ocurrido durante los siglos pasados:* la ya mencionada *Pequeña Edad de Hielo*. Esto fue reafirmado por otros científicos como Foukal, 1990; Reid, 1991 y Landscheidt, 1995.

Asimismo existe una estrecha conexión entre los ya comentados registros instrumentales del clima del Hemisferio Norte y el ciclo secular de manchas solares conocido como Ciclo de Gleissberg. Este tema está cobrando creciente importancia en los últimos años. A tal punto por ejemplo, que Richard Kerr, divulgador científico de la revista *Science*, una de las revistas científicas más prestigiosas y difundidas del mundo y hasta 1995 frecuente difusor del calentamiento futuro debido al 'efecto de invernadero', en 1996 comenzó a 'mirar hacia el sol'. En un artículo de 1996, éste hizo referencia a la posible conexión entre el sol y el clima terrestre, indicando que hay una estrecha correspondencia entre el ciclo de 11 años de actividad solar y:

- La temperatura medida durante los últimos 50 años en los océanos de todas las latitudes: éstos varían hasta 0,1° C ante el ciclo de 11 años de actividad solar.
- Las distintas señales climáticas registradas en los hielos de los Andes depositados en las últimas décadas.
- La temperatura atmosférica superficial del Hemisferio Norte.

La complejidad de los mecanismos involucrados, escapa a los efectos de estas notas y a los interesados los remito a las publicaciones mencionadas. De todas esas investigaciones es importante rescatar un elemento fundamental: el movimiento inercial del sol y de todo el sistema solar es tan preciso, que puede ser modelado matemáticamente *a lo largo de miles de años*, tanto *hacia el pasado como hacia el futuro*. Ello permitió comparar el movimiento solar pasado con datos precisos provenientes de:

- Actividad solar (los llamados números de Wolf, en relación directa con la emisión energética solar, y bien medidos desde 1700 hasta el presente).
- Mediciones precisas de auroras polares y actividad magnética terrestre, ambas en relación directa con la actividad solar.
- Datos precisos de actividad volcánica, en estrecha relación con la influencia gravitatoria de los planetas 'gigantes'.
- Largas series de registros climáticos instrumentales obtenidas para el Hemisferio Norte.
- 'Proxy records', o registros climáticos indirectos tales como el estudio de anillos de crecimiento anual de árboles, las capas anuales de deposición de hielo en Groenlandia y Antártida y todos los registros geológicos que venimos estudiando nosotros, por ejemplo, en Salinas del Bebedero.

Esas comparaciones evidenciaron que durante los episodios en los cuales el sol transitó a lo largo de órbitas ordenadas (o en forma de 'trébol') alrededor del baricentro del sistema solar, su emisión energética fue máxima y el clima terrestre tendió hacia el calentamiento. Asimismo esas comparaciones pusieron en evidencia que durante los episodios durante los cuales el sol se movió de modo caótico alrededor del baricentro del sistema solar, su emisión energética fue mínima y estos últimos episodios coincidieron con las mínimas temperaturas conocidas en el planeta para el último milenio como lo demostró Charvátová (1995). Tales son los casos de las mencionadas Edad de Hielo Medieval y la Pequeña Edad de Hielo, esta última finalizada a mediados del siglo pasado.

Como anécdota ilustrativa, es interesante recordar que Napoleón invadió Rusia en plena culminación de la Pequeña Edad de Hielo. En 1812, cuando sus tropas debieron retirarse de Moscú, entre otras cosas a causa del frío, el sol estaba transitando por un episodio de órbitas caóticas (mínimo Dalton) y justo ese año pasó exactamente por el centro de masas de su sistema planetario. Precisamente por eso en ese momento ocurrió el episodio de menor emisión de energía solar de toda la Pequeña Edad de Hielo y quizá ese y los dos o tres inviernos siguientes, hayan sido los inviernos más fríos de la segunda mitad del milenio.

Lo más importante de todo esto es que de las investigaciones de Charvátová (1995) surgió la información de que alrededor de 1.990 el sol comenzó a transitar por un nuevo episodio durante el cual predominará su recorrido por **órbitas caóticas alrededor del baricentro del sistema solar**. Esta situación durará **hasta alrededor del año 2.040**. De acuerdo a todo lo expresado, es posible entonces que durante las próximas décadas el sol experimente prolongados episodios de baja emisión energética.

Ello podría generar un apreciable enfriamiento en el clima del planeta, en contra de lo postulado por los defensores de la hipótesis según la cual el clima del planeta se está calentando en virtud del 'efecto de invernadero' motivado por las actividades humanas. Tal posible enfriamiento ya había sido pronosticado en 1990 por Fairbridge (comunicación epistolar) y en 1995 también fue pronosticado por Landscheidt, en ambos casos basados en la variación futura de la actividad solar.

El Dr. González, una luminaria en la ciencia de Argentina, comparte la opinión de que estamos en camino a un enfriamiento causado, como he venido exponiendo en este libro, por las variaciones naturales de la actividad magnética del Sol provocadas, a su vez, por influencias sobre el Sol de la posición del baricentro del sistema solar.

Un Mundo más frío

Según los cálculos, cada día de retraso en la iniciación del Ciclo Solar 24 hará que las temperaturas medias durante ese ciclo sean más bajas en *1,4 milésimas de grado centígrado por día*. Como nos hemos retrasado más dos años, eso se traduce en una declinación de la temperatura media global de 0,6º C.

También indican los cálculos que un aumento de 1 parte por millón de la concentración de dióxido de carbono en la atmósfera aumenta la temperatura en *1 milésima de grado*. De manera que sólo toma *dos días de retraso* en el inicio del ciclo 24 para compensar el aumento de temperatura producido por **un año de emisiones de dióxido de carbono.**

En un artículo publicado en el sitio web de FAEC, a fines de 2008, expresé que si el Ciclo 23 tiene la misma longitud que el Ciclo 4 (el ciclo que precedió al Mínimo Dalton), entonces el mínimo solar no se alcanzaría hasta noviembre de 2009, y no veríamos manchas de sol del Ciclo 24 hasta noviembre de 2009. Efectivamente, eso fue lo que ocurrió. Cada día de atraso hasta la aparición de las primeras manchas de Sol del Ciclo 24 significa que el clima de la Tierra será más duro en la segunda década del siglo 21.

Las consecuencias de un clima más frío en la Argentina serían mucho más duras y sus consecuencias mucho más graves que las de un calentamiento. Las organizaciones de salud de todo el mundo saben que las muertes producidas por las estaciones frías superan a las muertes atribuidas a las olas de calor en una proporción de 7 a 1. Si un calentamiento provocase más olas de calor y aumentase el número de muertes por golpes de calor, el número de muertes por causas del frío se reducirá proporcionalmente y compensarán ampliamente las muertes por frío.

Pero la historia de Argentina muestra que las grandes sequías sucedieron en tiempos de temperaturas frías, y que cuando llegó el calor las lluvias las reemplazaron con inundaciones que podrían haber sido evitadas si la autoridades hubieran previsto esa posibilidad y se hubiesen hecho las obras de infraestructura que hoy reconocen todos que aún hay que hacer.

Pero un clima más frío reducirá el límite de siembras hacia el sur, y gran parte de la Pampa Húmeda volvería a su anterior condición de desierto donde ni la ganadería tenía probabilidades de prosperar. ¿Podrían las actuales tecnologías agrícolas ayudar a reducir los daños que esto causaría? Poco pueden hacer esas tecnologías con campos cubiertos de nieve durante gran parte del otoño y la primavera, como acontece en territorios de Canadá, o Estados Unidos, o Siberia.

Las cosechas de granos se reducirían de manera sensible, y no sólo por la reducción del área sembrada. Las bajas temperaturas no ayudan al desarrollo de los cultivos. El problema de los combustibles agravaría la situación por la escasez que habría al tener que destinar mayor cantidad para calefacción y generación de electricidad para el mismo uso.

Los gobiernos sus técnicos deberían comenzar a preocuparse por la muy cierta probabilidad del advenimiento de un ciclo de 50 o 70 años de grandes fríos en Argentina, y comenzar a tomar las medidas necesarias para aumentar la exploración y perforación de nuevos pozos petrolíferos y de gas natural para abastecer las futuras necesidades que se presentarán, y no depender de proveedores de gas natural como Bolivia que, con los vaivenes de la política, podría cerrarnos sus grifos, o tener que comprar combustibles a Brasil o a proveedores que habrá subido sus precios a las nubes. La demanda de combustibles fósiles crecerá de manera exponencial. Se deben hacer, de una vez por todas, las grandes inversiones que son necesarias para ampliar la infraestructura generadora de energía.

Las centrales nucleares son una excelente opción, como lo son las centrales que usan carbón de piedra o hulla, yacimientos que Argentina tiene en abundancia en la Patagonia. Las nuevas técnicas usadas por las centrales de carbón emiten muy poca cantidad de hollín o particulados que serían contraproducentes para la salud de la población. El asunto de la emisión de CO_2 al ambiente quizás podría ayudar a mitigar un tanto el enfriamiento, pero yo no apostaría un centavo a ello visto que a pesar de las grandes cantidades que emite la humanidad las temperaturas han comenzado a descender.

Las energías llamadas "alternativas" no tienen la capacidad necesaria para abastecer ni el 5% de la energía que será necesaria. Gastar enormes cantidades de dinero en la instalación de molinos de viento o paneles solares es un desperdicio de recursos que no nos podemos permitir. La inversión que se haga tiene que tener una relación coste/beneficio muy elevada y sólo deberán elegirse las tecnologías comprobadas como eficientes productoras de energía. Todo lo demás es un muy hermoso sueño que puede convertirse en pesadilla en poco tiempo.

Conclusión

No podemos –nadie puede- predecir si dentro de 20 años en la Patagonia lloverá más que en el litoral, o si la Pampa Húmeda será más seca y desértica que La Rioja. Nadie puede, y que me perdonen los modeladores del clima pero sus afirmaciones me causan gracia. Sólo podemos estudiar los climas del pasado como hicieron José M. Suriano y Luis H. Ferpozzi en 1993 y, añadiendo al análisis las variables que se han producido como la alteración de la cobertura de bosques y praderas, aumento o disminución de la evapotranspiración de millones de hectáreas, esperar a que la *Ley de la Repetición de los Efectos Observados* se cumpla sin muchas variaciones.

Cualquier otra cosa es hacer astrología, tirar las cartas del Tarot, leer las tripas del pollo o las runas Vikingas.

Referencias

1.   http://linux0.unsl.edu.ar/~geo/p-geoambiental/libro-salinas/1-informe.htm

Capítulo 8

'ClimateGate'
y otras fallas del IPCC

El fraude científico
más grande de la historia

El 19 de noviembre de 2009 publicó en un servidor de Internet en Rusia un conjunto de mensajes electrónicos cursados entre científicos del Centro de Investigaciones del Clima (CRU) en la Universidad de East Anglia, Inglaterra, y colegas en los Estados Unidos, Rusia y otros países, cuyo contenido permite ver que desde 1995 la información de datos de las estaciones que miden la tempera-tura, y datos de estudios proxy fueron adulterados de manera constante, manipulados, ocultados, y la información cruda fue negada a los científicos escépticos para su análisis.

Muestra, también, que esos científicos que habían formado una camarilla selecta, mediante sus conexiones influyentes y sus contactos con editores de revistas científicas de prestigio, impedían a investigadores que no comulgaban con la ortodoxia del calentamiento antropogénico publicar sus estudios, o por lo menos demorar su publicación, a veces un año, hasta no tener lista un estudio que contrarrestara el efecto negativo que pudiesen causar. Esos nuevos estudios eran publicados sin ninguna demora, algunas semanas, quizás, contra estudios escépticos que eran detenidos en 'peer review' durante un año y medio!.

Las investigaciones sobre el origen de la filtración de los emails y los códigos de computación en lenguaje Fortran determinaron que la única posibilidad es el envío del material desde el interior del mismo CRU por alguien que no estaba de acuerdo con lo que se estaba haciendo con las investigaciones climáticas. Los americanos llaman a esta actitud como la acción de un 'whistleblower', literalmente, un 'sopla pitos', que en español se conoce como *un soplón*. La teoría de una hacker ingresando al server del CRU ha quedado descartada, aunque se sigue insistiendo que se trató de un robo de información y el contenido de esos emails ha sido tomado fuera de contexto.

Muy resumidamente, la importancia del *ClimateGate* reside en que la información que era falseada en el CRU y otros lugares, era la empleada por el IPCC y su vasta red de medios de difusión cómplices en el fraude, para promover la idea de un calentamiento causado por el hombre a causa de sus emisiones de dióxido de carbono, que tendría características de catástrofe ambiental sin precedentes en la historia del planeta, que debería ser evitada a toda costa por medio de la imposición de un fuerte impuesto a las emisiones de CO2. Esta campaña dio nacimiento a los actuales y fraudulentos mercados de permisos de emisión, llamados por algunos como 'indulgencias plenarias para contaminar', y por muchos otros como el esquema de estafas más grande desde la locura de los bulbos de tulipanes negros en el siglo 15, o la famosa estafa conocida como el *'Esquema Ponzi'*.

CRU: Centro de Investigaciones del Clima

El CRU había jugado un rol fundamental en el debate del 'cambio climático': sus científicos, con la ayuda de sus colegas al otro lado del Atlántico había literalmente insertado 'calor' en el Calentamiento Global. Más del que realmente existía. Ellos eran los responsables de analizar los datos de las mediciones de temperatura de todas las estaciones meteorológicas del mundo y compilar una base de datos que se hacía disponible a la comunidad científica mundial. Esos datos se remontaban a las primeras épocas de los registros termométricos en muchos países del mundo.

Una frase clave en el asunto, desde un punto de vista científico, es **'calentamiento sin precedentes'**. Otra frase clave fue la inventada por Ben Santer en 1995 y que reemplazó la conclusión de los '3000 científicos' de que no había evidencias que permitiesen señalar a las actividades humanas como las causas del calentamiento. Santer la reemplazó con: **'Las evidencias muestran una discernible influencia humana sobre el clima.'** Aquí no hay discusión posible. Los científicos que habían aportados sus estudios y habían redactado la conclusión absolviendo a los humanos por el calentamiento, recién se enteraron de que Santer la había desechado y la había reemplazado con la muy personal opinión suya en un acto que se debe considerar un delito flagrante.

No hay ninguna duda de que la humanidad ha liberado a la atmósfera ingentes cantidades de dióxido de carbono durante los últimos dos siglos. Pero el hombre no ha creado este CO_2 de la nada. Fue liberado por la quema de 'combustibles fósiles' que fueron creados en el seno de la Tierra durante billones de años. De acuerdo con la teoría clásica de la formación de los combustibles fósiles como el petróleo, el carbón, el gas natural, etc, ellos se formaron a partir de los restos de antiguas selvas que, bajo la presión de grandes capas de sedimentos y el calor del interior de la Tierra, fue provocando su formación.

Mi opinión es que el origen del petróleo y el gas natural es *abiogénico,* es decir, no proviene de la descomposición de materia orgánica en pasados geológicos lejanos, sino en la constante formación por la acción del gas radón en las profundidades, más helio y metano, para formar al petróleo y al gas natural. Los depósitos de carbón, mucho más superficiales, sí tuvieron su origen en las antiguas selvas tropicales del viejo pasado. Pero esa disidencia con la teoría clásica no hace a la discusión sobre el cambio de clima, sea natural o antropogénico.

Doscientos años es un pestañeo en la historia de la Tierra, y no es tiempo suficiente para alterar las condiciones climáticas vistas las concentraciones de CO_2 que existían en épocas anteriores al Período Carbonífero, que variaron entre 2000 y 7000 ppm, sin que haya quedado registrado un *'efecto invernadero desbocado'* en las evidencias geológicas.

Las Sospechas comienzan a aumentar

El *Climategate* ha servido para hacer añicos el mito del *invernadero desbocado*. Sirve para escudriñar la manera en que los investigadores del clima trabajan en lo que se ha llegado a considerar el *'desafío más grande de la humanidad'.* El cambio climático. En lugar de ver a una gran comunidad de científicos escrupulosamente investigando la manera en que el sistema climático funciona, y sus relaciones con todos los factores que lo afectan, vemos en vez de ello a una pequeña camarilla de vaqueros incompetentes que se abusaron de cualquier aspecto del marco de las ciencias para construir una fortaleza alrededor de un selecto Club de Viejos Amigos para impedir que los demás científicos pudiesen ver la carnicería sobre la ciencia que eran sus trabajos. Mucha gente está consternada porque esto haya sucedido. Pero sólo pudo suceder porque la 'ciencia del clima' explotó a partir de una minúscula porción del entorno académico hasta convertirse en una industria descomunalmente financiada en materia de unos pocos años, y que ese engaño se haya podido mantener durante tanto tiempo.

Abraham Lincoln, citando a P.T. Barnum dijo, *'Se puede engañar a toda la gente durante cierto tiempo; hasta se puede engañar a cierta gente todo el tiempo; pero no se puede engañar a todo el mundo todo el tiempo.'*

Hubo un creciente número de calificados científicos que comenzó a darse cuenta de que el asunto de la 'ciencia del clima' era apenas una fachada sospechosa de estar cometiendo fraude, y que las airadas refutaciones a sus argumentos sensatos y científicos basados en las matemáticas, las estadísticas y el mismo sentido común, no eran el producto del rigor científico sino meramente un ejercicio de auto protección a cualquier costo. El velo de misterio comenzó a caer lentamente y dejó al descubierto lo que se ha convertido en el escándalo científico más grande en la historia de la humanidad.

Es imposible reproducir y analizar en un solo capítulo la gran cantidad de mensajes cruzados entre los miembros de esa camarilla en el CRU y Estados Unidos. Por eso mostraré los más significativos y lo que revelan en relación a la falsedad que es el *Cambio Climático Antropogénico*. El material podría agruparse en diversos tópicos pero implicaría referencias a una gran cantidad de extractos de material en la literatura científica, y sería necesaria una enciclopedia completa. Pero lo que sigue servirá para abrir una puerta y permitir ver lo que hay en ese recinto pleno de corrupción, debilidades humanas, enormes egos y ambiciones de mantener o aumentar la importancia de las posiciones logradas en el ambiente de la ciencia.

Para hacer comprensible al contenido de los emails para cualquier persona les he quitado la jerga científica, expandí los acrónimos e introduje comentarios explicativos donde los consideré necesarios. Para determinar si mis comentarios son correctos o si he sacado a los emails fuera de contexto, el lector puede ir a su fuente de origen en el sitio donde están publicados, descargar en su computadora el archivo completo y revisar el material original. Se puede descargar desde el sitio: http://assassinationscience.com/climategate/1/FOIA/mail/

Reparto de personajes estelares

> **Michael Mann:** principal conspirador en los Estados Unidos
> **Phil Jones:** conspirador principal en Gran Bretaña.
> **Tom Wigley:** conspirador más viejo que comienza a preocuparse cada vez más sobre el futuro escándalo que ve venir.
> **Keith Briffa:** conspirador más viejo cuyas burradas y disparates llevan a que los demás le abandonen a su suerte.
> **Ben Santer:** peligroso, arrogante e ingenioso conspirador en los Estados Unidos –autor de la frase fraude: *'discernible efecto humano'* en el Informe IPCC de 2005.
> **Otros conspiradores:** de variados grados de complicidad e integridad científica.
> **Escépticos** y otras personas sin relación con el fraude.

Abriendo la puerta

Marzo 6, 1996: email 0826209667

Este primer correo del ClimateGate nos recuerda que el dinero juego un rol clave en esta saga. Se nos recuerda el hecho que toda la *'industria del invernadero'* fue creada virtualmente de la nada, mediante la inyección de masivas cantidades de dinero que, de manera totalmente unilateral, requería que los receptores hallasen evidencia de un calentamiento causado por el hombre, y no que se investigase si **el hombre era, o no, el culpable** del cambio climático que se percibía.

Contrastando con los literalmente billones de dólares que gastos globales que estos científicos les exigían a los gobiernos del mundo hacia fines de 2009 en la COP-15 en Copenhague, las cantidades provistas a los científicos parecen ser insignificantes, apenas algunos pocos millones de dólares. Pero la mayoría de los 'científicos del clima' construyeron sus carreras gracias a estas financiaciones, y no resulta sorprendente que se volviesen tan dependientes de este tipo de vida condicionada a suministrar información 'conveniente', que se volvieron ciegos y sordos a otras evidencias y se concentraran únicamente en obtener los resultados para los cuales habían sido contratados –y por ello atacaban tan ferozmente a cualquier intruso que amenazara su modo de vida. En este desgraciado caso, un científico de la antigua Unión Soviética parece descender al nivel de la evasión de impuestos para maximizar la cantidad de dinero disponible. Stepan Shiyatov le escribe a Keith Briffa:

> *También es importante para nosotros que usted transfiera [...] el dinero a cuentas personales que le hemos dado previamente, y que la suma para cada transferencia (por ejemplo, durante un solo día) no sea mayor a 10.000 dólares norteamericanos. Sólo de esta manera podemos evitar pagar impuestos.*

Por desgracia, todos los otros emails relacionados con transferencias de dinero se han perdido, borrados, o mantenidos por el 'soplón' del Climategate, de manera que no podemos saber si Keith Briffa cumplió o no con esta solicitud.

Septiembre 22, 1999: email 0938018124

En este email Keith Briffa hace surgir el asunto que es clave en el infame email de '*esconder la declinación*' (que es el próximo email a considerar, más abajo). Es necesario analizarlo para comprender de qué se trata todo:

Dado que no tenemos una máquina para viajar en el tiempo, las temperaturas de épocas pasadas debe ser obtenidas por inferencias de otras observaciones, geológicas o biológicas. Esos sustitutos se conocen como '*proxys*', y se pretende que pueden ser reemplazo de los termómetros. Un Proxy clave usado por los climatólogos es la información del espesor de los anillos de árboles, de ejemplares que estuvieron creciendo durante cientos o miles de años. Se pretende que el espesor de los anillos es un indicador preciso de las temperaturas ocurridas durante el crecimiento del árbol. La parte de la ciencia que se ocupa de esto se llama 'dendrocronología', porque *dendro* viene del griego 'árbol'.

Pero la dendrocronología, que muestra una relación entre espesor de anillos de crecimiento y temperaturas ambientes, ha demostrado ser un fiasco. En mi opinión, la dendrocronología apesta como fuente de cualquier información confiable y ya verán por qué.

El crecimiento de un árbol está influenciado por numerosos factores conocidos, y quizás por varios que ignoramos. El crecimiento de un árbol está influenciado por:

a) la cantidad de luz solar incidente,
b) la cantidad de lluvia que recibe,
c) cuánto calor hace en esa área,
d) los vientos que afectan al árbol,
e) los nutrientes que disponen sus raíces,
f) la cantidad de CO_2 disponible en la atmósfera.
g) la cantidad y tamaño de árboles a su alrededor.

Primero, cada árbol que sobrevive a 1000 años de variaciones naturales mientras está en la línea de crecimiento de un bosque tiene que ser ya algo 'no natural', algo excepcional por una o varias razones.

Segundo, cada árbol está situado y crece en microclimas individuales, configuraciones individuales de rocas o suelos, existencia o ausencia de cursos de aguas subterráneas, pendiente y configuración de la escorrentía, y esta ubicación especial es la razón por la cual este árbol en particular ha crecido allí y sobrevivido.

Tercero, especialmente en montañas y colinas, cada lado de un valle tiene condiciones diferentes de iluminación del sol, dirección de los vientos y de las lluvias, de ángulos de pendientes, etc, de manera que la elección de los árboles para muestras de anillos puede ser sumamente subjetiva. Cuarto, el espesor final de los anillos depende de una particular dinámica de esa estación en particular, primaveras tempranas o tardías, veranos más cortos o largos, períodos de sequía o lluvias prolongadas, etc, mientras que el promedio de las temperaturas también podrían también estar afectados por esos mismos factores.

Estoy seguro de que existen muchos más factores integrados en la simple 'función de la densidad' de los anillos de árboles, y absolutamente convencido de que una elección subjetiva de pocas muestras pueden rendir cualquier resultado deseado de antemano. Por ello no dudo en ponerle la firma a una declaración que sostenga la total inutilidad de la dendrocronología como base para una historia del clima de la Tierra. Por otro lado, tanto la geología como el análisis de las estomas de hojas fósiles en fondos de lagos y mares son una fuente mucho más confiable para determinar la concentración de CO2 en la atmósfera, aunque estas concentraciones no tengan una relación directa con las temperaturas.

Pretendamos, por un momento, que el crecimiento de un árbol depende **sólo** de los siete factores mencionados antes, y no de otros. Un hecho elemental de las matemáticas es que si se tienen siete factores desconocidos –estos siete factores en cualquier momento de la vida de un árbol en particular- entonces son necesarios por menos siete piezas de información independientes para desenredar el misterio; uno necesita conocer esas siete cantidades **con una elevada precisión**. De manera que para hacer uso de toda la información de los anillos de árboles, los dendroclimatólogos necesitan conocer por lo menos otros cinco proxys completamente independientes. ¿Es lo que hacen?

No, no lo hacen

Cuando mucho tienen otros proxys que a su vez introducen más cantidades desconocidas a la ecuación, como las diferencias entre temperaturas de la superficie de los océanos y la atmósfera, o las grandes diferencias en las temperaturas en todo el planeta. Y en lugar de usar estos otros proxys para desenredar a las temperaturas de otras cantidades físicas relevantes, estos científicos le dicen al mundo de cada una de ellas es una medición independiente de la temperatura.

Por supuesto, estos investigadores se dieron cuenta de que todos sus proxys de *'temperaturas independientes'* no siempre daban las mismas respuestas; de modo que la mayor parte de su trabajo estaba dirigida a descubrir cuáles piezas de la información concordaban con otras (ignorando y suprimiendo las que no lo hacían) o elaborando maneras matemáticas inválidas de 'promediar' las varias piezas de información en discrepancia, para dar la apariencia artificial de consistencia.

Desgraciadamente para ellos, su juego se desmoronó cuando uno de sus colegas hizo lo que cualquier buen científico hubiese hecho en primer lugar: ir a comprobar que su principal 'proxy de temperatura' –los anillos de árboles– estuviesen de acuerdo con absolutamente confiables mediciones de temperaturas; aquellas hechas en ciertas áreas de los Estados Unidos, durante los 40 años anteriores, usando reales, genuinos y altamente perfectos termómetros científicos. ¿Y qué encontraron?

Que mientras los termómetros decían que las temperaturas *habían ascendido*, los anillos de árboles en las mismas ubicaciones indicaban que las temperaturas *habían disminuido*. En otras palabras, se comprobó que los anillos de árboles son termómetros totalmente carentes de confianza, o que los registros de las temperaturas modernas **no reflejaban la temperatura real**, ya sea por errores o por manipulación intencional. Fue con este escándalo en mente que Keith Briffa le escribió a Michael Mann, Phil Jones, Tom Karl y Chris Folland, expresando severas reservas sobre la contribución al nuevo Informe del IPCC, en esos momentos en etapa de revisión final.

'Sé que hay presión para presentar una linda y prolija historia en cuanto al 'calentamiento aparentemente sin precedentes en los últimos 1000 años o más en la información de los proxys de temperatura' pero en realidad la situación no es tan simple. Nosotros no tenemos muchos proxys [de temperatura] que salgan mostrando las [temperaturas] de hoy y aquellas que lo hacen (por lo menos un significativo número de proxys de árboles [tienen] algunos cambios inesperados en respuesta que no concuerdan con el reciente calentamiento. Yo no creo que sea atinado que este asunto sea ignorado en el capítulo.'

Esto es un eufemismo; una subestimación de la situación.

"Yo creo que el reciente calentamiento fue probablemente igualado hace unos 1000 años atrás."

Esta es una declaración notable que socava todo el argumento impulsado por Briffa y sus amigos de que el calentamiento global *'no tenía precedentes'*. Michael Mann responde a este desarrollo catastrófico:

> *"Entré a este nido de avispas esta mañana! Keith y Phil [Jones] han enunciado ambos muy buenos puntos. Y yo debería apuntar a que Chris [Folland], aunque no es culpa suya sino probablemente a través mía al no hacer claros mis pensamientos muy claramente a otros, definitivamente exagera cualquier confianza singular que tenga en mis propios resultados [de Mann y sus colegas]."*

En otras palabras, ni siquiera el mismo Mann confía en sus resultados! Mann elabora ahora lo que se convirtió en el infame 'gráfico verde' –la línea verde de anillos de árboles en el Informe del IPCC que misteriosamente pasa por detrás de las demás líneas en el año 1961– y nunca más aparece en el otro extremo. Primero, él necesita *'masajear'* la información para asegurarse de que todas las líneas se crucen en el lugar exacto:

> *"Estoy perfectamente dispuesto a mantener las series de Keith [en el gráfico], y le puedo pedir a Ian Macadam (Chris?) que lo agregue al gráfico que estuvo preparando (a nadie le gustó mi propio color y las convenciones del gráfico de modo que he renunciado a hacerlo yo mismo). La cuestión clave es asegurar que las líneas estén alineadas verticalmente de una manera razonable. Yo estuve usando a todo el Siglo 20 con los valores promedios correspondientes de las otras líneas, **debido a la declinación de la última parte del Siglo 20."***

Satisfecho con esa solución se vuelve hacia el problema de esa molesta *'declinación del Siglo 20'*:

> *"De modo que si Chris y Tom (?) están de acuerdo con esto, estaría feliz de añadir la línea de Keith al gráfico. Habiendo dicho eso, surge un acertijo: Nosotros demostramos [...] que las mayores discrepancias entre Phil y nuestra línea puede explicarse en términos de excusas estadísticas. Pero esa explicación no puede por cierto rectificar por qué la información de Keith, que es similar en propiedades a la de Phil, difiere en gran parte exactamente en la dirección opuesta a la que la de Phil difiere de la nuestra. Este es el problema que todos hemos levantado [--] cada uno en la habitación en el IPCC estuvo de acuerdo en que este era un problema y una potencial distracción/detracción de la razonable visión de consenso que nos gustaría mostrar con los resultados de Jones [y colegas] y Mann [y colegas]."*

Traducción: no había ningún consenso en el IPCC, aparte del acuerdo universal de los participantes de *que había un problema*. Mann nos está diciendo aquí, en sus propias palabras, que había una agenda para presentar una visión de consenso, que simple-mente no existía en la realidad. A continuación, Mann se sepulta a sí mismo explicando lo que deberían haber hecho:

"De manera que mostramos [la línea de Keith] en este ploteo tenemos que comentar que 'alguna otra cosa' es responsable de las discrepancias en este caso. ¿Quizás Keith pueda ayudarnos un poco explicando el proceso usado en la información y los factores potenciales que podrían llevar a ser 'más caliente' que las series de Jones [y colegas] y Mann [y colegas]? Podríamos necesitar decir algunas palabras al respecto. De otra manera los escépticos tendrían un día de campo arrojando dudas sobre nuestra capacidad de comprender los factores que influencian estas estimaciones y, así, pueden socavar la fe en las estimaciones de información paleo-climática. Yo no creo que está científicamente justificado, u odiaría ser el que tenga que darles munición!"

Mann cree que todas las líneas deberían estar de acuerdo, pero que la información dice otra cosa bien distinta; y que odiaría ser quien les dé munición a los escépticos para socavar su trabajo. Trata de presionar a Briffa para que provea algunas excusas de por qué los datos pueden no estar de acuerdo con los demás. Por supuesto, sabemos que, finalmente él renunció a esta tarea im-posible, y que la problemática declinación fue retirada del gráfico mediante una asombrosa técnica hasta ese día desconocida en la historia de la ciencia: **borrar la información de manera total**!

Noviembre 16, 1999: email 0942777075
Finalmente comprendemos qué hay detrás de toda la metodología que se usaba en el CRU y la que empleaba Michael Mann en la elaboración de su infausto Palo de Hockey de 1998. Phil Jones le escribe a Ray Bradley, Mike Mann, Malcolm Hughes, Keith Briffa y Tim Osborn, en relación a un diagrama para una declaración del la Organización Mundial de Meteorología (OMM).

'Acabo de completar el truco de Mike [Mann] de agregar las temperaturas reales a cada serie de los últimos 20 años (por ej.: desde 1981 en adelante) y desde 1961 para que Keith [Briffa] esconda la declinación.'

Esas treinta y tantas palabras resumen el fraude de manera tan magníficamente sucinta que el Comité del Nobel debería retirarle el Premio Nobel la Paz al IPCC y a Al Gore, y darle a Phil Jones el Premio Nobel de Literatura de Fantasía Científica.

Claramente, los problemas que Mann tenía con la información de Keith Briffa –que no concordaba con las mediciones de las temperaturas reales de 1961 en adelante- para ese momento se habían extendido a la información de otros proxys de temperatura, sólo que desde 1981 en adelante. Jones revela que Mann *no había enfrentado este problema* haciendo una honesta nota en el estudio que él y sus coautores publicaron en *Nature*, sino que lo hizo por *una inserción fraudulenta de las temperaturas reales en los gráficos* para los últimos 20 o 40 años según fuese requerido.

Que Mann haya hecho eso lo descalifica tanto a él como a toda su investigación para una consideración futura en los anales de la ciencia. Pero aparece entonces el otro 'líder' en este campo, Phil Jones, haciendo alarde de que admira tanto el 'truco' de Mann que él mismo lo ha adoptado. Además, este email fue enviado a los principales jugadores que dominan este campo de la climatología. Es el silencio de estos conspiradores durante una década lo que ha condenado para siempre al campo de la 'ciencia climática' al estado de ignominia irreversible, y con mucha certeza conducirá a la prisión a los principales perpetradores de este fraude en un futuro cercano –o debería suceder si las investigaciones no están confiadas a las mismas instituciones donde se realizó el fraude, o formados por miembros de camarillas adictas al IPCC. Sería como confiarle al zorro el cuidado del gallinero.

La Ciencia Arrollada por la Política

En estos próximos emails tenemos una visión sobre la manera en que la política de propaganda elimina totalmente las reglas de la buena práctica científica, en cuanto se refiere a publicaciones sobre la 'ciencia del clima'. Stephen Schneider, de Departamento de Ciencias Biológicas en la Universidad de Stanford, EEUU, se queja a una cantidad de sus colegas internacionales:

> *"[...] por favor desháganse del ridículo 'no concluyente' para el rango de probabilidades de 34 al 66%. Enviará un significado completamente diferente a las personas legas –léase, tomadores de decisiones- dado que ese rango de probabilidad representa niveles medios de confianza, y no eventos raros. Una frase como 'muy posible' está más cerca del lenguaje popular, pero 'incierto' también se aplica a eventos 'muy probables' o 'muy improbables' y sin dudas será mal interpretado en el exterior."*

Para alguien vagamente familiarizado con probabilidades y estadísticas, la sugestión de Schenider es imperdonable, y no es necesario un doctorado para comprender la razón. Por un momento olvídese del cambio climático y considere la simple acción de revolear una moneda. Si la moneda es legítima y es lanzada al aire sin hacer trampas, la probabilidad de obtener 'cara' es del 50%. Imagine ahora que tiene usted que describirle a su jefe cuán seguro está de que en el próximo lanzamiento tendrá una 'cara' *sin usar ningún número*. '*Es incierto*' describirá de manera acertada el hecho de que es tan probable que no se obtendrá una 'cara' como que la moneda caerá efectivamente 'cara'.

Por el otro lado, '**es muy posible**' da la impresión que se trata de una *posibilidad* que tiene *un mayor grado de probabilidad*; sesga al lenguaje en una dirección sin dar fielmente *la misma posibilidad* de que la realidad pueda ir *en el sentido opuesto*.

Ciertamente, poner énfasis en el intervalo de confidencia del 34% al 66% es una pésima aplicación del cálculo de probabilidades y las estadísticas. La práctica científica estándar es considerar a un resultado significativo solamente si la probabilidad de ser cierta se estima que es **mayor** que algún umbral predeterminado –de manera típica 95%, para análisis normales, o algún umbral más estricto si las ramificaciones de obtener un error son más graves.

Febrero 27, 2001: email 0983286849

Phil Jones está molesto porque Julia Uppenbrink, la editora de *Science*, no les envió un estudio para revisar como pares, lo que les habría permitido *impedir su publicación*:

"Obviamente esto no es nada bueno dado que ninguno de nosotros llegó a revisarlo. Es raro que ella no lo haya enviado a alguno de nosotros ya que ella sabía que estábamos escribiendo el artículo que ella nos había pedido!"

Es el colmo de la arrogancia de estos pseudo científicos asumir que cada artículo que se publique en relación a la ciencia del clima debería ser automáticamente enviado a ellos, **y así poder vetarlo**.

Mayo 2, 2001: email 0988831541.txt

Michael Mann critica el trabajo de Ed Cook con su colega Jan Esper –no por metodología pobre o conclusiones inválidas sino porque estaba siendo usado públicamente, antes de haber sido posible bloquearlo mediante el proceso de 'peer review'. Primero aplica el argumento de la 'presión del grupo de pares'.

"Quizás debamos dejar que el proceso de 'peer review' decida esto, pero creo que usted se beneficiaría al saber del consenso del muy capaz grupo que hemos armado en esta lista de emails, sobre los que Esper y usted han hecho?"

Cook esquiva el tema admirablemente:

"Por supuesto, yo conozco a todos en este 'grupo muy capaz' y respeto sus opiniones y credenciales científicas. Obviamente, lo mismo va

para usted. Esto no quiere decir que no podamos disentir. Después de todo, la ciencia de consenso puede impedir el progreso como promover la comprensión."

Mann queda desconcertado e intenta atacar por un nuevo frente:

"De ninguna manera dudo de la integridad suya o de Jan aquí. Sólo estoy preocupado porque los resultados están siendo usados pública-mente por algunos, antes que hayan pasado por el guantelete del 'peer review'. Especialmente porque está, lo disculpe usted o no, siendo usado mientras hablamos, para desacreditar nuestro trabajo, y el de Phil [y colegas] ; esto es peligroso. Pienso que hay algunos asuntos legítimos que deben aclararse. [...] Me intereso en mantener-me informado en cuál es el status del manuscrito."

Cook responde con un grado de integridad que es desconocido por la mentalidad de Mann:

Desafortunadamente, este asunto del cambio global está tan politiza-do por ambos lados del asunto que se hace difícil hacer ciencia en un ambiente desapasionado. Yo me enfrenté con un problema igual en el debate lluvia ácida/declinación de bosques que rugía en los años 80s. En un punto dado, yo estaba siendo acusado simultáneamente de ser un rabioso abraza-árboles y estar en el bolsillo de la industria del car-bón. Siempre dije que a mí no me importa cuál es la respuesta que en-cuentre mientras que sea la verdad o por lo menos algo malditamen-te cercano a ella."

Diciembre 17, 2001: email 1008619994
Keith Briffa, un árbitro de un estudio enviado a peer review por Ed Cook y Jan Esper, le dice a Cook:

"Simplemente no querría verlo escribiendo un 'paper' que muestre un mensaje confuso con respecto al debate del calentamiento global, de-jando ambigüedades en su opinión sobre la validez de la curva Mann [el Palo de Hockey] ..."

Briffa está abusando de su posición de poder como árbitro y revisor del 'paper' de Cook, haciendo claro que bloqueará su publicación si ellos se desvían de la 'línea partidaria'. Luego revuelve el cuchillo en la herida usando la intimidación personal:

"No permitiré que este asunto arruine mis Navidades, como lo será seguramente si es la causa de nuestra caída."

En otras palabras: cambie el 'paper', o no será más nuestro amigo y co-lega. Finalmente Briffa expresa sus esperanzas:

*"Confío totalmente que después de un día de volver a frasear este 'paper' puede volver y ser publicable por Science **a mi entera satisfacción**."*

Chantaje frío, claro, llano y despiadado. Esa es la ciencia y la integridad del grupo de personas que promovían el fraude del calentamiento global antropogénico.

Se pelean los de adentro

A veces surgieron discusiones fuertes entre los complotados, en general por celos profesionales o por torpeza de algunos que no se habían comunicado con el resto antes de hacer alguna cosa. Briffa y Tim Osborn escribieron un comentario sobre los 'papers' que Ed Cook y Jan Esper habían publicado en *Science*. Ambos estudios cuestionaban el trabajo de Michael Mann y sus coautores. Mann amonesta a todos ellos, enviando copia del email a dos miembros del staff de la *Asociación Americana para el Avance de la Ciencia*, editores de la revista *Science*:

Marzo 22, 2002: email 1018045075

"Lamentablemente, su escrito sobre el estudio de Esper y Cook está aún más equivocado que el estudio mismo. Ed, el parte de prensa de la AP [Associated Press] que aparece sobre los estudios es todavía peor. Aparentemente permites que se te cite diciendo cosas que son inconsistentes con lo que me dijiste que habías dicho. Los tres ustedes deberían saber mejor.[...] Mientras tanto, hay un montón de control de daños para hacer y que necesita ser hecho y, en mi opinión, ustedes le han hecho un perjuicio a la honesta discusión que todos hemos tenido en el pasado porque ustedes han mal representado a la evidencia. Muchos de nosotros estamos muy preocupados por la manera en que Science hizo correr la pelota en lo que concierne al proceso de 'peer review' de este caso. Esto jamás debía haberse publicado en Science por las razones delineadas antes (y que las he adjuntado para quienes de ustedes no las hayan visto todavía) Tengo que preguntarme el motivo por el cual el funcionamiento del proceso de 'peer review' fracasó tan abiertamente aquí."

Keith Briffa responde refutando las insinuaciones de Mann y rechazando sus intimidaciones:

"Dada la lista que personas a las que has elegido para circular tu(s) mensaje(s), hemos pensado que debemos hacer una corta y algo formal respuesta aquí. Estoy feliz de reservar mi repuesta informal hasta que nos enfrentemos cara a cara. [...] finalmente debemos decir que no nos sentimos constreñidos respecto a lo que decimos a los medios o escribimos en la prensa científica o popular, por lo que

los escépticos dirán o harán con nuestros resultados. Sólo podemos desear hacer lo mejor que podamos y enfrentar los asuntos honestamente. Algunos escépticos tienen su propia agenda deshonesta -no tenemos dudas de eso. Si crees que yo o Tim tenemos algún otro objetivo que no sea ser abiertos y honestos sobre las incertidumbres sobre el cambio climático, entonces yo también estoy desilusionado contigo."

Cuando se encontraran 'cara a cara', ¿pensaba Briffa cantarle algunas frescas a Mann, o lo tomaría simplemente a las trompadas? Se nota que el calor aumentaba y no sólo en la atmósfera de la Tierra.

El Peer Review redefinido

El grupo que había tomado por asalto al proceso al proceso de revisión por los pares, o 'peer review', fue posteriormente desenmascarado en 2006 cuando el Comité de Energía y Transporte del Senado de EEUU solicitó una auditoría del estudio de Mann, Brad-ley y Hughes, el famoso Palo de Hockey. La auditoría fue conducida por el decano de la Asociación Americana de Estadísticos, el Sr. Edward Wegman y un equipo escogido por él. Las conclusiones del *Informe Wegman* fueron catastróficas para Mann et al, porque reconocía las manipulaciones inadecuadas que Mann había hecho sobre los datos, el ocultamiento de la tendencia hacia el frío después de 1961, como lo populariza el actual dicho *'hide the decline'* – 'ocultar la declinación'- mediante el *'truco'* que Jones luego se ufanaba de haber empleado en sus estudios.

El círculo de revisores empleado por las revistas *Science* y *Nature* estaba compuesto por un grupo de alrededor de 40 científicos que estaban de acuerdo entre ellos en bloquear cualquier estudio de los científicos escépticos que fuera en contra de la ortodoxia del calentamiento global catastrófico. Esos investigadores publicaban sus trabajos revisados por los mismos miembros del grupo y citándose entre ellos de manera de aumentar la cantidad de trabajos 'citados' en la literatura científica, elevando así el status científico de todos ellos. Eso asegura que los subsidios para investigación siguieran fluyendo con liberalidad alargando y dando solidez a las carreras de esos pseudocientíficos.

En Marzo de 2003 la revista científica *Climate Research* publicó un estudio de los astrofísicos del Harvard-Smithsonian Center for Astrophysics Willie Soon y Sallie Baliunas que afirmaba que *'el Siglo 20 probablemente no es el más cálido del último milenio ni tampoco es un período climático extremo.'* Phil Jones escribió una cantidad de emails a sus colegas. En el primero dice:

"Tim Osborn acaba de cruzarse con esto. Probablemente lo mejor sea ignorarlo, de modo de no arruinar el día. Resulta que esta revista tiene varios editores. El responsable de esto es un bien conocido escéptico de Nueva Zelanda. Él ha dejado filtrar varios estudios de [los es-

cépticos] Michaels y Gray en el pasado. He tenido algunas palabras con Hans Storch sobre esto pero no he llegado a ninguna parte."

Sus conclusiones son notables dado que admite ni siquiera a leído aún el estudio. Su próximo email es enviado después de haber una pequeña parte:

"Anoche he leído brevemente el paper y es sobrecogedor [...] Durante el fin de semana tendré más tiempo de leerlo [...] La fraseología de las preguntas al comienzo del paper determina la respuesta que ellos obtienen. Ellos no tienen ni idea de lo que significa el promediado de mulitproxys."

Significa que, porque esos astrofísicos no usaron el método matemática y estadísticamente incorrecto de *'promediar'* las diversas temperaturas proxys para ocultar la variabilidad de las temperaturas en el pasado, ellos no son miembros del club de sabios científicos! Sigue Phil Jones su diatriba:

"Escribiendo esto me convenzo más de que debemos hacer algo [...] le enviaré un email la revista diciéndoles que yo no quiero saber más de ellos hasta que ellos se deshagan de este editor problemático. Una persona del CRU está en el panel de editores, pero los papers son manejados por el editor asignado por Hans Storch."

Recordar que todo esto lo dice antes de haber leído el paper en su totalidad, aunque sea una sola vez! Michael Mann responde:

"El paper de Soon y Baliunas no podría haber pasado un proceso de peer review 'legítimo' en ninguna parte. Eso deja una sola posibilidad –que el proceso de peer review en Climate Research ha sido secuestrado por unos pocos escépticos en el panel editorial. Y no se trata sólo de [Chris] De Freitas. Desgraciadamente. Yo creo que este grupo también incluye a un miembro de mi propio departamento... el escéptico parece haber orquestado un 'golpe' en Climate Research (era una revista mediocre para empezar, pero ahora es una revista mediocre con un 'propósito' definido.)"

Dicho con otras palabras, la publicación de un **único paper** crítico de sus trabajos –que es la manera en que se supone que una saludable disciplina científica funciona- es automáticamente evidencia del 'secuestro' de todo un proceso de peer review de un revista científica –proceso que los complotados del fraude del calentamiento global parecen no advertir *que tenían secuestrado y bajo cadenas desde hacía muchos años!* Mann urge a sus colegas comenzar una caza de brujas dando el link a una página de *Climate Research* donde se listan los editores. Pero, a pesar de que el paper apenas si ha sido revisado, Mann comienza de inmediato a planear la retribución:

"Le dije a Mike [MacCracken] que yo creía que nuestra única opción era ignorar a este paper. Ellos ya han conseguido los que deseaban: afirmar que tienen un paper con 'peer review'. No hay nada que ahora podamos hacer al respecto, pero lo último que queremos es atraer la atención sobre este paper que será ignorado por la totalidad de la comunidad ... Está muy claro que aquí los escépticos han escenificado un 'coup', aún en presencia de una cantidad de personas razonables en el panel editorial (Whetton, Goodess, ...). Mi creencia es que Von Storch está en realidad con ellos (francamente, él es un individuo raro y no estoy tan seguro de que no sea él mismo un escéptico), y con von Storch de su lado ellos tendrían una poderosa personalidad promoviendo su nueva visión."

"Hubo varios papers de Pat Michaels, como también el paper de Soon y Bliunas, que no hubiesen podido ser publicados en una revista de reputación. Este era el peligro de criticar siempre a los escépticos por no publicar en 'la literatura con peer review'. Obviamente ellos encontraron una solución para ello -apoderarse de una revista."

Ahora vemos por qué que Mann y sus compinches están ahora tan acongojados: creían que su confortable club estaba libre de intrusos, dado que la única manera de desafiarlos era publicar en revistas con *peer review* – algo que ellos tenían férreamente controlado. Pero ahora que las fortificaciones han sido perforadas, todo el castillo de naipes está en grave peligro de venirse abajo. Mann sugiere de inmediato la total aniquilación de cualquier revista que osase desafiar su autoridad:

"De modo que, ¿qué hacemos ahora acerca de esto? Pienso que debemos dejar de considerar a Climate Research como una legítima revista científica con peer review. Quizás debiéramos alentar a nuestros colegas en la comunidad de investigadores del clima no enviar más papers, o citar estudios de esta revista. También necesitamos considerar qué le diremos o pediremos a nuestros colegas más razonables que están actualmente en el panel editorial."

Abril 23, 2003: email 1051156418
Tom Wigley escribe a una gran cantidad de colegas elaborando la idea de que cada paper crítico o escéptico publicado en la literatura con 'peer review' de relacionarse con una 'conspiración de los escépticos':

"Danny Harvey y yo hemos arbitrado [un paper del escéptico Patrick Michaels y colegas] y dijimos que debía ser rechazado. Cuestionamos al editor (otra vez De Freitas!) y respondió diciendo:

'El manuscrito fue revisado inicialmente por cinco árbitros. ... Los otros tres revisores, todos ellos reputados científicos atmosféricos estuvieron de acuerdo que debería publicarse sujeto a revisiones menores. Aún así usé una sexta persona para ayudarme a decidir. Yo seguí su consejo y el de los otros tres árbitros y envié el manuscrito de regreso para su revisión. Más tarde fue aceptado para publicación, el proceso de revisión de los pares fue más riguroso de lo usual.'

En la superficie esto se ve como normal –aunque como los árbitros que aconsejaron su rechazo es claro que Danny y yo debíamos haber sido mantenidos en el círculo para ver cómo nuestras críticas eran respondidas. "

Nuevamente Wigley perpetúa el arrogante mito de que este pequeño club de científicos debería tener el derecho de interferir en el proceso de revisión de los pares, y en última instancia vetar, **a todos y cada uno** de los estudios publicados en el campo de la climatología. Tal tipo de censura no es la manera en que una disciplina saludable de la ciencia opera; por cierto, cualquier disciplina científica que opera de esta mane-ra no es ciencia en lo absoluto, sino **un dogma religioso**. Sigue Wigley adentrándose en el pantano en el que está hoy atascado:

"Sospecho que de Freitas eligió deliberadamente otros árbitros que son miembros del campo escéptico. También sospecho que él hizo esto en otras ocasiones. Cómo manejar esto no está claro, ya que hay una cantidad de individuos con genuinas credenciales científicas que podrían ser usadas por un editor inescrupuloso para asegurarse de que la ciencia 'anti invernadero' pueda pasar el procesos de revisión de los pares (Legates, Balling, Lindzen, Baliunas, Soon, y otros). El proceso de 'peer review' está siendo abusado, pero probarlo será difícil."

Dos cosas. Probar el abuso del 'peer review' **ya ha sido hecho**, y el *Climategate* y los emails que hemos estado leyendo hasta aquí así lo demuestran sin la más mínima duda. Sólo era necesario que un 'soplón' dentro del CRU (hasta se sospechó del mismísimo Keith Briffa!) decidie-se poner en paz su conciencia y liberara al mundo las pruebas de la con-jura.

Luego hay una admisión complicada para Wigley: reconoce que estos escépticos tienen **credenciales científicas impecables**; que la única razón por la que se les debería prohibir revisar y arbitrar estudios para publicación en revistas científicas es que *no son partidarios del dogma del calentamiento global antropogénico*! Este email disipa toda duda de que este club tan confortable había redefinido el significado de '***pares***' para significar '***quienes concuerdan con nosotros***' –que es una impú-dica burla al concepto de la '***revisión por los pares.***'

La ironía final de todo esto, es que **escepticismo** no es un insulto científico, sino más bien un requisito esencial del método científico. Sólo en los debates fundamentalistas teológicos se califica al escepticismo como una herejía.

Los múltiples 'Gates' del IPCC

Después de que reventara el *Climategate* en los medios, muchos comenzaron a revisar al informe que el IPCC publicase en 2007, conocido como AR4, por '*Asessment Report 4*' o Cuarto Informe de Evaluación, varios meses después de hacer público su tradicional *Informe Para Políticos*, o 'Summary for Policymakers', que es lo único que la prensa y la inmensa mayoría de la gente lee. Y entonces comenzaron a florecer como los manzanos en primavera los informes que señalaban que muchas afirmaciones contundentes hechas por el IPCC, repetidas de manera constante por su jefe máximo, el ingeniero ferroviario Rajendra Pachauri, para probar que el cambio climático antrópico es real y peligroso. Además, en toda entrevista concedida por Pachauri a los medios repetía su cliché: "*El IPCC es una organización abierta y transparente, y todo su proceso de elaboración de los informes se basa en estudios científicos con estricta revisión por los pares.*"

En una conferencia que Pachauri dio en el famoso Commonwealth Club de San Francisco respondió a una pregunta sobre la validez de los informes del IPPC. Pachauri respondió:

> "*Esto está basado en literatura con revisión por los pares (peer review). Esa es la manera en que funciona el IPCC. **Nosotros no escogemos artículos de diarios y basados en eso llegamos nuestros descubrimientos**. Esto se basa en investigaciones muy rigurosas que han soportado la prueba del escrutinio a través de revisión por los pares.*"

A grandes rasgos, eso es lo que expresa la carta fundacional del IPCC, y es la manera en que ellos desarrollan su tarea –o dicen hacerlo. ¿Lo hacen como lo establecen sus propios reglamentos? Juzgue usted hasta dónde puede llegar la credibilidad científica del Panel Intergubernamental del Cambio Climático de las Naciones Unidas.

La verdad sea dicha, por lo menos tres artículos de diarios ganaron su lugar en el Informe AR4 2007,[1] al que –lógicamente- le dieron un Premio Nobel a la Paz. La Fundación Nobel de Suecia debería comenzar a investigar el feo olor de los guisos que el Comité de la Paz cocina en el Comité del Parlamento de Noruega. Los tres artículos de diarios son:

Woon, G. and D. Rose, 2004: *Why the whole island floods now*. **Nassau Guardian and Tribune**, November 25, 2004. [Accessed 09.05.07: http://www.unesco.org /csi/smis/siv/ Caribbean/bahart3-nassau.htm];

Kim, Q.S., 2004: *Industry Aims to Make Homes Disaster-Proof.* **Wall Street Journal**, 30 September2004.;
Wilgoren, J. and K.R. Roane, 1999: *Cold Showers, Rotting Food, the Lights, Then Dancing.* **New York Times**, A1. July 8, 1999.

La primera y segunda citas se refieren al rol que el sector de las aseguradoras tendrían que jugar con motivo del cambio climático y la subida del nivel del mar y el aumento de los huracanes; la tercera cita, de artículos del New York Times, como la única base para la idea que el IPCC tiene sobre el asunto provisión de electricidad en el cambio climático, dice: *"La electricidad no confiable, como en los vecindarios de las minorías durante la ola de calor de Nueva York de 1999, pueden amplificar la preocupación sobre la salud y la justicia ambiental."* Si lo dice el NYT...

Finalmente está la cita a un artículo de la revista The Economist, *"Pecados de los misioneros seculares".*[2] Lo cita cuando habla sobre Oxfam.[3] Dice el IPCC: *"Según The Economist (2000), una cuarta parte de los US$ 162 millones de ingresos de 1998 fue proporcionado por el gobierno de Británico y la Unión Europea."*

¿Realmente importan estas citas en el asunto de la falta de seriedad del IPCC? Así es. Importan *y mucho*, porque tomados en conjunto con las demás citas de trabajos *sin peer review* –del que tanto se vanaglorian *y no lo cumplen*- demuestran que las frecuentes afirmaciones de Pachauri y del lobby del cambio climático sobre que el IPCC se basa sólo y exclusivamente en literatura con revisión de los pares, y que revisan y escudriñan escrupulosamente cada una de las afirmaciones que hacen sus informes, es una falsedad comparable a un billete de once pesos.

Pero si esto ya es grave, vean como la cosa se pone peor. Hasta los primeros días de febrero 20101 se habían descubierto nueve citas a trabajos destinados a tesis doctorales o "masters" en ciencias, dos de los cuales no fueron publicados. También hubo 31 tesis doctorales o conferencias, una no publicada en ninguna parte, y tres que provienen de la Universidad de East Anglia. Del nido de víboras... A continuación la lista de citas:

Grupo de Trabajo I:

Crooks, S., 2004: Solar Influence On Climate. PhD Thesis, University of Oxford.
Foster, S.S., 2004: Reconstruction of Solar Irradiance Variations for use in Studies of Global Climate Change: Application of Recent SOHO Observations with Historic Data from the Greenwich Observatory. **PhD Thesis**, University of Southampton, Faculty of Science, Southampton, 231 p.
Oram, D.E., 1999: Trends of Long-Lived Anthropogenic Halocarbons in the Southern Hemisphere and Model Calculations of Global Emissions. **PhD Thesis, University of East Anglia**, Norwich, UK, 249 pp.

Eyer, M., 2004: Highly Resolved ä13C Measurements on CO2 in Air from Antarctic Ice Cores. **PhD Thesis**, University of Bern, 113 pp.

Foster, S., 2004: Reconstruction of Solar Irradiance Variations for Use in Studies of Global Climate Change: Application of Recent SOHO Observations with Historic Data from the Greenwich Ob-servatory. **Ph.D. Thesis**, University of Southampton, South-ampton, UK.

Driesschaert, E., 2005: Climate Change over the Next Millennia Using LOVECLIM, a New Earth System Model Including Polar Ice Sheets. **PhD Thesis**, Université Catholique de Louvain, Lou-vain-la-Neuve, Belgium, 214 pp, http://edoc.bib.ucl.ac.be:81/ETD-db/collection/available/BelnUcetd-10172005-185914/

Harder, M., 1996: Dynamik, Rauhigkeit und Alter des Meereises in der Arktis. **PhD Thesis**, Alfred-Wegener-Institut für Polar und Meeres-forschung, Bremerhaven, Germany, 124 pp

Jiang, Y.D., 2005: The Northward Shift of Climatic Belts in China du-ring the Last 50 Years, and the Possible Future Changes. **PhD The-sis**, Institute of Atmospheric Physics, China Academy of Science, Bei-jing, 137 pp.

Somot, S., 2005: Modélisation Climatique du Bassin Méditerranéen: Variabilité et Scénarios de Changement Climatique. **PhD Thesis**, Université Paul Sabatier, Toulouse, France, 333 pp.

Vérant, S., 2004: Etude des Dépressions sur l'Europe de l'Ouest : Climat Actuel et Changement Climatique. PhD thesis

Grupo de Trabajo II:

Masters:

Shibru, M., 2001: Pastoralism and cattle marketing: a case study of the Borana of southern Ethiopia, **Tesis de Master sin publicar**, Egerton University.

Wahab, H.M., 2005: The impact of geographical information system on environmental development, **MSc Tesis de Master sin publicar**, Faculty of Agriculture, Al-Azhar University, Cairo, 148 pp.

Gray, K.N., 1999: The impacts of drought on Yakima Valley irrigated agriculture and Seattle municipal and industrial water supply. **Tesis para Masters**, University of Washington, Seattle, Washington, 102 pp.

Schwörer, D.A., 1997: Bergführer und Klimaänderung: eine Unter-suchung im Berninagebiet über mögliche Auswirkungen einer Klimaänderung auf den Bergführerberuf (Mountain guides and climate change: an inquiry into possible effects of climatic change on the mountain guide trade in the Bernina region, Switzerland). Diplomar-beit der philosophisch-naturwissenscha-ftlichen Fakultät der Universi-tät Bern.

Doctorados:

Tulu, A.N., 1996: Determinants of malaria transmission in the highlands of Ethiopia: the impact of global warming on morbidity and mortality ascribed to malaria. **Tesis para PhD**, University of London, London, 301 pp.

Dessai, S., 2005: Robust adaptation decisions amid climate change uncertainties. **Tesis para PhD**, School of Environmental Sciences, University of East Anglia, Norwich, 281 pp.

Kaspar, F., 2003: Entwicklung und Unsicherheitsanalyse eines globalen hydrologischen Modells (Development and uncertainty analysis of a global hydrological model). **Disertación de PhD** University of Kassel, Germany, 139 pp.

Otter, H.S., 2000: Complex Adaptive Land Use Systems: An Inter-disciplinary Approach with Agent-based Models. **TEsis PhD sin publicar**, University of Twente, Enschede, the Netherlands, 245 pp.

Livermore, M.T.J., 2005: The potential impacts of climate change in Europe: the role of extreme temperature. **Tesis para PhD**, University of East Anglia, 436pp.

Anderson, B., 2004: The response of Ko Roimate o Hine Hukatere Franz Josef Glacier to climate change. **Tesis para PhD**, University of Canterbury, Christchurch.

Livermore, M.T.J., 2005: The Potential Impacts of Climate Change in Europe: The Role of Extreme Temperatures. **Tesis para Ph.D., University of East Anglia**, UK.

Klein Tank, A.M.G., 2004. Changing Temperature and Precipitation Extremes in Europe's Climate of the 20th Century. **Disertación para PhD**, University of Utrecht, Utrecht, 124 pp.

Winkels, A. 2004: Migratory livelihoods in Vietnam: vulnerability and the role of migrant livelihoods. **Tesis para PhD**, School of Environmental Sciences, **University of East Anglia**, Norwich, 239 pp.

Grupo de Trabajo III: Masters:

Bohm, M.C., 2006: Capture-ready power plants - Options, technologies and economics, **Tesis Master en Ciencias**, MIT., accedido el 05/06/07.

Duncan, A., 2005: Solar building developments. **Tesis de Master en Ciencias Aplicadas**, Massey University Library, Palmerston North, New Zealand.

Sekar, R.S., 2005: Carbon dioxide capture from coal-fired power plants: a real options analysis. **Tesis de Master en Ciencias**, MIT. accedido el 02/07/07

Banda, A., 2002: Electricity production from sugar industries in Africa: A case study of South Africa. M.Sc thesis, University of Cape Town, South Africa. Kaartinen, T., 2004: Sustainable disposal of residual fractions of MSW to future landfills. **Tesis Master en Ciencias**, Technical University of Helsinki, Espoo, Finland. En Finlandés.

Doctorados (PHD):

Kriegler, E., 2005: Imprecise probability analysis for integrated assessment of climate change. **Tesis para PhD** University of Potsdam, Germany.

Barreto, L., 2001: Technological learning in energy optimisation models and deployment of emerging technologies. **Tesis para PhD**, Swiss Federal Institute of Technology, Zurich, Switzerland.

Broek, R. van den, 2000: Sustainability of biomass electricity systems - An assessment of costs, macro-economic and environmental impacts in Nicaragua, Ireland and the Netherlands. **Tesis para PhD** , Utrecht University, 215 pp.

Bain, 2005: An analysis of energy consumption in Bangladesh. **Tesis para PhD**. Jadavpur University, Kolkata, India.

De Beer, J.G., 1998: Potential for industrial energy-efficiency improvement in the long term. **Disertación de PhD**, Utrecht University, Utrecht, The Netherlands.

Hoogwijk, M., 2004: On the Global and Regional Potential of Renewable Energy Sources. **Tesis para PhD**, Copernicus Institute, Utrecht University, March 12, 2004. 256 pp.

Sleutel, S., 2005: Carbon Sequestration in Cropland Soils: Recent Evolution and Potential of Alternative Management Options. **Tesis para PhD**, Ghent University, Ghent, Belgium.

Benitez-Ponce, P.C. 2005: Essays on the economics of forestry based carbon mitigation. **Tesis para PhDa**, Wageningen Agricultural University.

Beck-Friis, B.G. 2001: Emissions of ammonia, N2O, and CH4 during composting of organic household waste. **Tesis para PhD**, Swedish University of Agricultural Sciences, Uppsala, 331 pp.

Borjesson, G., 1996: Methane oxidation in landfill cover soils. **Tesis Doctoral**, Dept. of Mi-crobiology, Swedish University of Agricultural Sciences, Uppsala, Sweden.

Huber-Humer, M., 2004: Abatement of landfill methane emissions by microbial oxidation in biocovers made of compost. **Tesis para PhD**, University of Natural Resources and Applied Life Sciences (BOKU), Vienna, 279 pp.

Morris, J.R., 2001: Effects of waste composition on landfill processes under semi-arid conditions. **Tesis para PhD**, Faculty of Engineering, University of the Witwatersrand, Johan-nesburg, S. Africa. 1052 pp.

¿Qué confianza se puede tener en un organismo que se precia de "*revisar y escudriñar cuidadosamente toda la información científica*", cuando se comprueba que, después de que todos los científicos participantes del

Informe SAR de 2005 hubieron aprobado el texto de los borradores, el señor Ben Santer ***borró las conclusiones de todos los demás contribuyentes y las suplantó por las suyas*** –sin revisión por nadie y sin posibilidad de protesta por parte de los 3000 científicos que habían afirmado lo contrario- con la clara intención de hacer creer que son las actividades humanas las causantes del calentamiento global?

El hecho de que existía un fuerte disenso en la comunidad científica del clima; que algunas personas objetaban las mismas bases de las ampulosas afirmaciones del calentamiento global, no salieron a la luz pública durante todo el proceso. No supo la gente que el científico Ben Santer –fuertemente implicado en la conspiración del Climategate- había borrado la declaración conjunta de los científicos contribuyentes al informe Segundo Informe (SAR) de 1995 que expresaba que **no había evidencias que apuntaran al CO2 o a las actividades del hombre como causantes del calentamiento observado**, reemplazándolo por su famosa frase de **"se observa una discernible influencia humana sobre el clima de la Tierra."**

La conclusión es clara: **el IPCC y sus conclusiones tienen valor científico CERO.** Sus recomendaciones para mitigar el cambio climático (agudo infantilismo) tienen que tener la misma credibilidad, nuevamente, **CERO.** Este sentimiento de desconfianza fue haciéndose cada vez más fuerte a medida de que se revisaban las afirmaciones contenidas en el AR4 y se observaba que muchas citas a supuestos estudios con peer review provenían de revistas populares, manuales de turismo, o artículos de organizaciones del activismo ecologistas como WWF, Greenpeace y otras. Los temas cubiertos por estas publicaciones que no deberían tener cabida en un informe que pretende ser científico son varios, y cada uno creó a un nuevo 'Gate'. Veamos algunos de los más notables:

1. El 'GlacierGate'

El escándalo se inició cuando el Ministerio del Ambiente de la India publicó un informe sobre el estado de los glaciares del Himalaya rebatiendo la afirmación del AR4 que esos glaciares desaparecerían totalmente hacia el 2035. Indicaba el gobierno indio que el estado de los glaciares en la parte oriental de los Himalayas de la India había registrado un retroceso, proceso que había comenzado unos 100 a 150 años antes. También indicaba que los glaciares de la parte occidental mostraban un pequeño crecimiento.

Rajendra Pachauri respondió descalificando al informe oficial indio diciendo que era 'arrogante' y una muestra de 'ciencia vudú'. Entonces el Glaciergate explotó cuando alguien demostró que la referencia científica usada por el IPCC para su predicción del año 2035 se basaba en la información de una página web del ultraecologista World Wide Fund (WWF), sacada a su vez de una entrevista en 1999 a un glaciólogo indio, Syed Hasnain, que hizo un par de periodistas de la revista inglesa *The New Scientist*, y de la india *Down to Earth*.

Más adelante se comprobó que el experto indio Hasnain está contra-tado por el instituto TERI de la India (The Energy and Resources Institu-te), del cual **Pachauri es su director general**, originalmente fundado por el gigante de los automóviles de la India, Tata. Syed Hasnain es el experto en glaciares de TERI. Gracias al informe AR4 de 2007, la *Corporación Carnegie* y el Consejo de la Unión Europea concedieron a TERI, Pachauri y Hasnain un subsidio por 2,5 millones de euros para investigar un 'problema' *que ellos mismos habían inventado*.

La afirmación en el AR4 de que '*los glaciares en el Himalaya están retrocediendo más rápido que cualquier otra parte del mundo ... la posibilidad de que desaparezcan para el año 2035 y quizás antes es sumamente alta."*, por encima del 90%, influyó fuertemente para que el Comité del Nobel les otorgara el Premio Nobel de la Paz al IPCC, Pachauri y Al Gore. También contradecía claramente el reglamento del IPCC sobre uso de estudios con 'peer review' porque daba como referencia a un artículo que el mismo WWF reconoció luego que carecía de bases científicas y que provenía de las especulaciones de Hasnain en una entrevista de 1999a una revista popular!

2. El AmazonGate

Pisándole los talones apareció luego el Amazongate, otro blooper científico del IPCC. Esta vez se refería a la afirmación en el Capítulo 13[4] donde el Grupo de Trabajo II dice que '*el 40% de la jungla del Amazonas probablemente reaccionaría negativamente a siquiera una ligera reducción en las precipitaciones; esto significa que la vegetación tropical, hidrología y sistema climático en Sudamérica podría cambiar muy rápidamente a otro estado estable, no necesariamente produciendo cambios graduales entre la actual y la futura condición. (Rowell & Moore, 2000).'*

Revisando la referencia se ve: Rowell, A. y P.F. Moore, 2000; *Global Review of Forest Fires*. WWF/IUCN, Gland, Switzerland, 66 pp.[5] Esto no es otra cosa que otro informe del WWF, hecho en colaboración con el IUCN, la *Unión Internacional para la Conservación de la Naturaleza*, ONG activista ecológica socia del WWF. Un artículo de activistas en un sitio web no es una referencia científica con peer review y por ende no debería figurar entre las referencias del IPCC. Pero el asunto no para ahí.

El Dr. P.F. Moore es coordinador del proyecto del WWF y el *IUCN Fire Fight South-East Asia*, en Bogor, Indonesia. En su 'currículum vitae' Moore deja claro que no es un experto en el Amazonas sino que su experiencia se relaciona con "*el desarrollo de políticas alto nivel y adquisición de habilidades analíticas.*" Dice tener una fuerte comprensión de la administración gubernamental, revisión de leyes, análisis e investigaciones generadas a través de envolvimiento o manejo en el proceso del *Acuerdo Australiano sobre Regiones Forestales*, en pesquisas Parlamentarias y del Gobierno y presentaciones sobre precio del agua, etc, etc. Biólogo, botánico, científico? Nada de eso. Nada más que un buen burócrata.

El informe del Capítulo 13 del IPCC lo hallará en:
http://www.ipcc.ch/pdf/assessment-report/ar4/wg2/ar4-wg2-chapter13.pdf

¿Quizás el autor principal del informe referenciado por el IPCC sea un experimentado académico con un conocimiento directo de la cuenca del Amazonas? Na, na, tampoco.

Andy Rowell es un periodista free-lance y un activista verde que escribe ocasionalmente para *The Guardian* y *The Independent* de Londres. Su currículum indica que ha escrito informes sobre el ambiente, alimentos, asuntos de salud y globalización, y que tuvo activa participación en investigaciones como *Acción En Fumar y Salud*, la *Campaña para Niños Libres de Tabaco*, Amigos de la Tierra, Greenpeace, IFAW, el WWF y muchas más.

3. AfricaGate

No le bastaba al IPCC con dos errores gruesos en su lista de estu-dios científicos con peer review, que casi de inmediato saltó otro Gate: el de la afirmación de que '*algunos países africanos los rendimientos agrícolas se podrían reducir hasta en un 50% para el 2020.*' Esta afirmación fue repetida muchas veces por Rajendra Pachauri. Como mínimo, esta es una exageración alocada, referenciada a un grupo activista de Canadá, escrito por un oscuro académico de Marruecos que se especializa en el comercio de bonos de carbono, citando referencias que ni siquiera apoyan la afirmación.

A diferencia de los glaciares, que aparecen en el Capítulo 13 del Informe AR4, esta declaración del '*50 por ciento para el 2020*' aparece publicada en el *Resumen Para Políticos*, cuya producción estuvo bajo la supervisión directa de Rajendra Pachauri. Ha sido repetida hasta el hartazgo por él mismo en numerosos foros públicos. Por lo tanto Pachauri tiene la responsabilidad personal del error.

En septiembre 2009 Pachauri abrió la Conferencia del clima de Postdam diciendo: '*Les hablo con la voz de la comunidad científica mundial ...*'. En el nombre de esa comunidad Pachauri pronunció su discurso cargado de ejemplos de un inminente apocalipsis. Entre otras imprecisiones y falsedades (glaciares del Himalaya, futuro del Amazonas, seriedad y transparencia del IPCC, uso de estudios con peer review, etc), les advirtió que '*para 2020, en algunos países de África los rendimientos de los cultivos que dependen de las lluvias podrían reducirse en un 50%*'.

El Informe para Políticos, la Norma de Oro del Catastrofismo (sección 3.3.2), el informe se basa en la evaluación realizada por los tres Grupos de Trabajo y provee '*una visión integral del cambio climático.*' La afirmación ofrecida por el informe es apócrifa en tono y contexto, falsa hasta el tuétano. Aplicándola como está, a toda el África nos dice:

"*Para 2020, en algunos países los rendimientos de cultivos alimentados por las lluvias podrían reducirse en un 50%. La producción agrí-*

cola, incluyendo el acceso a los alimentos, en muchos países de África se proyecta como severamente comprometida. Esto afectará adversamente la seguridad alimentaria y exacerbará la desnutrición."

El informe da como referencia a Agoumi, A., 2003: *'Vulnerabilidad de los países del Norte de África a cambios climáticos: adaptación y estrategias de implementación para el cambio climático'.*

Ali Agoumi no es un científico relacionado con el clima. Aunque parece haber trabajado para el Ministerio de Manejo del Uso de la Tierra, Agua y Ambiente de Marruecos, resulta que se gana la vida con el tráfico de bonos de carbono dentro del mecanismo de 'desarrollo limpio' de las Naciones Unidas. Trabajó como consultor de Ecosecurities, una compañía especializada en el tráfico de bonos de carbono.

Luego, no hay ninguna investigación primaria en el trabajo de Agoumi: es un revisión de trabajos. Peor todavía, *se refiere a sólo tres países de África del Norte*: Argelia, Marruecos y Túnez mientras que el informe del IPCC **se aplica de manera genérica a toda el África**.

Vemos la referencia a los períodos de sequía pero la referencia al 50% de pérdida de rendimiento se aplica solamente a los granos. El informe del gobierno Marroquí es bastante explícito y parece prestar cierto apoyo a Agoumi. Esto se refiere a un solo país pero carece de alguna referencia a otra investigación por especialistas en agricultura. Sin embargo, el informe sobre Argelia[6] pinta un cuadro totalmente diferente. Sólo disponible en francés, en la página 85 se ve, y traduzco:

> *'El informe agricultura: 'Una nueva oportunidad para el crecimiento', elaborado en 1989 por el Banco Mundial y relativo a Argelia indica que la tasa de crecimiento media anual de la producción agrícola debe ser de 5,5%. Admitiendo esa tasa de crecimiento se puede deducir que la producción agrícola deberá **más que duplicarse** en el horizonte de 2020.'*

La frase final es la crucial, donde se declara que en base a la asumida tasa de crecimiento *'podemos concluir que la producción más que se duplicará para 2020.'* Más adelante vemos en el informe que el rendimiento óptimo para la temporada 2020 está estimado en *'casi un 30% [más] que lo obtenido durante el año agrícola 11995-1996.'*

También Túnez ofrece una imagen diferente.[7] No ofrece ninguna cifra para pérdidas en rendimientos agrícolas, pero al modificarse las tasas de evaporación y precipitación, dice, *'el calentamiento global probablemente afectará al balance hídrico del clima y por consiguiente a los recursos acuíferos de Túnez.'*

De esta manera, sigue el informe, *'...la intensificación de la evaporación puede llevar a un posible e importante aumento de las lluvias,'* aunque declara luego: *'Podría no ser suficiente para compensar la disminución de los recursos de agua dulce.'* En efecto, la imagen está mezclada pero las lluvias bien pueden incrementarse. Los rendimientos dependientes de la lluvia podrían aumentar de manera similar, posiblemente a expensas de los cultivos irrigados.

Regresando ahora al *Informe Resumen* de Pachauri y su afirmación de que *'para 2020, en algunos países los rendimientos de agricultura alimentada por lluvias podrían reducirse en un 50%'*, el único apoyo que tiene es la información de **un solo país**, sin embargo sin apoyo de estudios con peer review. Y esto confrontado por la información de un aumento de la producción de un país vecino. Mientras que en un tercer vecino se vería un aumento en las lluvias y el rendimiento de las cosechas. Pero los datos se aplican solamente a los rendimientos de los granos ***y no a las cosechas en general*** como lo implica el IPCC a través de su jefe Pachauri.

4. HolandaGate

Este 'gate' es una torpeza mayúscula. Curiosamente, no causó mayor conmoción porque parecería que ha sido tomado por todo el mundo como una de las tantas torpezas y muestra de incompetencia de los burócratas del IPCC, algo que se daban como algo natural. El Informe AR4 tiene esta declaración alarmista:

> *"Holanda es un ejemplo de un país altamente susceptible tanto al ascenso del nivel del mar como a las inundaciones fluviales porque el 5% de su territorio está por debajo del nivel del mar, y donde vive el 60% de su población y el 65% de sus Producto Nacional Bruto (PBI) es producido."*[8]

Pero el diario holandés Vrij Nederland informó: *'En su último Informe de Evaluación sobre los impactos del cambio climático muestra que el 55% de Holanda está por debajo del nivel del mar y que en esta área se produce el 65% del PBI. Estas cifras son demasiado altas. El Buró Central de Estadísticas (CBS) informa que sólo el 20% de Holanda está debajo del nivel del mar, y que allí sólo se genera el 19% del PBI.'*

El 19% del PBI es algo que se puede pasar por alto, si así lo quieren los burócratas del IPCC, pero el porcentaje del territorio bajo el nivel del mar es algo que lo saben hasta los niños de primaria en Holanda.

También se comprobó que el Climategate hizo algo que casi nadie hizo, aparte de sus redactores y algunos periodistas alarmistas: leer finalmente el Informe AR4 del IPCC –o que quienes lo leyeron no tenían ni la más mínima capacidad para comprender la enorme cantidad de errores y desatinos que están contenidos allí.

5. GreenpeaceGate

Este es un gate bastante perjudicial. En no menos de 8 lugares del AR4 las fuentes usadas para apoyar al calentamiento global antrópico no son otra cosa que extractos de folletos de Greenpeace. Aunque es notoria

por su acción como 'salvadora de ballenas', 'jaguares' y violenta oposi-
tora a las centrales nucleares, el cloro, los cultivos transgénicos, y todo
aquello que sirva para recaudar simpatías y donaciones, está muy lejos
de ser una organización científica o que use la ciencia para justificar sus
acciones. Por su-puesto, los folletos y literatura de Greenpeace carecen
de peer review. Sería como hacer un peer review a una revista de fantasía científica. Es una organización que tiene una agenda muy clara.
¿Contra qué? Cualquier cosa que haga el hombre industrial.

El Informe AR4 del IPCC afirma que el calentamiento global está en-
suciando a la Antártida con el calzado de los turistas! La referencia está
en la sección 15.7.2 del Grupo de Trabajo: *Activi-dad Económica y Sus-
tentabilidad en la Antártida.'*[9] La afirmación es:

*"Las múltiples presiones del cambio climático y la incrementada acti-
vidad humana en la Península Antártica representa una clara vulnerabilidad. (ver Sección 15.6.3), y ha necesitado la implementación de
estrictas medidas de descontaminación de vestimentas para los turistas que hacen pie en la Península Antártica (IAATO, 2005)."*

Y está referenciado de esta manera:

*IAATO, 2005: Actualización de directivas sobre descontaminación de
botas y ropas y la introducción y detección de enfermedades en la
vida silvestre de la Antártida. Perspectivas de IAATO. Paper provisto
por la Asociación Internacional de Operadores Turísticos de la Antártida (IAATO) al Encuentro Consultivo del Tratado Antártico (ATCM)
XXVIII. IAATO, 10 pp. - http://www.iaato.org/info.html*

El IPCC cita a directivas sobre limpieza de botas y ropas como evidencia
de que las "múltiples presiones del cambio climático... hicieron necesaria
la implementación de estrictas directivas de descontaminación de ropas'.
Por sí mismo esto sería risible, pero el problema es que el artículo *ni
siquiera menciona al cambio climático!* Ni una sola vez. Nada sobre el
calentamiento global, o el aumento de la temperatura. Increíble.

6. WikiGate

Si usted cree que los abogados del cambio climático son personas serias
que están dispuestas a discutir las evidencias en contra de su hipótesis
favorita, es que ya olvidó todo lo que acaba de leer recién. No sólo in-
tentaron controlar férreamente la literatura científica mediante el abuso
del sistema de peer review, sino que se han apoderado total y definitiva-
mente de una fuente de información que casi todo el mundo usa de manera constante: Wikipedia.

La prensa especializada trató muy profundamente el caso del Sr. William 'Wiki' Connolley, un ingeniero en informática especializado en soft-
ware, de Cambridge, Inglaterra. Hasta diciembre de 2007 Connolley fue

Funcionario Científico Senior en la *División de Ciencias Físicas* en el proyecto *Clima Antártico y Sistema de la Tierra* del *British Antarctic Survey*, donde trabajó como modelista del clima.

Connolley ha reescrito por su cuenta la historia climática de la Tierra que está escrita en todas las páginas en inglés de Wikipedia, y un grupo de sus colaboradores lo traducen y lo introducen en casi todos los demás idiomas importantes, y además hacen de perros guardianes impidiendo que nadie pueda alterar lo que Connolley haya escrito. Cualquier modificación que vaya en contra de la ortodoxia del cambo climático es borrada en menos de media hora. Mis aportes como editor de artículos de Wikipedia sobre el Período Cálido Medieval no duraron más de cinco minutos –y además me amenazaron con bloquear mi ingreso a sus páginas si insistía en hacer aportes que no aprobaran otros editores.

El problema es que la verdad científica sobre eses período es la base fundamental del Palo de Hockey y las intenciones del IPCC de hacerle creer a los políticos y a la gente que el calentamiento del Siglo 20 es inusual y sin precedentes en la historia climática de la Tierra.

Para defender al Palo de Hockey y a Michael Mann –'ocultar la declinación'- nueve científicos se unieron y fundaron el blog **Real Climate**.[10] El equipo está formado por Gavin Schmidt, Michael Mann, William Connolley, Eric Stieg, Stefan Rahmstorf, Ray Brad-ley, Amy Clement, Rasmus Benestad, y Caspar Amman.

Comenzando en febrero 2003, 'Wiki' Connolley[11] reescribió una gran cantidad de páginas en Wikipedia –alrededor de unas 5.428- sobre el calentamiento global e historia del clima terrestre, el efecto invernadero, el registro de las temperaturas globales, las islas de calor urbano, modelos del clima, y sobre el enfriamiento global. Comenzó editando a la Pequeña Edad de Hielo. Para agosto comenzó la desconstrucción del Período Cálido Medieval, borrándolo de la historia del clima. En octubre se dedicó al gráfico del Palo de Hockey.

Reescribió artículos sobre las políticas del calentamiento global y los científicos que eran escépticos de la hipótesis del IPCC. Richard Lindzen y Fred Singer, dos de los más distinguidos científicos del clima fueron sus primeros blancos de difamación, seguidos de otros que el grupo de Mann odiaba con todo ardor como Willi Soon y Sallie Baliunas, del Harvard-Smithsonian Center for Astrophysics, y autoridades en el Período Cálido Medieval.

Cuando Connolley no le gustaba el tema de algún artículo, lo borraba directamente. Más de 500 artículos desaparecieron de Wikipedia de esa manera censora. Cuando él desaprobaba los argumentos que otros hacían a menudo los eliminaba del sitio web –más de 2.000 autores que se cruzaron en su camino fueron bloqueados e impedidos de realizar futuras contribuciones.

A través del control de las páginas de Wikipedia –páginas que son consultadas por millones de personas para obtener información precisa y veraz; estudiantes de primaria, secundaria y universitarios, periodistas y políticos- Connolley ejerció un verdadero lavado de cerebros y un perfecto adoctrinamiento. Se dice que afirmaba *'He transformado a Wikipedia en el ala misionera del movimiento del calentamiento global.'*

Pero la guerra que Connolley llevaba contra quienes osaban enfrentarse con él, tenía que terminar mal. En julio 31, 2006, un artículo del New York Times describió a Connolley como *'la víctima de una guerra de editores en el calentamiento global, a la que él ha contribuido.'* En un momento del combate un comité de arbitraje de Wikipedia declaró que *'En numerosas ocasiones William M. Connolley ha abusado de sus herramientas de administrador actuando cuando era parte involucrada.'*

Finalmente el Comité de Arbitraje le quitó a Connoley su status de administrador el 13 de septiembre de 2009. Pocas semanas más tarde explotaba el ClimateGate. Pero sus cancerberos permanecen vigilantes y prestos a borrar cualquier ofensa o herejía contra la Iglesia del Cambio Climático. Todo ha servido para que en numerosas universidades del mundo muchos profesores reprueben los trabajos de estudiantes han usado a Wikipedia como su fuente de información.

Seguir analizando todos los Gates que estuvieron surgiendo –y que lo seguirán haciendo, sin dudas– haría necesario otro libro completo. De modo que terminaré mencionando algunos otros que podrán comprobar en todos sus detalles con sólo hacer una búsqueda en Google.

7. BoliviaGate
Mapas de NASA/GISS muestran a Bolivia con un fuerte calentamiento. La razón es que los registros usados para el cálculo no usan a ninguna estación meteorológica de Bolivia, descartando todas las que están en la altura de la Puna, muy frías, y las reemplazan por estaciones situadas en la costa de Perú y con otras de la selva Amazónica. Luego hacen una interpolación y, presto maestro! Bolivia muestra un hermoso calentamiento.

8. ChinaGate
Este fue más serio y se basa en un estudio de Phil Jones que usaba datos enviados por Wei-Chyung Wang, sobre el efecto de islas de calor urbano en China, donde no se observaba casi ningún calentamiento por ese motivo. Los datos originales de Wang nunca pudieron ser encontrados, y esto lo sabía Jones ya a principios de los años 90. Sin embargo su estudio aparece de manera prominente en los informes del IPCC.

9. EstacionesGate
Se trata de la reducción del número de estaciones usadas para componer el registro global, que pasó de unas 11.000 en la década de los 80, a 6.000 en 1990 y luego a unas 1.500 actuales. Luego la comprobación del censo de estaciones hechas por los voluntarios ayudantes del meteorólogo Anthony Watts sobre las condiciones técnicas de las de Estados

Unidos. El 85% de ellas no se adecuan a las normas de la Organización Meteorológica Internacional y muestran un sesgo al calor de entre 2 y hasta 5oC.[12] Los instrumentos de medición están, en su mayoría, emplazados en techos y azoteas en el medio de ciudades, o en cercanías de fuentes de calor como salidas de acondicionadores de aire, asadores, barriles para quemar basura, playas de estacionamiento, o en las cercanías de barreras de arboles o edificios que bloquean los vientos.

10. HuracánGate

El IPCC usa como referencia en su AR4 un estudio sin peer review y que fuera rechazado por los journals hasta que finalmente fue publicado en una revista popular un año después de ser dado como referencia por el IPCC. Al estudio se lo conoce como el *Estudio Jesucristo* porque fue 're-sucitado' para usarlo como referencia. Finalmente los mismos autores del paper retiraron sus conclusiones porque decían que sus evidencias no tenían la validez necesaria [13].

Referencias

1.   Woon, G. and D. Rose, 2004: *Why the whole island floods now.* Nassau Guardian and Tribune, November 25, 2004. [Accessed 09.05.07: http://www.unesco.org /csi/smis/siv/ Caribbean/bahart3-nassau.htm] ; Kim, Q.S., 2004: *Industry Aims to Make Homes Disaster-Proof.* Wall Street Journal, 30 September2004.; Wilgoren, J. and K.R. Roane, 1999: *Cold Showers, Rotting Food, the Lights, Then Dancing.* New York Times, A1. July 8, 1999.
2. Artículo del The Economist: http://www.ipcc.ch/publications_and_data/ar4/wg3/en/ch12s12-references.html
3. Cita a Oxfam: http://www.ipcc.ch/publications_and_data/ar4/wg3/en/ch12-ens12-2-3-3.html
4. IPCC AR4, Capítulo 13: http://www.ipcc.ch/pdf/assessment-report/ar4/wg2/ar4-wg2-chapter13.pdf
5. http://www.iucn.org/themes/fcp/publications/files/global_review_forest_fires.pdf
6. Informe sobre Argelia http://unfccc.int/resource/docs/natc/algnc1.pdf
7. Informe de rendimientos en Túnez: http://tinyurl.com/yjqt24o
8. http://www.ipcc.ch/publications_and_data/ar4/wg2/en/ch12s12-2-3.html
9. http://www.ipcc.ch/publications_and_data/ar4/wg2/en/ch15s15-7-2.html
10. http://www.realclimate.org/
11. http://en.wikipedia.org/wiki/William_Connolley
12. http://www.surfacestations.org/
13. http://bishophill.squarespace.com/blog/2008/8/11/caspar-and-the-jesus-paper.html

Capítulo 9

La Política de Kioto
y el Manejo entre Bambalinas

INTRODUCCIÓN AL G300

El Grupo de los 300, o G300 (así lo he bautizado a falta de un nombre oficial más apropiado), es un grupo compuesto por unas 300 a 400 personas que se conocen entre ellas personalmente, y determinan mediante su enorme poder económico y financiero, sus influencias políticas a través de funcionarios, empleados y agentes ubicados en posiciones claves de los más importantes gobiernos del mundo, cuáles serán las políticas económicas, financieras y sociales que se implementarán cada año en el mundo.

Antes de seguir adelante, esto que acabo de enunciar arriba será tomado como mi creencia en una **'conspiración'** mundial y encasillado dentro de los mitos urbanos o la llamada *'conspiranoia'*, neologismo que significa: *'paranoia inducida por creencia en conspiraciones'*. Este término, y la ridiculización de muchas teorías sobre conspiraciones son usados por quienes conspiran para lograr un objetivo y desestimar las acusaciones. No es misterio para nadie la existencia de cientos de sectas masónicas y de otro tipo que tienen una fuerte penetración e influencia en todos los niveles políticos y sociales de occidente. Nadie niega que los *'padres fundadores'* de las democracias americanas de los siglos 18 y 19 eran miembros de la masonería, desde Hamilton y Franklin hasta Bolívar y San Martín.

Hasta lo enseñan en las escuelas primarias nombrando a la Logia Lautaro –una entre decenas de la época. Sin embargo, las sectas prefieren mantener sus actividades en secreto y realizan sus actividades con

169

mucha discreción. Quienes se burlan y desestiman cualquier tipo de conspiración sufren de una ingenuidad candorosa nacida de un sentimiento de miedo a la inseguridad. Reconocer que las políticas del mundo están controladas y dictadas por grupos organizados que buscan imponer agendas en su propio beneficio, implica abandonar viejas creencias en que *'es el pueblo quien decide su futuro.'* No quieren aceptar que las conspiraciones pueden también ser definidas como *'un acuerdo entre caballeros'* algo que se practica en todos los Parlamentos del mundo y cuerpos donde hay que llegar a un acuerdo sobre cualquier asunto.

¿Cómo definirían entonces la presencia en el Congreso de los Estados Unidos de más de 1800 lobbistas cuya única misión es presionar, convencer o sobornar a senadores y representantes para que voten leyes que beneficiará a sus patrones?

Los historiadores no tienen ninguna duda de que la manera en que el mundo ha sido gobernado durante toda su historia ha sido mediante conspiraciones que tuvieron éxito, y quienes no lo tuvieron muchas veces pagaron con su vida, o la prisión, la osadía de conspirar contra otros grupos que detentaban el poder. La más influyente de las sectas u Órdenes es la de los *Illuminatis*, y aunque parezca increíble, siguen actuando como el primer día de su creación.

La Orden de los **Iluminados de Baviera** fue fundada el 1 de marzo de 1776 por Adam Weishaupt, un profesor de Derecho Canónico de la Universidad alemana de Ingolstadt. La expansión de la Orden se basaba en la premisa básica de conseguir la adhesión de elementos situados en posiciones sociales y económicas relevantes. Lógicamente no se traba de un club social para jugar a los naipes o practicar deportes. Los miembros de la secta recomendaban que se reclutase a alguien y ponían manos a la obra realizando discretas maniobras de aproximación al candidato.

En poco tiempo habían conseguido incorporar a personajes muy importantes como el Barón Adolf von Knigge, a los duques Luis Eduardo de Saxe-Gotha, al de Saxe Weiner, a los príncipes Ferdinand de Brunswick, a Karl de Hesse, al de Neiwud, a los condes von Papenheim y Stolberg, al barón de Dalberg, e incluso al escritor y poeta Wolfgang Goethe, cuyo nombre de guerra en la secta era *Abaris*.

Los Illuminati y los Francmasones impusieron el esquema de organización conformado por anillos concéntricos que caracteriza a las actuales agrupaciones financieras y tecnocráticas a nivel mundial.

Aunque hay muchos ingenuos que lo ignoran todo y dudan de la existencia de la masonería o sobre todo de los Illuminati, todo lo que se conoce sobre su origen proviene de la inmensa cantidad de documentación secuestrada por la policía de Baviera que finalmente detuvo y puso a disposición de la justicia a los miembros de los 'Iluminados', incluido Weishaupt. Las normas de la secta eran claras: *'es en la intimidad de las sociedades secretas donde ha de saberse preparar la opinión,'* y *'cada adepto debe llevar un diario donde anotará todas las particularidades concernientes a la persona con las que esté en relación'*.

Los objetivos de la Orden de los Illuminati estaban también escritos muy claramente y no dejan dudas sobre su objetivo: lograr el Poder Total.

*'De lo que se trata es de infiltrar a los iniciados en la Administración del Estado, bajo la cobertura del secreto, al objeto de que llegue el día en que, aunque las apariencias sean las mismas, **las cosas sean diferente**s'; 'En una palabra, es preciso establecer **un régimen de dominación universal**, una forma de gobierno que se extienda por todo el planeta. Es preciso conjuntar una legión de hombres infatigables en torno a las potencias de la tierra, para que extiendan por todas partes su labor siguiendo el plan de la Orden'.*

Como observé más arriba, es evidente que no se reunían para jugar a las cartas o comer asado. Se reunían para... *conspirar*. También es muy evidente que los objetivos de los Illuminati, el acceso al **Poder Total** para cambiar al mundo para que funcionase como a ellos les parecía que debería hacerlo, son los mismos objetivos de quienes emiten hoy opiniones relativas a la formación de *'un gobierno único mundial'*, la *'desaparición de las soberanías nacionales'* o la del *'estado nación'*, que tienen el mismo sonido y sentido que estás pocas muestras que se remontan ya a la década de los 90 y de los 70!

- *'La estructura que debe desaparecer es la nación,'* –**Edmond de Rothschild**, a la revista Enterprise en 1995.

- *'La única interrogante de nuestro tiempo no es si el Gobierno Mundial será alcanzado o no, sino si será alcanzado pacíficamente o con violencia. Se quiera o no, tendremos un gobierno mundial. La única cuestión es saber si será por concesión o por imposición'.* –**James Paul Warburg**, jefe del grupo financiero S.G. Warburg, miembro del CFR (*Council of Foreign Relations*) y la Round Table, a una comisión del Senado de los EEUU, en 1994.

- *'El poder ha de ser inevitablemente transferido de las naciones soberanas a instituciones supranacionales'* - **Gianni de Michelis**, ex-ministro italiano de Asuntos Exteriores y presidente del Instituto Aspen (un apéndice de la Comisión Trilateral), en declaraciones efectuadas al diario El País el 4 de abril de 1990.

- *'El socialismo moderno no dependerá de los teóricos o de los políticos, sino de los dirigentes de las empresas multinacionales'.* – **John Kennet Galbraith**, socialista fabiano, profesor de la Universidad de Harvard (feudo académico del Council on Foreign Relations y de la Comisión Trilateral), en declaraciones publicadas el 9 de marzo de 1977 por el diario *La Vanguardia* de España.

La Orden de los Iluminatis fue declarada ilegal en 1784 por el Elector de Baviera, y su fundador desterrado pero, una vez conocido el alcance de la trama iluminista, condenado a muerte. Pero Weishaupt consiguió evadirse a la corte del duque Eduardo de Saxe-Gotha, uno de sus adeptos, que le nombró su consejero y le confió la educación de su heredero. La Orden se tranquilizó un par de años pero sus acólitos ya habían llevado el pensa-miento a Francia donde los Illuminati tuvieron un papel fundamental en la Revolución Francesa de 1789.

En efecto, en 1786 vuelven a aparecer en una reunión que tuvo lugar en Frankfurt, casa matriz de los Rothschild, y en la que se gestaron los preparativos de la Revolución Francesa. Allí fue acordada la muerte de Luis XVI y la creación de la Guardia Nacional republicana, y desde allí se impartieron las correspondientes órdenes a las logias militares francesas para que, llegado el momento, no obstaculizaran el desarrollo del proceso revolucionario.

Sin embargo todavía hay personas que niegan la existencia de las conspiraciones, y que las relegan al terreno de las novelas tipo Alejandro Dumas o, más recientemente, Ian Fleming y su personaje James Bond. Para desestimar la posibilidad de una conspiración mundial por el calentamiento global y su invención como un medio de impulsar al *Gobierno Único Mundial* usan la palabra: **conspiranoia**. No conocen de historia, claro. En la revista *Humanisme*, mayo de 1975, el Gran Maestre del Gran Oriente de Francia, M. Béhar, escribe:

> *'En Francia, es en el seno de las logias masónicas donde se elaboraron las ideas que han sido en buena medida el motor de la revolución burguesa de 1789'*; a lo que la propia revista añadía: *'Es conveniente recordar que la francmasonería está en el origen de la Revolución Francesa ... Durante los años que precedieron a la caída de la monarquía, la Declaración de los Derechos del Hombre y la Constitución fueron larga y minuciosamente elaboradas en las logias masónicas.*

Es decir, los masones no se reunían a beber champagne y jugar al bridge. Se reunían a... **conspirar**. Más concreto es un francmasón de renombre, el Dr. Encausse, que en su obra *'Traité élémentaire d'occultisme'* nos deja esto:

> *'Hay ingenuos que abren los libros de Historia donde se encuentra una idílica imagen representando a un señor que gesticula y que grita ¡A la Bastilla! Esos incautos se figuran simplemente que la toma de la Bastilla se efectuó gracias al furor popular desencadenado por el gesto soberbio del tribuno. Sin embargo, yo lamento decirles que se engañan grandemente, pues hicieron falta cuarenta y dos años para preparar el grito de Camille Desmoulins. Para tomar la Bastilla a la orden masónica; hizo falta asegurarse la complicidad de los más altos*

servidores del rey; y se necesitó que los cañones que sirvieron para la toma de la Bastilla fueran transportados a los Inválidos quince días antes por hombres entregados a la causa. En fin, fue preciso orquestar una revuelta y lanzar a los parisinos al asalto de la fortaleza del Estado'.

¿Se trató de una conspiración? Nadie firmó en 1789 un recibo diciendo *'nosotros conspiramos para derrocar al Rey'*. No hacía falta. Saltaba a la vista –por lo menos de quienes no son de **esos ciegos que se niegan a ver el tren que se les viene encima**.

Pero, como se me ocurre a mí, la mayoría de las veces ni siquiera es necesario un complot con todas las de la ley, con reuniones secretas, espías, y pasadizos oscuros y siniestros. Todo lo que es necesario es *'un acuerdo entre caballeros'*. O el famoso inglés *'A gentlemen agreement'*. La idea es hacernos con el Poder, pero el Poder Total. Luego veremos cómo lo repartimos y qué recompensa le damos a los *'idiotas útiles'* que nos ayudaron. Muchas veces será necesario eliminarlos de la manera que más nos convenga.

El asunto de las sectas, grupos, asociaciones, fundaciones, etc, que tienen influencia en el diseño de las políticas económicas y de todo tipo, es como un gigantesco rompecabezas que debemos ir armando con paciencia y usando diversas técnicas para reconocer, clasificar y ordenar las piezas para ubicarlas en su lugar adecuado. De tal forma podremos ir viendo si la imagen del rompecabezas que estamos armando corresponde a un jefe Sioux o a un barquito a vela en la Bahía de Nápoles. Las primeras piezas son siempre las más difíciles de hacer coincidir entre ellas.

Siempre se comienza identificando las piezas que constituyen las cuatro esquinas y todas las que forman los bordes. Luego se van ordenando por colores y tonos, las que corresponden al cielo, agua del mar, césped, paredes si las hay, flores, árboles, etc.

La clasificación de las piezas del rompecabezas **G300** se hace ordenando noticias por fecha y lugar de ocurrencia, personajes que intervienen, y se buscan conexiones con personajes y sucesos ocurridos antes, durante y después del período que se analiza. Cuando muchas de estas noticias, y las conclusiones que se obtienen encajan con muchas otras, una imagen comienza a aparecer y facilita la subsiguiente identificación de otras piezas: noticias y sucesos que de otra manera hubiesen pasado desapercibidas para el ojo no entrenado del investigador de la historia. Y siempre aparece un *'arrepentido'* o infiltrado en las filas de los conspiradores que provee información valiosa, de primera mano que ayuda a levantar el velo del secreto.

Un ejemplo clásico es el de *'Deep throat'* en 1971, el informador secreto que suministró los detalles a los periodistas del Washington Post que terminó en el escándalo Watergate y la destitución del Presidente Richard Nixon.

El G300 tiene un poder que alcanza a infiltrar todos los servicios secretos y agencias de seguridad del planeta, ya sea la CIA, Mossad, MI-6, KGB, y los gobiernos o personajes que resultan molestos o inconvenientes a sus planes son eliminados de la manera más eficiente conocida. ¿Quién podría tener, si no, interés en eliminar a John Kennedy, a Olof Plame, el primer ministro sueco cuando investigaba a los carteles de armas de Suecia; al presidente Torrijos de Panamá, el sospechoso accidente aéreo donde murió Enrico Mattei, presidente de AGIP luego de que hubiese concertado arreglos con Rusia para la explotación del petróleo de Bakú en clara afrenta a las famosas 'Siete Hermanas' el cartel petrolero de entonces, o el intento de asesinato al Papa Wojtila, y a cientos de asesinatos que han sido achacados a accidentes o 'suicidios'?

Este grupo es el responsable del uso del movimiento ecologista internacional como herramienta geopolítica para consolidar el nuevo status neocolonial al que han sometido a los países menos desarrollados. Su esquema básico de operaciones es la conformación de un cartel de bancos, entre los que se incluyen a diversos bancos Centrales del mundo. No hay poder económico o financiero que se les pueda oponer. Este grupo tiene la facultad de **'crear dinero de la nada'** (el llamado dinero 'Mandrake'[1]) y corromper a cualquier persona que sea necesario.

No es tras el dinero que ellos van. Van en pos del PODER. Por el poder mismo. Su meta es el Poder Absoluto. Irrestricto. Dijo George Orwell en *1984*, *'Las revoluciones no se hacen para alcanzar el Poder; se hacen para **imponer la tiranía** a través del Poder.'*

Dado que sus miembros están imbuidos de la eugenésica y racista filosofía maltusiana, el principal enemigo que reconocen es la población en crecimiento en los países del Tercer Mundo. Entre sus acciones más notables para eliminar a este enemigo, se cuentan las campañas y subsiguientes prohibiciones de productos que eran *'demasiado útiles a la humanidad'* y facilitaban su crecimiento, como el DDT, los CFC, diversas sustancias químicas fundamentales para el desarrollo industrial y la salubridad pública, y finalmente el diseño y puesta en práctica del Protocolo de Kioto tendiente a la reducción de la actividad industrial y comercial a nivel mundial mediante el **control absoluto de la generación y venta de la energía.**

Ordenando las piezas

Walter Rathenau, entonces Canciller Alemán durante la República de Weimar, escribió un artículo publicado el 24 de diciembre de 1921 en el *Wiener Press*, donde realizaba un sorprendente e indiscreto comentario que terminaría costándole la vida seis meses más tarde:

---

[1] Adrián Salbuchi, *"Argentina: ¿colonia financiera?"*, Ediciones del copista, Córdoba. Argentina. (2000)

'Solamente 300 hombres, cada uno de los cuales conoce personal-mente a los otros, gobiernan de hecho a Europa. Ellos eligen a sus sucesores entre los miembros de su propio entorno. Esos hombres tienen en sus manos el poder para impedir o terminar con cualquier estado de cosas que consideran irracional.' [2]

En abril de 1922 Rathenau firmó el Tratado de Rapallo, por el cual Rusia perdonaba a Alemania los pagos de reparación de guerra a cambio de tecnología industrial. Inglaterra protestó airadamente porque el tratado había sido elaborado a sus espaldas, y preveía el desarrollo de los campos petrolíferos de Bakú – sin intervención británica – lo que favore-cía enormemente a Alemania y perjudicaría de manera especial al grupo de 300 hombres que Rathenau denunciaba, que otros analistas conocen como el *'Comité de los 300'.*

Walter Rathenau fue asesinado misteriosamente en junio de 1922, dos meses después de firmado el tratado con Rusia, y seis meses después de haber osado mencionar públicamente la existencia del misterioso grupo. Los asesinos de Rathenau fueron arrestados de inmediato pero, de manera significativa, la policía anunció más tarde que se habían *'suicidado'*, de modo que los móviles del asesinato y sus instigadores permanecerán para siempre en el misterio. A partir de este hecho se perdió toda posibilidad de recuperación económica de Alemania y se inicia de inmediato la declina-ción del valor del marco alemán: en diciembre de 1922 el marco cotizaba *7592 por Dólar*, y en enero de 1923 Alemania se declaró en cesación de pago. Para noviembre de 1923, el Dólar cotizaba a **50 billones** de Marcos. La primera y más grande hipe-rinflación de la historia se había desencadenado por obra y gracia del G300.

La semejanza de este asesinato con otros asesinatos políticos famosos es impactante. John Kennedy, Indira Ghandi, Olof Palme (su asesino también se 'suicidó' en la celda), cuyos autores intelectuales permanecen en el anonimato, indica que no es necesario tener una imaginación afiebrada para relacionarlos con un poder oculto en las sombras, al que se puede identificar genéricamente como el G300. Las personas molestas, que hacen declaraciones inoportunas, proponen políticas inconvenientes para el grupo, son peligrosas y deben ser eliminadas. La eliminación de estas personas son *'medidas profilácticas'* necesarias para la supervivencia de un especial modo de vida de unas pocas personas que se han apoderado virtualmente del mundo.

Complots y Conspiraciones

El complot, la conspiración, han sido desde siempre el más eficaz método de acceder al poder y mantenerse en él, enriquecerse, y crear más poder

---

[2] John Coleman, 1997, "The Conspirators' Hierarchy: The Commitee of 300," Editorial WIR. Joseph Holding Corp., Carson City, pp. 637.

todavía, y acumular más riquezas, en un círculo vicioso en donde las Revoluciones más famosas apenas si han sido cuartelazos con un cambio de funcionarios. La riqueza y el Poder siempre se han mantenido fuera del alcance de las clases menos favorecidas, es decir, la clase media y la proletaria.

Hay quienes creen aún que la Democracia tiene los mecanismos y las instituciones apropiadas para defenderse y evitar ser copada por grupos inescrupulosos como el G300, y que tienen la tendencia a creer que los gobiernos pueden, como 'representantes' del pueblo, controlar los precios y los salarios por medio de decretos y leyes; creen que las medidas de 'corto plazo' pueden tener éxito para contribuir a la salud económica de una nación, y que los gobiernos 'democráticos' tienen la capacidad y habilidad de manejar los parámetros de las economías nacionales y, en armonía con otros gobiernos, los parámetros de las economías del mundo entero. Funciona, pero nunca en beneficio del ciudadano común, el mismo que votó a esos políticos.

En esta tónica, esta gente un tanto ingenua, también parece creer que las previsiones y artículos del Tratado de Kioto pueden llegar a tener algún efecto sobre las emisiones de dióxido de carbono y los niveles de este gas en la atmósfera – y con ello detener un 'no-problema' conocido como 'calentamiento global' y el 'cambio climático catastrófico'. Todo parece indicar que esta gente tiene una fuerte tendencia a creer en los Reyes Magos. Sigamos ordenando las piezas del rompecabezas para ver si la imagen se trata de un barquito a vela o de un jefe Sioux.

Guerras y el Dinero Mandrake

Los miembros del G300 son dueños de cientos de fundaciones 'filantrópicas' y 'sin fines de lucro', que en realidad son una muy elegante manera de evitar pagar impuestos al gobierno y contribuir ese dinero a organizaciones que siguen sus precisas instrucciones para aumentar y consolidar su absoluto dominio de la economía mundial.

También es el G300 el controlador del *Cartel de Banqueros* que a su vez controla las finanzas mundiales y dicta las políticas monetarias de los Bancos Centrales de cada nación del planeta, con excepción de algunos pequeños países fuera del sistema como Cuba, Laos, o que carecen de importancia en el concierto mundial.

El *'Dinero Mandrake'* es el dinero que los banqueros, usando la magia del mago Mandrake, **crean a partir de la nada**. Esto va en contra de cualquiera de las leyes de la termodinámica, en cuanto a que 'nada se crea, todo se transforma,' por lo cual sería imposible crear riqueza de la nada. Equivocado: **Los bancos sí pueden.**

El mecanismo es muy sencillo, pero si lo hace la gente común dará con sus huesos en prisión. Desde hacen muchos siglos los **prestamistas** (eufemismo por 'banquero') se dieron cuenta que el peligro de ser robados en sus casas y castillos por bandas de forajidos, hizo que los poderosos y los ricos les confiaran sus monedas de oro y otras riquezas para ser guardadas en custodia en bóvedas a prueba de asaltos, y a cambio de ese servicio se les recompensaba con un cierto 'interés'. Como la antigua religión Cristiana prohibía a los fieles prestar dinero a interés, ningún católico sentía deseos de prestar dinero y arriesgarse a que no se lo devolviesen, y que su *'amor al prójimo'* les llevase a la ruina. Los cristianos no prestaban dinero, cosa que sí hacían los judíos ya que no tenían esa restricción religiosa, con lo que demostraron ser más prácticos y más inteligentes que los cristianos.

De allí que las dinastías banqueras tengan un reconocido origen judío. Nada tengo en contra de la religión ni la raza judía, por supuesto, pero hace mucho que he perdido mi ingenuidad.

También se dieron cuenta los banqueros de que sus clientes les pedían en devolución un promedio del 10% de las monedas de oro entregadas en depósito, de modo que comenzaron a prestar el 90% del capital entregado en custodia –sin conocimiento de sus patrocinadores. De esa forma, por ejemplo, prestaban esas 90 monedas de oro, sabiendo (o esperando) que se las devolverían en tiempo y forma, con un suculento interés que compensaba la angustia de correr el riesgo de que sus depositantes supiesen del juego, y realizaran 'una corrida' hasta su banco para exigir la devolución de las monedas.

Para minimizar el riesgo de no contar con las monedas suficientes para devolver en caso de un reclamo inesperado, rara vez hacían los préstamos en metálico –las monedas de oro en sí – sino que lo hacían en forma de *'promesas de pago'* escritas sobre un papel vistoso, lo que hoy se conoce como *'pagaré'*, *'cheque'*, o más comúnmente *'papel moneda'* o *'billetes de banco'*.

Todas esas formas financieras de pago no son sino *'promesas de pagar una cierta cantidad de oro cuando sea reclamada'*. Con ese mecanismo, los banqueros podían multiplicar su capital de manera virtual hasta el infinito porque esas 90 monedas de oro servían para *'garantizar'* innumerables operaciones de 90 monedas, que sólo se les reclamarían 10 alguna vez –de acuerdo a la experiencia comprobada.

Así era frecuente que, de las originales 100 monedas de oro, el banquero hubiese realizado préstamos por un valor de mil o 10.000 o *un millón de monedas*. Lo importante era que el deudor pagase en término su préstamo para no correr el riesgo de no poder entregar el 10% del dinero que era reclamable por los depositantes. Se comprueba con claridad que en pocos años de 'honesta' actividad bancaria un capital inicial de 100 monedas de oro se podía convertir en un capital nominal de *un millón de monedas* – de las cuales *999.990 habían sido creadas de la nada*, pero hechas realidad por los que habían pagado sus préstamos en tiempo y forma.

Es fácil imaginar que todo el sistema financiero es tan frágil como una pompa de jabón en donde está encerrada esa cosa tan volátil que se llama **confianza**, vigilada muy de cerca por esos hermanos que se llaman **miedo y pánico**. Normalmente, **confianza** mantiene a los her-

177

manos **'miedo y pánico'** a prudente distancia, pero si alguna noticia permite que 'miedo y pánico' salten sobre 'confianza', entonces el sistema financiero mundial, esa pompa de jabón que flota en una selva de alfileres, se desvanecerá en el aire dejando una hecatombe social en pleno desarrollo. El sistema bancario, se vendrá abajo como un castillo de naipes ante el paso del huracán Katrina.

Las técnicas financieras fueron variando y perfeccionándose hasta nuestros días, en que los banqueros **hacen que los gobiernos afronten sus pérdidas.** Los banqueros tienen 'simpatizantes' (comprados, alquilados o como socios) en los Congresos de todas partes del mundo que se ocuparon de emitir leyes que 'protegerían' a los depositantes de los desaciertos de los banqueros, haciendo que **el Estado garantizara los fondos depositados en los bancos.** Una clara estafa a la confianza de los ciudadanos.

Claro que para eso usan el dinero de los depositantes, que son quienes forman el Estado. Los banqueros **jamás pierden**. Se cobran del dinero de la gente. Toda la nación Argentina lo pudo comprobar como consecuencia de la crisis financiera de diciembre del 2001. Los bancos, avisados de antemano, se apoderaron de los depósitos de sus ingenuos clientes y los enviaron al exterior **-en efectivo**. 'Containers' repletos de dólares en billetes. Cientos de toneladas de billetes. Millones de sueños argentinos perdidos para siempre. Robados con impunidad total. Cuando los jueces hicieron abrir las bóvedas de los bancos para embargar dinero en efectivo, no hallaron ni siquiera el queso para los ratones. Quienes tienen la mala suerte de ser asiduos concurrentes a los casinos lo tienen muy claro: **la Banca jamás pierde!**

Un ejemplo mucho más reciente es el salvataje financiero o _bailout_ encarado por el gobierno de Barack Obama para salvar de la quiebra (fraudulenta, claro, si dejaban seguir las cosas) a las corporaciones bancarias y financieras de los Estados Unidos, como consecuencia de la hecatombe financiera causada por los mismos bancos y sus peculiares prácticas de prestar dinero a los desempleados insolventes, hacer hipotecas sobre esos préstamos y organizar paquetes de inversión con fantasiosos nombres y cargados de esas hipotecas incobrables que terminan reventando como pompas de jabón. Es lo que muchos economistas serios y juiciosos venían advirtiendo desde 1990 y que llamaban la 'burbuja de los derivados financieros.' ¿De dónde obtiene Barack Obama el dinero (trillones de dólares!)? Se los 'presta' la Reserva Federal de los EEUU, su banco central, que lo imprime alegremente sin ningún tipo de respaldo de oro, o cualquier otro activo o commodity! _Dinero Mandrake_. Y hemos dado una vuelta mortal hacia atrás y vuelto a caer en el punto de partida. Y los ciudadanos americanos todavía se preguntan por qué los precios del supermercado siguen subiendo, y subiendo...

Dinastías de banqueros

Todo comienza con la fundación de las dinastías de banqueros en Europa, en especial las dinastías Rothschild, Baring, Warburg, Lazard, Seligman, Schroder, Speyer, Morgan, etc. También forma parte de la historia del cartel de banqueros la creación del Banco de Inglaterra, que necesitaba canalizar las ganancias logradas por la Revolución Industrial y su incipiente Imperio Colonial, hacia actividades que consolidaran el Imperio y la dominación de mercados a escala mundial. El Banco de Inglaterra se creó para financiar las guerras coloniales de conquista de territorios, y más tarde para las guerras entre estados europeos, como las Napoleónicas, la Franco Prusiana de 1870, la Primera y la Segunda Guerra Mundial.

Los banqueros, reunidos en cartel financiero, decidían a quienes apoyar con sus préstamos y a quienes hundir negándoles su ayuda. Se recuerda que la viuda de Meyer Amschel Rothschild, el fundador de la dinastía Rothschild, escribió en 1847: *'No se preocupe usted; no habrá guerra en Europa. Mis hijos no proveerán el dinero para ello.'*

El historiador y analista W. Cleon Skousen describe en su libro 'El Capitalista Desnudo' [3], el desarrollo de las dinastías financieras de J. P. Morgan y los Rockefeller en los Estados Unidos y la manera en que consiguen crear el sistema de la Reserva Federal de los EE.UU, y usarlo en su propio beneficio. Se pregunta el autor *'¿Quién controla la Reserva Federal?, ¿Cuáles son las metas de la Reserva Federal y de los demás bancos centrales? ¿Cuáles son las metas de las familias de banqueros internacionales que controlan a los bancos centrales?'* Inquietantes preguntas, por cierto, pero mucho más lo son las respuestas. En cuanto a 'quién controla a la Reserva Federal', Skousen prefiere explicar primero quien **no la controla**: el gobierno de los EE.UU., y lo explica:

> *'Según lo hemos señalado antes, en Inglaterra las dinastías de las 'familias de banqueros' establecieron su control monopólico sobre las finanzas cuando fundaron al Banco de Inglaterra como una institución privada con la apariencia de una institución gubernamental oficial. Se habían creado centros de control financiero similares en Francia, Alemania, Italia y Suiza.'*

Más tarde nos explica que el sistema de la Reserva Federal está compuesto de doce 'Bancos Nacionales' aunque el único que tiene alguna importancia es el de la ciudad de Nueva York. Según Skousen, **'este banco fue siempre administrado por alguien que congeniara por entero con los intereses de los bancos internacionales'**. Se refiere

---

[3] W. Cleon Skousen, "The Naked Capitalist", 1970, edición del autor.

al primer presidente de la Reserva Federal de Nueva York, Benjamín Strong, diciendo lo siguiente:

> *'Strong debía su carrera a los favores del Banco Morgan... en 1914 fue designado presidente del banco Reserva Federal de Nueva York, nombrado conjuntamente por Morgan y por Kuhn, Loeb y Compañía. Dos años más tarde Strong conoció a Montagu Norman y en esa ocasión acordaron inmediatamente colaborar bajo prácticas financieras que ambos reverenciaban.'* [4]

Montagu Norman era entonces el presidente del banco de Inglaterra, y el mentor de J.P. Morgan, quien le reverenciaba por haber sido el promotor de su carrera como banquero. Pero lo inquietante eran las *'prácticas financieras reverenciadas'* por la Reserva Federal y los demás bancos centrales. Los banqueros internacionales querían usar el poder financiero de Estados Unidos e Inglaterra para forzar a todos los otros países importantes a operar *'a través de bancos centrales libres de todo control político, con capacidad para resolver todas las cuestiones financieras internacionales mediante mutuos convenios, sin interferencia alguna por parte de los gobiernos'.* [5] Quigley describe las metas de más alto nivel de las dinastías de banqueros de la siguiente forma:

> *'... nada menos que crear un sistema mundial de control financiero en manos privadas capaz de dominar al SISTEMA POLÍTICO de cada país y la ECONOMÍA DEL MUNDO, entendido como un todo. Este sistema debía controlarse a la manera feudal, con los bancos centrales del mundo actuando en forma concertada mediante convenios secretos fijados a partir de reuniones y conferencias frecuentes y privadas.*
>
> *El eje del sistema sería el Banco de Pagos Internacionales (BIS) con sede en Basilea, Suiza, conformado por un banco privado propiedad de los bancos centrales del mundo y controlado por ellos, los que a su vez constituían sociedades privadas.*
>
> *En manos de hombres del calibre de Montagu Norman del Banco de Inglaterra, Benjamín Strong de la Reserva Federal de Nueva York, Charles Brist del Banco de Francia, y Hjalmar Schacht del Reichsbank, cada banco central buscaba dominar a su gobierno mediante su habilidad de controlar los préstamos al Tesoro, manipular divisas, influir en el nivel de la actividad económica del país y actuar sobre los políticos dispuestos a colaborar por medio de recompensas en el mundo de los negocios'.* [6]

---

[4] Carroll Quigley, 1966, Tragedy and Hope, Macmillan, NY. pág. 236
[5] Carroll Quigley, op. cit. pág. 326
[6] Carroll Quigley, op. cit. pág. 324

También se pregunta Skousen sobre las metas propias de las familias dinásticas de banqueros que han conformado el poderoso cartel mundial de banqueros que se ha adueñado de la economía del planeta. Nos asegura Skousen algo que eriza los cabellos de la nuca a cualquiera que creía vivir en un mundo donde *'el pueblo elige sus representantes y es soberano en sus decisiones'*:

> *'Existe un creciente volumen de pruebas que corroboran que los altos centros de poder político y económico han estado forzando a toda la raza humana hacia una **sociedad global, socialista, de orientación dictatorial**. Lo más incomprensible es el hecho de que este desplazamiento hacia la dictadura, con su inevitable destrucción de mil años de luchas para lograr la libertad humana, está siendo tramada, promovida e implementada por los líderes y los 'super-ricos' de las naciones libres, cuyas posiciones de influencia los hacen aparecer como los principales beneficiarios de una sociedad de libre empresa, orientada hacia la propiedad, una sociedad abierta en la que se ha logrado tanto progreso. Sobre todo, ellos deberían saber que, para que este sistema sobreviva, deben preservarse la libertad de acción y la integridad del derecho de propiedad. ¿Por qué, entonces, los supercapitalistas intentan destruir estos derechos?'*

El Dr. Quigley, como **iniciado y colaborador del G300** da una respuesta tan asombrosa que parece, a primera vista, virtualmente inconcebible. La lógica se hace evidente después que se reúnen y se integran todas las referencias dispersas que existen sobre el tema, es decir, cuando se comienza a distinguir la imagen siniestra que muestra el rompecabezas a medio armar: *Que la jerarquía mundial de la dinastía de banqueros y los super-ricos tienen como meta es apoderarse de todo el planeta, y que lo harían mediante una legislación socialista si viene al caso, pero sin rehuir a recurrir a una revolución comunista si fuera necesario.'*

El Sr. Skousen dedica una gran porción de su libro describiendo la manera precisa en que las elites bancarias y financieras prepararon el terreno, y llevaron al poder y luego consolidaron a Stalin y Lenin, en Rusia, a Hitler en Alemania, y a Mao Tse Tung en China. ¿Qué podemos esperar de estas personas que llevaron al poder a los tres más sanguinarios tiranos del Siglo 20 y los hicieron confrontar entre ellos para beneficio de sus negocios y su poder universal. Hay que reconocer la razón que tenía Victor Hugo cuando exclamaba en el Siglo 19: *'Pobre gente! Creen que mueren por la Patria, cuando en realidad mueren por unos pocos industriales.'* Que son parte del G300.

Grupos de Influencia

Nos proporciona W. Cleon Skousen una descripción de un grupo de inluencia conocido como el ***Grupo Bilderberg***, según la información que se tenía en 1970. Nos cuenta que:

'*...sus conferencias se realizan todos los años con carácter de cónclave maestro de planificación internacional. Son secretas y la asistencia se limita a los huéspedes especialmente invitados. Estos resultan ser unas 100 personas del círculo interno más alto, que representan las cuatro principales dimensiones del poder, o sea: las dinastías internacionales de banqueros, sus sociedades involucradas en grandes emprendimientos internacionales, las fundaciones norteamericanas exentas de impuestos, y los representantes del establishment que han obtenido altos cargos de gobierno, especialmente en el de los EE.UU.*

Estas conferencias están siempre presididas por el Príncipe Bernardo de Holanda quien, junto con su familia, goza de una enorme fortuna en la Royal Dutch Shell Oil Corporation. Cerca de él se verá siempre a David Rockefeller, que representa a su familia y especialmente a la Standard Oil de Nueva Jersey, una de las más importantes estructuras societarias que existen. Resulta interesante y significativo observar que en las últimas tres décadas, mientras hubo revoluciones políticas en distintas partes del mundo, estas dos compañías terminan casi siempre recibiendo todas las concesiones de petróleo y gas natural. Esto vale especialmente para África, el Medio Oriente, América del Sur y el Lejano Oriente.

Además parece que las instalaciones de estas compañías figuran virtualmente fuera de los límites de los bombarderos de ambas partes de cualquiera de las guerras recientes. Mencionamos esto porque el Dr. Quigley parece estar en lo cierto cuando alega que las fuerzas políticas y económicas de la Tierra se están tejiendo para formar un gigantesco y monolítico poder global total.' [7]

El Club 1001

Además del Grupo Bilderberg, existe una sociedad muy real llamada el Club 1001, destinada a coordinar las acciones de los grupos ecologistas del mundo, fundado en 1971 por el príncipe Bernardo de Holanda, consorte de la Reina Juliana, de la Casa de Orange. El número de miembros está restringido a 1001 y sólo se ingresa por invitación. Todos los miembros pagan una inscripción de 10.000 dólares, los que se invierten en el fondo de $10 millones y sirve para financiar las operaciones de la agrupación ultra-ecologista multinacional *Worldwide Fund for Nature*, cuyas famosas siglas son WWF.[8]

---

[7] W. Cleon Skousen, "The Naked Capitalist", 1970, edición del autor.
[8] Scott Thompson, "El 'Club 1001': la elite que coordina al ecologismo internacional, Informe Especial, octubre-noviembre 1994 de *Resumen Ejecutivo de EIR*

El Club 1001 donó un edificio de oficinas en Gland, Suiza, donde actualmente tiene su sede el WWF y la *Unión Internacional para la Conservación de la Naturaleza* (UICN). Los miembros fundadores del club fueron seleccionados por el príncipe Bernardo y su primo hermano, el Príncipe Felipe, Duque de Edimburgo, consorte de la Reina Isabel II de Inglaterra. Entre los miembros se encuentran representantes de las casas reales de Europa, ejecutivos de corporaciones y bancos de la corona británica, etc. En el club, como no podía ser de otra forma, figuran también *importantes personalidades del crimen organizado*.

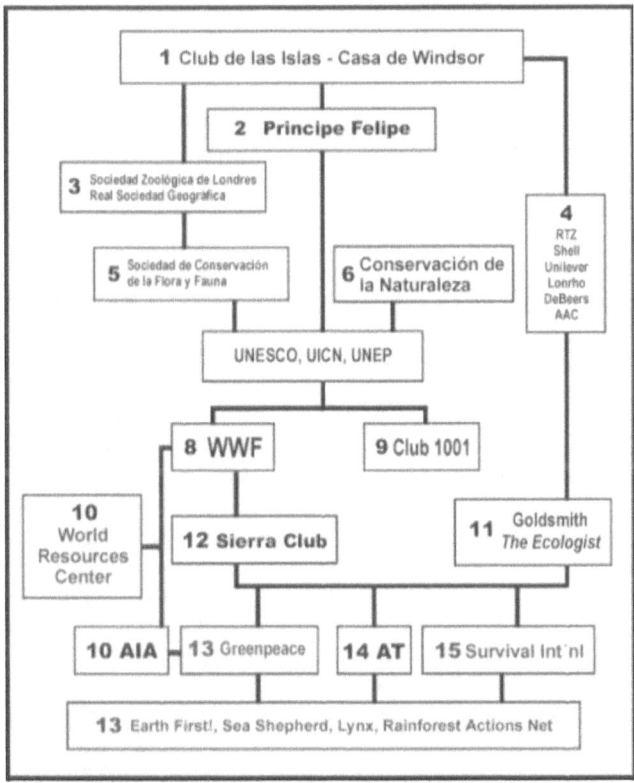

Fundado por el **Príncipe Bernardo de Holanda**, nacido en Alemania el 29 de junio de 1911, como Bernhard von Lippe Biesterfeld, es el primo político de la princesa Victoria de Hoehenzollern, hermana del emperador Guillermo. En 1933, Bernardo se afilió al NSDAP, o **Partido Nazi** de Adolfo Hitler, con ficha de ingreso número 0238 3009 y fecha 1º de mayo de 1933, con fecha de renuncia y egreso del partido el 8 de enero de 1937 –para contraer matrimonio con la entonces Princesa Juliana de

Holanda. Su renuncia fue acompañada con una carta de despedida al Führer Adolfo donde estampó su firma después de escribir *'Heil Hitler!'*

Reclutado por la inteligencia del Tercer Reich fue parte de las famosas tropas de asalto SS, y enviado a trabajar en la compañía química alemana IG Farben (la productora del gas Zyklon-B para las cámaras de exterminio, y que siguió manteniendo negocios con la compañía química inglesa ICI, *Imperial Chemical Industries*, durante la Segunda Guerra).

En 1953, Bernardo fundó la **Sociedad Bilderberg**, la que auspicia reuniones secretas de las élites unimundistas americanas y europeas. En 1961 fue cofundador del WWF y nombrado su primer presidente porque la figura del príncipe Felipe se hubiese visto como *'demasiado colonial'* para quienes tendrían que sufrir la imposición de parques nacionales que pu-sieran a salvo (para la corona) los recursos naturales de la mayoría de los países de África.

En 1976 Bernardo fue sorprendido cobrando un soborno (o 'comisión') de $1.100.000 dólares de la compañía de aviación Lockheed por sus *'gestiones'* para la compra de los cazas F-104 para la Real Fuerza Holandesa. Renunció a la presidencia de la Sociedad Bilderberg y al WWF, y al Club 1001, pero siguió cumpliendo funciones importantes tras bambalinas. Visto su 'currículum', (¿prontuario?) suena como algo hipócrita que cuando su nieto y heredero del trono se casó con la joven argentina Máxima Zorreguieta, se le prohibiese al padre de la novia asistir a la ceremonia por haber sido Ministro de Agricultura del gobierno de facto del General Jorge R. Videla, en la década del 70.

En los años 90, el WWF y una de las empresas que lo financian fuertemente, las *Cervezas Heineken*, de Holanda, realizaron una serie de estudios que proponen la desintegración de los Estados nacionales de Europa, como también cuadruplicar el número de reservas naturales, parques de fauna y flora y zonas protegidas en el territorio de la Europa continental. A. H. Heineken, presidente de la junta directiva de la empresa cervecera, es un viejo colaborador de los esfuerzos del WWF y la UNICN. Durante muchos años también figuró entre los directivos de la Heineken John Loudon, ex presidente de la Royal Dutch Shell, presidente del WWF de 1977 a 1981, y miembro del Club 1001.

El estudio preparado por Heineken propone dividir al mapa de Europa en 75 mini-estados con población de no más de 10 millones cada uno. Cada mini-estado sería gobernado por un integrante de alguna de las casas reales que existen en Europa. El plan recibió el apoyo de *'Ecoropa'*, una de las filiales más importantes del WWF en Europa, fundado por el declarado *'fascista universal'*, el finado Dennis de Rougemont, junto con Teddy Gold-smith, fundador de la revista *The Ecologist*.

En 1994 el WWF y la UICN emitieron un estudio llamado *'parques para la vida,'* que propone cuadruplicar la extensión de zonas protegidas en Europa. El plan eliminaría todos los actuales proyectos de construcción de ferrocarriles, sistemas hídricos y demás obras vitales de infraestructura para el desarrollo Este-Oeste, porque todos serían interrumpidos por parques naturales. Este plan encaja con el plan Heineken, y llama a sustituir el sistema de Estados nacionales con una nueva geografía política basada en *'biorregiones'*.

Para garantizar el éxito de este esquema, miembros del Club 1001, y los patrocinadores más ricos del WWF han estado comprando grandes extensiones de tierras en las regiones identificadas para futuros parques y zonas protegidas. Si acaso hallaran resistencia a sus planes, el Club 1001 y el WWF cuentan con un creciente movimiento de partidos verdes por todo el continente, que pueden soltar contra sus opositores. El movimiento verde Europeo fue creado precisamente como **un proyecto conjunto** del WWF y las viejas policías secretas del bloque soviético, en especial la *Stasi* de la Alemania Oriental.

El Informe de La Montaña de Hierro

El Informe 'Iron Mountain' toma su nombre del último lugar donde se reunió una comisión elegida por 'alguien' en el gobierno de Estados Unidos, aunque no hay pruebas de que realmente hay sido una operación del gobierno, sino de los 'topos' del G300 infiltrados en el mismo. Se diferencia de otros informes similarmente solicitados por la Casa Blanca, y otras agencias del gobierno (como el reciente caso del informe 'solicitado por el Pentágono' advirtiendo sobre una inminente catástrofe climática –pero redactado por dos libretistas de ciencia ficción para la televisión), por no haber sido dado a publicidad por el gobierno que lo habría solicitado. El *'Grupo de Estudio Especial'* comprendía 15 personas que demoraron unos dos años y medio en completarlo. El tema: *'Factibilidad y Conveniencia de la Paz'* [9]

El grupo representaba, de acuerdo al criterio del miembro del establishment que contrató al equipo de pensadores, los más altos niveles de erudición, experiencia, capacitación en todas las ciencias físicas y sociales. El contenido del informe, que pretendía ser 'secreto', se filtró al público gracias a uno de los miembros del grupo que no le parecieron correctas las conclusiones del informe. Contactó al editor del libro, el Sr. Leonard Lewin, presentándose con el seudónimo de John Doe (o Juan Pérez). John Doe creía que la gente tenía el derecho de conocer el contenido del informe y *lo que se estaba preparando contra ella*.

Iron Mountain es una localidad del estado de Nueva York donde estaba ubicado el famoso refugio nuclear subterráneo que algún día usaría el gobierno de los Estados Unidos para refugiarse en caso de un ataque nuclear. Fue sacado de servicio recientemente y convertido en museo de atracción turística. Cientos de compañías comerciales e industriales la utilizaban para poner a resguardo sus documentos críticos. Además, incluía sitio para las sedes alternativas de muchas compañías, entre las que se

---

[9] Leonard Lewin, 1967, "Report from Iron Mountain On the Possibility and Desirabilty of Peace", Dial Press, NY.

destacan famosas firmas del establishment como Standard Oil de New Jersey, Shell y Manufacturers Hannover Trust.

Uno de los miembros del grupo, que actuaba como 'contacto del gobierno' pagaba a los otros miembros todos sus gastos de traslado, viáticos, estadía, y otros gastos, con las instrucciones de que no debían informar al IRS (Departamento de Impuestos) de esos pagos, y que debían mantener secretas las deliberaciones del grupo y sus conclusiones. La primera reunión fue en agosto de 1963, pero había sido proyectada ya en 1961 por el equipo del gobierno entrante de Kennedy, de manera particular, por McNamara, Mc George Bundy, y Dean Rusk'. La última reunión ocurrió en marzo de 1966.

Lewin prologó la publicación del informe haciendo notar que contenía presunciones y recomendaciones escandalosas y ofensivas para el sentido común de la gente, en especial de los norteamericanos. El informe contiene nociones sobre que *la pobreza no sólo es necesaria sino que es deseable*; que la vuelta a la *esclavitud como institución puede ser conveniente*; y que sería necesario presupuestar el *número óptimo de muertes anuales* a ocurrir en las guerras. El informe dice que estas son *prerrogativas legítimas* de los gobiernos. Sin embargo, las verdaderas metas del informe no se detienen allí sino que se proyectan hacia la constitución de la sociedad en el futuro bajo *un gobierno único mundial* –algo que la actual *Globalización* está logrando a pasos acelerados.

La preocupación de los que encargaron el informe eran los problemas que debería encarar los Estados Unidos en caso de llegar a una época de no beligerancia, en donde las guerras ya no representarían el motivo del derroche de recursos que la banca internacional necesita para seguir al tope del mundo. El derroche *es necesario* para que los gobiernos necesiten dinero (que tomarán de los impuestos y de los bancos si el de los impuestos no alcanza), lo que hará que los bancos recurran a la mecánica del *Dinero Mandrake*, creado de la nada, sólo en base de promesas de pago que originan otras promesas de pago, hasta el infinito.

Era necesario saber lo que ocurriría si desaparecían las guerras, porque era vital para el 'equilibrio social', o la 'estabilidad social.' Lo que esta gente considera la estabilidad social, como claramente lo describe el informe, es 'la existencia necesaria de clases, con *una clase pobre siempre en lo más bajo, y una clase alta, siempre en lo más alto.'*

¿Por qué se consideraba probable el advenimiento de una peligrosa época sin guerras, que habían sido a lo largo de toda la historia la causa del *ascenso al poder del G300*? Las guerras tienen sus *funciones económicas*, y a pesar de que implica un derroche extraordinario, este derroche había tenido *una utilidad social* en la medida que el mismo se encuentra fuera del control de las fuerzas del mercado, y que por el contrario, está sujeto a un *'control central arbitrario.'* Ese control se usa, por supuesto para decidir las políticas económicas de los países proveedores de materias primas y recursos naturales. La preocupación del G300 era que las guerras se estaban haciendo muy impopulares en todo el mundo, en especial en los Estados Unidos.

La guerra de su independencia parecía haber dejado a los norte-americanos con un profundo desagrado por la guerra, y Washington recomendó a su pueblo (y sus políticos) que se mantuviesen apartados de las intrigas bélicas europeas, las que *'no tienen lugar alguno en un país nuevo como el nuestro, que por primera vez en la historia de la humanidad fuera erigido para ser gobernado por el pueblo, para el beneficio del pueblo.'* Y se podría añadir no para el beneficio de aquellos momentáneamente poderosos que gobernaban y que, de hecho, serían reemplazados con frecuencia.

Claro que eso estaba escrito en la Constitución de los Estados Unidos, y ese era el espíritu con el que fue cuidadosamente redactada por los 'Padres Fundadores' de la patria americana, Hamilton, Jefferson, Franklin, etc. También la constitución Argentina contenía esos principios fundamentales de los Derechos Humanos recogidos por Alberdi y otros próceres (dado que fue copiada de la norteamericana) pero a lo largo de la historia fue también **cuidadosamente reformada, mutilada y destrozada por los políticos de turno** que no soportaban la idea de tener que 'volver al llano' con las manos vacías, y la reformaron a gusto y medida para aprovechar su *'mandato popular'* y enriquecerse de la manera más vil y escandalosa que podamos concebir.

Por ello, el poder de entrar en guerra con alguien fue confiado al Congreso que representaba (entonces) a un electorado de muy variadas opiniones. La hecatombe de la Guerra Civil renovó el odio hacia la guerra de la gente común, para desazón de los poderosos que se habían enriquecido con los contratos de guerra para el gobierno. Así es que fueron necesarias muchas actividades conspirativas para lograr que los Estado Unidos entraran a la 1ª Guerra Mundial, y esta guerra provocó un repudio mayor todavía que obligó a que los conspiradores tuviesen que trabajar más duro aún para conseguir el ingreso del país a la Segunda Guerra Mundial. Luego la guerra de Corea demostró que la gente común de los Estados Unidos no les convencía el asunto de ir a la guerra. No les convencía el argumento, irónicamente puesto por algunos pensadores sensatos, de que *'la guerra es un buen negocio; invierta a su hijo'*.

La guerra de Vietnam mostró muy claramente que en el pueblo americano estaba creciendo la convicción de que les estaban manipulando. Ello fue posible porque hubo una ganancia de conciencia histórica y un mayor acceso a la información y a la educación. La educación es un peligro enorme para el G300, sobre todo en los países que serán las víctimas del saqueo de sus recursos naturales.

Así es que se infiltraron en todos los niveles relacionados con la educación y la cultura, comenzando con la UNESCO, e impulsaron las 'reformas educativas' que llevaron a la destrucción del sistema educativo (efecto notable en Argentina) con programas de estudio que dificultan el aprendizaje de las materias básicas, útiles para el uso en actividades productivas, reemplazándolas con materias de *'concientización ambiental,'* que están destinadas a allanar el camino a las propuestas anti desarrollo, anti industrialización, y anti progreso económico.

El pueblo de Estados Unidos estaba harto de la guerra cuando dio su apoyo para la creación de las Naciones Unidas, en la creencia de que serviría para detener las guerras en todo el mundo. Sin embargo, todos los pueblos del mundo fueron embaucados una vez más por los poderosos, dado que se reconoce con absoluta claridad que las Naciones Unidas no son una institución que busca asegurar la Paz y la Libertad, sino que está encargada de adquirir poder y control político y militar sobre los pueblos del mundo en beneficio de las elites de poder que la crearon. Es decir, los miembros del G300.

El analista político e historiador G. Edward Griffin, en su libro *'The Creature of Jekyll Island,'* de 1994 [10], señala que:

> *'La respuesta consiste en que El Informe Iron Mountain fue ejecutado por encargo, no de soñadores de torres de marfil, sino por gente con responsabilidad oficial. Es el hijo intelectual del Consejo de Relaciones Internacionales (el CFR, de Rockefeller, Kissinger, etc). Asimismo, es indudable que las maniobras perfiladas en el informe ya se están implementando. Con tomar al informe en una mano y el periódico del día en la otra se llega la conclusión de que cada tendencia importante de la vida de los Estados Unidos se alinea con las recomendaciones contenidas en el informe.'*
>
> *'Tantas cosas hasta ahora incomprensibles se vuelven claras como el agua; la ayuda externa, los derroches en materia de gastos, la destrucción de la industria norteamericana, un organismo para los empleos, el control de las armas de los civiles, una fuerza de policía nacional, la desaparición aparente del poderío soviético, un ejército de las Naciones Unidas, el desarme, un banco mundial, una moneda mundial, la entrega de la independencia nacional mediante tratados y la histeria ecológica. El Informe Iron Mountain ya ha creado nuestro presente. En este momento está modelando nuestro futuro.'*

La Función Económica

Dice el Informe *Iron Mountain* en su página 167:

> *'La guerra les suministró muy bien a las sociedades ancianas como a las modernas de un medio seguro para realizar la estabilidad y el control de las economías nacionales. Ningún otro método de control se ha ensayado y que, para una economía moderna y compleja, se haya mostrado de lejos tan eficaz y de hecho tan grande.*

Más precisamente, desde la visión Keynesiana del informe:

---

[10] G. Edward Griffin "The Creature of Jekyll Island", 1994, American Media, Westlake Village, Cal. USA.

'...en el caso del 'derroche' militar, es evidente que la utilidad social es manifiesta. Ello proviene del hecho que el 'derroche' de la producción de guerra se cumple totalmente fuera de los marcos de la economía de la oferta y la demanda. En tanto así, este 'derroche' constituye el único sector importante de la economía global que está sujeto al control completo y discrecional por parte de la autoridad central. [...] ...los gastos militares pueden considerarse como el único volante de seguridad provisto de una inercia suficiente para estabilizar el progreso de sus economías. El hecho que la guerra sea un derroche es precisamente lo que la hace susceptible de reemplazar sus funciones.'

'La eliminación de la guerra implica la eliminación inevitable de la soberanía nacional y del Estado en su concepción tradicional.'

Los creadores del Informe Iron Mountain creían imperativa la creación de un enemigo lo suficientemente poderoso y peligroso como para que la gente aceptara cualquier medida del gobierno para defenderlo de él. Había que **inventar enemigos peores que las guerras.**

'El enemigo que define la causa debe parecer auténticamente aterrorizante. En términos sumarios, la potencia presumida del 'enemigo' suficiente para asegurar un sentimiento de obediencia a una sociedad, debe ser de una dimensión y complejidad proporcionales a las dimensiones y complejidad de la sociedad. Hoy, por cierto, esta potencia debe ser una fuerza aterrorizante y sin precedentes.'

Es decir que, *'para ser realmente tangible es necesario que esta amenaza implique un riesgo real de destrucción personal. La credibilidad es la clave.'* (p. 113). También insiste el informe en que las sociedades más brillantes del pasado *'hicieron un uso muy extenso del sacrificio humano'* (p. 111).

Las siguientes son algunas de las instituciones que deberían reemplazar las actuales en diversos campos de la economía, la política, las ciencias, la sociología, etc.:

1. **Economía**: a) un programa de bienestar social que mejore las condiciones de la vida humana; b) un programa de *investigaciones espaciales gigantesco y sin fin*, dirigido a metas imposibles de alcanzar; un sistema de inspección para el desarme.
2. **Política**: a) una fuerza internacional de policía omnipresente, b) una amenaza extraterrestre conocida y admitida; c) la *contaminación masiva del medio ambiente*; **d) enemigos de reemplazo ficticios.**
3. **Sociología**: a) proyectos copiados de una manera general de los Cuerpos de Paz; b) una forma moderna y evolucionada de la esclavitud. *Función creativa movilizadora:* a) intensificación de la contaminación del ambiente; b) nuevas religiones u otros mito-

logías; c) juegos sangrientos de utilidad social; d) formas com-
binadas de modelos precedentes.

4. **Ecología**: Extenso programa de *medidas eugenésicas*.
5. **Cultura**: No se proponen instituciones de reemplazo. *Ciencias*:
necesidades secundarias presentadas para la investigación espacial,
los programas de bienestar social y/o los programas de medidas de
eugenesia.

Las reacciones a la publicación del Informe fueron dispares y ello nos da
una idea de quiénes son los que siguen promoviendo las ideas del
Informe que se siguen poniendo en práctica hasta el día de hoy. El 'The
Christian Century' decía el 13 de diciembre de 1967, *'La Montaña de
hierro es el más negro de los humores negros, la más enferma de todas
las bromas malsanas,'* mientras que el New York Times, siguió su tradicional línea de apoyo a sus controladores en el G300, y escribió el 20 de
noviembre de 1967, *'Con seguridad, se trata de una broma, pero qué
broma, una parodia muy ingeniosa, tan original, perspicaz, interesante y
aterrorizante que recibirá una gran atención sea cual fuere su origen.*[11]

Sin embargo, la reacción que provocó y sigue provocando el Informe,
es prueba de que se trata de cualquier cosa menos de una broma. Los
análisis y las recomendaciones del Informe de la Montaña de Hierro son
de total actualidad. Se inscriben dentro de una perspectiva totalitaria,
anti-cristiana, e inhumana. Se preocupa exclusivamente de un problema
global, la supervivencia de la humanidad por medio del desarme, llega a
negar todo lugar a las personas dentro de la sociedad que proyecta. Su
marco político es el de la convergencia Este-Oeste y el desarme; marco
unimundista y globalizador por excelencia que parecía utópico en su
momento pero que *es el escenario geopolítico actual.*

La única solución que el Informe propone es el de un Fascismo Ecológico que, como lo estamos comprobando hoy, está *en vías de conseguir su objetivo*. La socialización del mundo y la concentración del
poder absoluto en un centro de planificación central tipo Soviet. Los
medios para conseguirlo ha sido la creación de la red multinacional de
Organizaciones No-Gubernamentales de todo tipo, ecologistas, indige-
nistas, separatistas, etc.

La Función Ecológica

El Informe sostiene que la guerra permitiría controlar la sobrepoblación
del planeta. *'La guerra ha sido el principal factor de la evolución que
permitió mantener el equilibrio ecológico entre las inmensas poblaciones
humanas y los recursos que se encontraban a su disposición para
asegurar su existencia.'* (p. 168). También insiste fuertemente el Informe sobre el rol eugenésico que deberá tener el sustituto de la guerra.

---

[11]. Pascal Bernardin, "L'Empire Ecologique, ou La subversion de l'ecologisme par le
mondialisme," 1998, Editions Notre Dame des Graces, Cannes, ISBN 2-9509570-1-3

Toda procreación se hará mediante la inseminación artificial. Así podrá controlarse la talla de la población y proceder a una '*administración eugenésica*', y el uso de la píldora anticonceptiva deberá ser generalizado en el servicio de agua potable de las ciudades. (p. 155).

El Movimiento Ecologista

El movimiento ecologista no es nuevo, ni tiene sus orígenes en 1970 con la declaración del *Día de la Tierra* en Washington. Tampoco lo es el movimiento 'conservacionista' que se atribuye la intención de '*preservar*' a la naturaleza fuera del alcance de los seres humanos. Algunos creen que el asunto del conservacionismo se remonta al veneciano Giammaría Ortes, que escribió un '*ensayo sobre la población*' del mismo tono sombrío que el de Thomas Malthus, quien lo plagió sin vergüenza alguna. También influyó Giammaría Ortes sobre el inglés Bernard Mandeville (1670-1733), quien afirmaba que '**la bestialidad y el mal son el estado natural del hombre**' – quizás por su experiencia personal de convivir con la nobleza inglesa. Ese enfoque tan poco acertado sobre la naturaleza humana prendió en algunos pensadores ingleses como Adam Smith, Jeremy Bentham, Thomas Hobbes, John Locke, y por supuesto, en Thomas Malthus.

La filosofía Ortes-Mandeville-Malthus deviene la base del pensamiento y del accionar de la Corona Británica desde entonces. Esa filosofía es la que guía, como ser, a la Sociedad Mont Pelerin, (fundada por el economista austríaco Friedrich von Hayek), que se expresa a través de boca de uno de sus guías espirituales, el 'católico conservador' Michael Novak, cuando afirma que '**Ningún orden humano inteligente... se puede administrar en base a los preceptos cristianos... Una economía libre... no puede ser una economía cristiana. La única posibilidad realista es construir una economía para pecadores: la única mayoría moral.**'

Ni qué decir que este espíritu era el imperante entre las noblezas de Europa, desde la rusa, dando la vuelta por Grecia, Rumania, Austria-Hungría, Italia, España, Francia, pasando por las casas menores hasta terminar en la británica. La elite real era la que por derecho divino era la dueña del mundo, y los vasallos apenas si tenían una 'franquicia' real para realizar sus actividades. Lo que conocemos hoy como el G300 ya se había comenzado a gestar cuando las familias banqueras se elevan a un nivel de poder igual al de los reyes y emperadores, puesto que sin sus préstamos, los reinados e imperios no podían financiar ejércitos ni guerras.

Inglaterra ha sido la pionera en el tema '***conservación***', entendiendo a este término como el de conservar los recursos naturales y materias primas ***para uso exclusivo de la Corona Británica***. Ya se vio la manera en que Inglaterra dominó a China a través de la introducción del opio en su población, haciendo adictos a millones de chinos que, con la voluntad quebrada y su resistencia desaparecida, se convirtieron en mano de obra esclava. En la India como en el resto de las colonias en el Sudeste Asiático, se trabajaba para recibir la ración de **'ganja'**, el producto de la *cannabis sativa*, la marihuana, o hachís, según su concentración.

Para asegurar que la población nativa no consumiese (comer, vestirse) recursos naturales que no les pertenecían por mandato divino (y decreto de la reina...), los colonizadores se preocuparon de que las poblaciones nativas de sus colonias no aumentaran en número. En África comenzaron a crear 'vedados' o 'cotos de caza' privados a los que sólo los nobles ingleses y demás miembros de la raza blanca sajona podían ingresar. Sucedía que las poblaciones nativas habían adquirido a lo largo de miles de años, la pésima costumbre de querer alimentarse y mantenerse vivos. Para ello debían cazar o recolectar (quienes eran lo bastante atrasados para mantenerse en esa etapa del desarrollo cultural) o cazar, recolectar, sembrar y cosechar, y eso no se podía permitir.

Para asegurar el mantenimiento de esos 'vedados' se constituyó en la metrópoli una serie de organizaciones destinadas a explorar, y mantener sus territorios vedados. En 1826, cuando ya la teoría de Malthus era política oficial del Imperio y de la Compañía de las Indias Orientales, sir Stamford Raffles fundó a la **Sociedad Zoológica de Londres**. Raffles había sido virrey de la India y el fundador de Singapur. También inspiró la creación de la Sociedad Zoológica de Nueva York y Francfort. En 1830 se funda la *Real Sociedad Geográfica*, (*Royal Geographic Society*), que patrocinó importantes expediciones coloniales al África, como las de Livingstone y Sir Richard Burton. Las juntas directivas de ambas sociedades casi no se diferencian entre sí y están formadas con abrumadora mayoría de nobles ingleses. El príncipe Felipe de Edimburgo, dueño y señor del WWF fue presidente de la Sociedad Zoológica de Londres en los años 70.

Pocos saben, además, que Felipe nació en la Isla de Corfú, Grecia, en la familia de nobles alemanes Battenberg, que después de la Primera Guerra Mundial cambiaron su apellido a Mountbatten, traducción al inglés del apellido, porque los nombres alemanes eran mal vistos. Más tarde Felipe recibió educación en Francia y en su adolescencia estudió en el Schule Schloss Salem, en Alemania, donde recibió su reconocida educación en eugenesia y su pensamiento fundamentalista.

En 1903 se funda a la **Sociedad de Conservación de la Fauna y la Flora**, (su nombre original era *Sociedad de Conservación de la Fauna Silvestre del Imperio*) es la segunda en antigüedad entre las organizaciones conservacionistas del Imperio, después de la **Real Sociedad para la Protección de las Aves**, fundada en 1889. Su afición por la protección hacia las aves y otros bichitos no parece haberse extendido a la raza humana porque junto con la **Real Sociedad Eugenésica** (la que propugna la pureza racial y las limpiezas étnicas al estilo Nazi) apadrinaron la fundación de la **Unión Internacional para la Conservación de la Naturaleza** (UICN) y al World Wildlife Fund. Desde su fundación su sede estuvo en el Zoológico de Londres y su patrona es la reina Isabel II.

El carácter político, lejos del afán conservacionista de estas organizaciones se manifiesta en sus jefes y directores: sus vicepresidentes fundadores, lores Milner, Grey, Cromer, Minto, y Curzon, fueron todos procónsules imperiales, en el África y la India. Sir Peter Scott, uno de los fundadores del WWF, y desde los años 60 hasta su muerte en 1989 fue presidente de *Fauna y Flora*, dijo una vez, **'Ya que el Imperio en aquel entonces cubría cerca de una cuarta parte del globo, fue un buen punto de partida para internacionalizar al incipiente movimiento de conservación de la vida silvestre.'**

El principal objetivo de *Flora y Fauna* era ampliar a todo el mundo el sistema de parques nacionales, para conseguir afianzar sus intenciones de dominar el territorio y preservar los recursos naturales para uso de la Corona. En 1933, 1938, y 1953 realizó conferencias para organizar nuevos parques. Su secretario, el coronel Stevenson-Hamilton fue el creador del Parque Nacional Kruger de Sudáfrica.

Más tarde, con licencia real se creó la organización llamada **Conservación de la Naturaleza** (*Nature Conservancy*), uno de los cuatro organismos de investigación del Consejo de la Reina. Esta organización fue una de las más poderosas operaciones encubiertas de pos guerra que hiciera la Corona. El secretario permanente del presidente del Consejo de la Reina, Max Nicholson, redactó la legislación constituyente del *Nature Conservancy*. Se encargó también de trazar las principales estrategias y tácticas del movimiento ecologista mundial para las décadas siguientes. Fue Nicholson quien inició la campaña contra el DDT que más tarde popularizara Rachel Carson; redactó la constitución del IUCN; organizó y presidió la comisión fundadora del WWF en 1961; y eligió como primer presidente del WWF a sir Peter Scott. En 1970 publicó un libro sobre los orígenes del movimiento ecologista de posguerra, cuyo subtítulo era muy sugestivo: **'Guía para los nuevos amos de la Tierra'**. Todo esto está organizado en lo que se conoce como el Club de las Islas.

La IUCN, por sus siglas en inglés que significan **Unión Internacional para la Conservación de la Naturaleza**, fue fundada en 1948 por Sir Julian Huxley, con una constitución redactada por el *Ministerio de Relaciones Exteriores Británico* (Foreign Office), está formalmente vinculada a las Naciones Unidas, pero sin veeduría de ésta. El WWF se fundó inicialmente para proveer la financiación del IUCN, y muchas de las comisiones de la IUCN están controladas por '*Flora y Fauna*'.

La IUCN considera que su misión principal es la conservación de la **'biodiversidad'**. Junto con el UNEP (Programa Ambiental de las Naciones Unidas) y el *World Resources Institute*, la IUCN emprendió una 'estrategia global de la biodiversidad', que inspira y dirige los planes de conservación y entorpecimiento del desarrollo de las naciones del Tercer Mundo o de las que son competidoras de Gran Bretaña.

Luego, será una sorpresa para muchos, pero la UNESCO, la Organización de las Naciones Unidas para la Educación, la Ciencia y la Cultura, que fue fundada en 1946 por Sir Julian Huxley, define en su documento de fundación la doble misión de la UNESCO: ***popularizar la necesidad de la eugenesia,*** y proteger la vida silvestre mediante la creación de parques nacionales, especialmente en África. Entre las organizaciones sospechosas de impulsar la eugenesia, el control de la natalidad obligatorio, la reducción de la población, y otras aberraciones viene a continuación el Programa Ambiental de las Naciones Unidas (UNEP), formado en la conferencia de las Naciones Unidas sobre el medio ambiente, de 1972, la nefasta Cumbre de Río, organizada por Maurice Strong, también miembro fundador del WWF.

La lista de organizaciones que fueron creadas para '***proteger, defender, preservar, conservar'*** al ambiente no tienen relación alguna con la intención o el propósito de '***mejorar la condición humana'***, sino con el definitivo propósito de deshacerse de la mayor cantidad posible de seres humanos, sobre todo de aquellos que no encuadran dentro de lo aceptable por la definición eugenésica de '*ser humano'* de estas organizaciones. Las declaraciones de los miembros más conspicuos y respetados del movimiento ecologista a veces causan escalofríos, pero vale la pena recordar algunos ejemplos. Del Príncipe Felipe de Edimburgo se recuerda la frase: '***Hay que 'Podar' la población,'*** al recibir el título honorario de la Universidad de Ontario Occidental, Canadá, 1º de julio de 1983:

> *"Por ejemplo, el proyecto de la Organización Mundial de la Salud, para erradicar la malaria en Sri Lanka en los años de posguerra, consiguió ese objetivo. Pero ahora el problema es que Sri Lanka debe alimentar al triple de bocas, procurar el triple de empleos, y dar el triple de vivienda, energía educación, hospitales y tierra colonizable para poder mantener el mismo nivel de vida. Con razón ha sufrido el ambiente natural y la vida silvestre de Sri Lanka. El hecho es que los programas de auxilio con las mejores intenciones son la que tienen la culpa de esos problemas, al menos en parte."*

De manera que, en la visión de Felipe, lo mejor no es realizar programas de ayuda bienintencionados, sino que lo ideal para el ambiente sería impulsar programas dedicados a ***la eliminación de la mayor cantidad posible de seres humanos.*** Imbuidos de ese espíritu es que se lanzaron a la espantosa campaña de prohibir al DDT que había casi conseguido erradicar la malaria en el mundo −a costa de tener que alimentar a más gente sana después. Pero, de dónde habré sacado yo esa idea tan maligna sobre el amor que Felipe le tiene a los seres humanos, en especial a los de piel marrón oscuro o negra?

'En caso de reencarnar, me gustaría volver como un virus mortífero, a fin de ayudar en algo a aliviar la sobrepoblación.' *(Felipe de Edimburgo, en su prólogo a* People As Animals, *de Fleur Cowles, 1986.)*

¿Por qué este espíritu tan poco cristiano? ¿Cuál es la causa para esta ausencia absoluta de bondad? Bertrand Russell, filósofo inglés ganador una vez del premio *Nobel de literatura* y famoso 'pacifista' –casi enloqueció al pobre Winston Churchill con sus demandas para arrojar la Bomba Atómica sobre Moscú a poco de terminar la Segunda Guerra Mundial – en su libro, *'The Impact of Science Upon Society,* (El Impacto de la Ciencia Sobre la Sociedad) de 1953, pp. 102-104, nos hace saber que:

'Pero los malos tiempos, dice usted, son excepcionales y se los puede enfrentar con métodos excepcionales. Esto ha sido más o menos cierto durante la luna de miel del industrialismo, pero no seguirá siendo cierto a menos de que se disminuya enormemente el aumento de la población del mundo... La guerra, hasta ahora, no ha tenido un efecto muy grande en este aumento, que continuó a lo largo de las dos guerras mundiales. La guerra ha sido frustrante a este respecto... pero tal vez la guerra bacteriológica resulte más efectiva. Si una vez en cada generación se propagase por el mundo una Peste Negra, los sobrevivientes podrían procrear libremente sin llenar demasiado el mundo... Quizás el estado de cosas sea algo desagradable, pero ¿y qué? Las personas de veras nobles son indiferentes a la felicidad, especialmente la ajena.'

¿Será la 'nobleza' del Príncipe Felipe la que le hace tan indiferente a la felicidad ajena –pero le hace preocuparse por la felicidad de los animalitos de la selva? No creo que Felipe se preocupe por los animalitos de la selva, dado que nunca ha dado pruebas de hacerlo. El WWF que fundó en 1961 no llevaba la intención de salvar animales de la extinción. En enero de 1961, meses antes de fundar al WWF, el príncipe Felipe causó una conmoción en los medios conservacionistas al haber estado cazando tigres de Bengala en la India, en una expedición del Rajá de Jaipur, y pocos días después, haber disparado sobre una rinoceronte con cría dejándola huérfana y destinada a morir de inanición. Para colmo, la mamá rinoceronte era de una muy extraña especie en peligro de extinción, con sólo 250 ejemplares en todo el mundo.

La verdadera intención de la creación del WWF fue la de crear focos de desestabilización política en África, creando parque nacionales que sirvieran de refugio para las guerrillas de los diversos países Africanos. Precisamente, los guerrilleros Ruandeses que invadieron Ruanda causando la increíble y espantosa **masacre de 1.500.000 tutsis,** partieron de los Parques Nacionales de los Gorilas, en Uganda, Virunga, (Zaire) y de los Volcanes (Ruanda), donde gozaban de la protección del WWF y, según acusa el *Congreso Nacional Africano*, el WWF les proveyó de material paramilitar (bazookas, AK-47s, munición, granadas, etc) que habían transportado allí *'para combatir a los cazadores furtivos de elefantes'*.

El Genocidio de Ruanda

Hasta abril de 1994, la población de Ruanda era de unos 7,2 millones de habitantes. Para septiembre habían muerto ya más de 1.000.000. La Agencia de Desarrollo Internacional de EEUU ha calculado que 2.576.000 ruandeses fueron desplazados dentro de Ruanda. En esa cifra se incluye a 1,3 millones que se trasladaron a la antigua zona francesa de seguridad ubicada al sudoeste del país. Otras 2.333.000 personas están refugiadas fuera de Ruanda: 1.542.000 en Zaire, 210.000 en Burundi, 460 mil en Tanzania, y 10.500 en Uganda. Es decir, 5.799.000 personas, *el 80,6% de la población ha muerto o ha sido desarraigada.*

Podríamos sospechar que el G300, Inglaterra y las Naciones Unidas tuvieron alguna responsabilidad en esta hecatombe? Si así no fuese, no se lo estaría contando.

Ruanda fue aniquilada, despedazada; su población casi exterminada (aquí hubo genocidio, pero del serio), y fue obra del dictador de Uganda, **Yoweri Museveni** y de la Ministra de *Fomento de Ultramar Británica*, **Lady Lynda Chalker**. La tragedia de Ruanda no comenzó con el asesinato del presidente Juvenal Habyarimana el 6 de abril de 1994, sino con la invasión de Ruanda que, con el respaldo británico, realizó el alto mando del ejército Ugandés *en octubre de 1990.*

Los Parques Nacionales: Vedados al Hombre

Examinar el mapa de sistemas parques naturales de África es una experiencia muy instructiva. El tamaño total de estos parques y reservas naturales es sorprendente. El parque Kruger de Sudáfrica, por ejemplo, tiene una superficie igual a la del estado de Massachussets en EEEUU, mientras que el descomunal complejo de parques de Zambia es más grande que Gran Bretaña. Pero lo significativo y alarmante es que los parques están situados en las fronteras *entre dos y hasta tres naciones*, que se juntan para formar parques bi- y tri-nacionales que sobrepasan las fronteras.

Estos parques no están ubicados en esas regiones por cuestiones estéticas o de conveniencia ecológica o de conservación. A diferencia de Europa, donde las fronteras están generalmente demarcadas por bellas regiones montañosas y ríos, las fronteras de África fueron dibujadas arbitrariamente por las potencia Europeas en sus conferencias imperiales.

Inglaterra es conocida por su afición a crear naciones nuevas y hacer desaparecer las viejas, según su conveniencia. Dos casos paradigmáticos recientes fueron el Estado de Israel y Kuwait, mientras que permanece indiferente ante el despedazamiento de otras naciones y su reparto entre los vecinos, como en el caso de Armenia.

No hay nada especial en las fronteras de los países Africanos que no se pueda encontrar al interior de los mismos. La ubicación de los parques nacionales en las regiones de frontera tiene el propósito bien definido: practicar el genocidio y la desestabilización de África.

La creación de parques nacionales y reservas en África muestra dos fases distintas. La primera es la fase de la preservación, el acceso a la cacería se restringió para que sólo pudieran cazar los miembros de elite colonial blanca, supuestamente para preservar el linaje de las especies preferidas para sus cacerías de trofeos. Las autoridades coloniales desalojaban a las poblaciones nativas de extensas regiones que declaraban 'vedadas a la caza', y se impedía a la población nativa que cazara para su subsistencia. Es la herencia normanda de la realeza inglesa, que recuerda a los bosques vedados de Sherwood donde Robin Hood supuestamente robaba a los ricos para entregarles a los pobres. Cuentos para niños. Pero la costumbre existía, y se trasplantó a los nuevos dominios reales de África.

Después de la Segunda Guerra Mundial se inició la segunda fase: *la conservación*. La cacería se fue prohibiendo para todos y la obsesión ritual que tenía la elite colonial por la cacería se reemplazó gradualmente por una *'conciencia ecológica'* de adoración a Gaia. Los 'parques nacionales' reemplazaron a las *'reservas de caza,'* y las Leicas, Rolleiflex y Nikon reemplazaron a los Mauser, las Purdey y los Holland & Holland. El 600 Nitro Express y el 358 Magnum dejaron paso a las 36 exposiciones, 35 mm, 100 ASA/21 DIN.

Los acuerdos y conferencias internacionales (realizadas en Europa entre las potencias coloniales) llegaron a decidir la suerte de los nativos Africanos y su derecho a no cazar nada, ya que hasta se les prohibió el uso de redes y trampas tradicionales – aún fuera de los parques nacionales y 'vedados'. Al mismo tiempo, se reafirmó el acuerdo conjunto previo entre las autoridades coloniales inglesas, alemanas, portuguesas, francesas, holandesas e italianas de prohibirles a los nativos el uso de las armas de fuego. Los parques y reservas naturales constituidas por los acuerdos de 1900 y 1933 establecieron legalmente fronteras internas dentro de las colonias, que los nativos no pueden cruzar, con el pretexto de la conservación de la vida silvestre. Estas fronteras internas, que forman enclaves coloniales, continúan funcionando aún después de que las colonias obtuvieron su independencia.

Para poder comprender a fondo la farsa –y el fraude al público que aportó su dinero – que ha significado la creación y accionar del *World Wide Fund*, más tarde Worldwide Fund for Nature, o WWF como protector y salvador de animales en peligro de extinción, deberá leer el Capítulo *'WWF: ¿World Wide Fraud?'*, disponible gratis online en www.mitosyfraudes.org/INDICE/CAP16-wwf.pdf donde se enterará sobre el Informe Marfil Negro, o del cazador contratado por el WWF en 1972 para analizar el estado de la fauna de caza en Kenia y que, una vez entregado le costó tres días de palizas y torturas en la famosa comisaría de Langatta Road, en Nairobi, porque había descubierto que la familia del presidente Jomo Kenyatta era la principal involucrada en la cacería ilegal y el tráfico de marfil y cuernos de rinoceronte a oriente. Conocerá que mientras Ian Parker recibía su paliza y amenazas de muerte para mantener la boca cerrada, el presidente internacional del WWF, Príncipe Bernardo de Holanda premiaba a Kenyatta con la **Orden del Arca Dorada**, especialmente creada para él, **'por salvar al rinoceronte.'**

Podrá leer las conclusiones del Informe del Profesor John Phillipson, de la Universidad de Oxford, cuando terminó una auditoría solicitada por el mismo WWF sobre la efectividad de la organización para desarrollar su misión 'salvadora'. El informe Phillipson, un prolijo *racconto* de 252 páginas es cerrado con la conclusión de que **lo menos que sabía y hacía el WWF era 'salvar especies animales'.**

También sabrá que en 1963, siete años antes de cambiar su informe por una paliza, el cazador profesional Ian Parker había recibido el encargo del WWF de **eliminar a 2.500 elefantes** de una región, y **de paso liquidar a 4.000 hipopótamos** en la misma operación. La excusa era la maltusiana de *que 'había que matar algunos para evitar que la sobrepoblación matase a toda la especie.'*

Quizás no sabía usted que la *African Wildlife Leadership Foundation,* fundada por Russell Train, (ex administrador de la EPA –y siga uniendo los puntos de la imagen del rompecabezas), presidente del WWF de Estados Unidos, también contrató a Parker en 1975 (tres años después de la paliza histórica) para que **matara prácticamente a todos los elefantes de Ruanda**, con el argumento de que los ruandeses eran incapaces de proteger al mismo tiempo a los elefantes y a los gorilas de las montañas.

Y qué diría si usted fuese ecologista (o conservacionista) honesto y bien intencionado, y se enterase de que el príncipe Felipe y su WWF premiaron en 1986 con una medalla de oro al ex mercenario rhodesiano Clem Coetzee por supervisar con éxito total **la matanza de 44 mil elefantes en Zimbabue**, porque el WWF aducía que era necesario para proteger al ambiente. El director general del WWF, Dehaes, cuando entregó la medalla dijo que la 'obra' de Coetzee era **'un modelo para toda África.'**

La realidad, bien diferente, es que la matanza se hizo impulsada por un plan del FMI para liberar espacio para granjas que producirían carne para el mercado Común Europeo. En la primera feria, se descubrió que el ganado estaba enfermo de aftosa y los planes de la exportación de ganado se esfumaron para siempre. Pero Zimbabue se quedó cargando en sus espaldas la deuda con el FMI, la aftosa -**y sin ningún elefante.**

De los 110 millones de dólares (libres de impuestos) que Felipe y su WWF habían recaudado hasta 1980 para *'salvar al rinoceronte'*, se descubrió que **sólo había invertido 118.533 francos** suizos para hacerlo.

En ese mismo lapso, la población de rinocerontes **había declinado 95,5%** gracias, en gran parte, a Jomo Kenyatta, su familia, y a los guardias del WWF del cráter del Ngorongoro. El WWF financió un programa de guardias en el cráter para proteger desde 1964 a los 108 rinocerontes que aún quedaban allí. Pero para 1981 **sólo quedaban 20.** Ninguna de las tres unidades de guardias militarizados había capturado a ningún cazador furtivo en años. Ese año de 1981, una testigo le dirigió una carta a la *African Wildlife Leadership Foundation* de Nairobi, que da algunas pistas sobre adonde fue a parar el dinero del WWF y qué pasó en realidad con los rinocerontes: La testigo informó en su carta que los guardias del WWF habían matado a dos mansos rinocerontes machos y malherido a una hembra, *'todo a la luz del día'.* Y concluyó: **'¿No es bastante claro lo que está pasando en el cráter?'** También pregunto yo, **'¿No es claro lo que está pasando con el WWF del príncipe Felipe, y el movimiento ecologista multinacional?**

Porque este es el WWF que tanta figuración está teniendo en los medios con alarmantes informes sobre la inminente catástrofe climática que se avecina porque no se imponen los recortes de emisiones que los reales dueños del mundo quieren en su afán de apoderarse del Poder. Todo el Poder.

El Memorando NSSM-200

Cabe ahora mencionar otra de las muy importantes piezas del rompecabezas G300: el *Memorando Secreto de Seguridad Nacional No. 200*, o MSSM-200 emitido por Abraham ben Elazar, más conocido como Henry Kissinger [12] y su Consejo de Seguridad Nacional en 1974, titulado *'Implicancias del Crecimiento de la Población Mundial para la Seguridad y los Intereses de los Estados Unidos,'* que recomendaba dirigir un programa de reducción de la población de 13 países del Tercer Mundo productores de materia primas necesarias para los Estados Unidos. Ben Elazar (a) Kissinger indicaba en su escrito que:

> *'Cuánto más fácil serían los desembolsos para combatir la natalidad, que los destinados a incrementar la producción por medio de inversiones directas en irrigación, o proyectos para generar energía construir fábricas...*

---

[12] Entre los más destacados integrantes de la sección europea del Bilderberg Group es habitual la pertenencia simultánea a la Comisión Trilateral, pertenencia que se extiende al Consejo de Relaciones Exteriores en el caso de los miembros más relevantes de la sección norteamericana del Grupo. Una breve relación de nombres que militan en los tres organismos: David Rockefeller, George Bush, Zbigniew Brzezinski, Robert McNamara, Henry Kissinger, Caspar Weinberger, Bill Clinton, George Ball, de la banca Lehmann Brothers, Cyrus Sulzberger, editorialista del New York Times, y Heddy Donovan, redactor jefe de la revista Time −entre otros cientos de famosos personajes.

...que se requerirían si se permitiese el aumento de la población y un mayor nivel de vida en esos países. Las elites quieren reducir esas poblaciones del Tercer Mundo a un nivel de mera subsistencia, a fin de reducir al mínimo los costos de producir material primas en las tierras que intentan usurparles. En aras de la ecología global –por supuesto.

Maurice Strong y el Fin del Mundo

Larry Abraham, publicó en 1993 un libro titulado *The Greening* (El Verdecer), donde hace revelaciones esclarecedoras e impresionantes sobre el movimiento ecologista y la amenaza que representa para la humanidad e, irónicamente, para el ambiente.

Abraham nos habla de gente 'peligrosa'. Naturalmente, **todos** los integrantes del G300 son peligrosos. No se detendrán ante nada. Jamás lo han hecho. Nos relata Abraham que Daniel Wood, de la revista West, entrevistó en mayo 1990 a Maurice Strong. El espítiru de lo dicho en la entrevista se puede resumir en la conclusión que hace el mismo Strong: *'La única manera de salvar al planeta de la destrucción es que las civilizaciones industrializadas se derrumben.'*

Dice Wood que Strong imagina una novela que le gustaría escribir y le describe su argumento. En la trama de la novela, el *Foro Económico Mundial* se reúne en Davos, Suiza. Más de mil jefes de estados, primeros ministros, ministros de economía, y académicos de avanzada edad se reúnen para asistir a reuniones y fijar agendas económicas para el año entrante. *'¿Qué ocurriría,'* dice Strong, *'si un pequeño grupo de estos líderes del mundo* (funcionales al G300?) *llegara a la conclusión de que el mayor riesgo que corre la Tierra proviene de las acciones de los países ricos? Y para que el mundo sobreviva, esos países deberán firmar un tratado que reduzca su impacto sobre el medio ambiente, ¿Lo harán?'*

Esto nos hace parar la oreja porque nos suena muy similar a toda la atmósfera que rodea a las catástrofes anunciadas por la Letanía Verde; inminentes y espantosos Apocalipsis que exterminarán a la vida sobre la Tierra -si la humanidad no hace lo que los políticos y científicos a sueldo del G300 dicen que tiene que hacer: *derrumbar la civilización industrial.* Firmar el Tratado de Kioto. Sigamos oyendo a Wood y su escalofríante entrevista con Maurice Strong.

Strong retoma su cuento. *'La conclusión del grupo es 'no'. Los países ricos no lo harán. No cambiarán. Así que para salvar al planeta, el grupo decide: ¿No es cierto que la única esperanza del mundo es que las civilizaciones industrializadas se derrumben? ¿No somos responsables de lograr que eso ocurra?*

Esta frase no es una fantasía del momento. Esta idea la viene perfeccionando Strong desde hace 40 años! La pronunció en 1992 en su discurso de apertura de la *Cumbre de la Tierra en Río 92*. Forma parte de la política de las Naciones Unidas y está muy claramente delineada en el documento conocido como Agenda 21, y en la Carta de la Tierra. Esta gente **no bromea**. Debe notarse que todo lo que Strong dice en esa entrevista de 1990 HA SUCEDIDO tal como lo describe y culmina con la hecatombe financiera del año 2008! Lo han estado planeando y desarrollando hasta sus más mínimos detalles!

'*Este grupo de líderes del mundo,*' continúa Strong, '*forma una sociedad secreta* (el G300?) *cuyo objeto **es ocasionar un derrumbe económico...** No son terroristas, son líderes mundiales. Se han ubicado en puestos claves de los mercados mundiales de productos y acciones de la bolsa... y maquinado una situación de pánico por medio de sus accesos a las bolsas de acciones, las computadoras y el abastecimiento del oro. Acto seguido, impiden que cierren los mercados de la bolsa del mundo. Atascan el engranaje. Contratan a mercenarios que toman como rehenes al resto de los líderes del mundo que se encuentran en Davos. El mercado no puede cerrar. Los países ricos...*' – Aquí Strong mueve sus dedos en el gesto de quien arroja por la ventana a una colilla de cigarrillo.

Wood permanece hipnotizado frente a Strong. Aquí no está frente a cualquier relator de cuentos. **Es Maurice Strong**. Él conoce a esos líderes mundiales. De hecho, es presidente adjunto del foro Económico Mundial. **Se sienta en el centro mismo del poder.** Está en condiciones de poder realizar lo que sueña. Es parte del G300 y puede convencer a sus amigos de hacerlo si así lo consideran necesario. **Para peor, lo están haciendo. El Tratado de Kioto es sólo una de las muestras.**

Abraham llega a la conclusión de que el carácter megalómano de las ensoñaciones de Strong habla por sí solo; que se ha rodeado de un grupo de gente que cree en un cercano Apocalipsis y que a su alrededor está apareciendo **un culto a la personalidad.** Strong, nos dice Abraham, '*forma parte de un grupo de elitistas terriblemente peligrosos que realmente creen que son los reyes de los filósofos Platónicos. Sólo ellos **son dignos de gobernar al mundo.** Al fin y al cabo, sin su luz conductora 'nada podrá salvar a la humanidad de sí misma.*'

Algunas primeras conclusiones

Creo que el mundo podría estar enfrentando de verdad a un Apocalipsis cercano, pero no de carácter ambiental, no por un cambio del clima debido a un levísimo calentamiento. Tampoco sería un Apocalipsis un enfriamiento como el pronosticado para el año 2030, similar al de la Pequeña Edad de Hielo porque el hombre ha desarrollado tecnologías que le permitirán salir adelante, alimentando a la población del mundo con menos tierras que las disponibles ahora, por las que se perderán en las latitudes altas por un avance de los hielos.

El posible Apocalipsis podría venir sólo si los países que ya ratificaron al Protocolo de Kioto implementan de verdad las reducciones de CO_2 a las que se han comprometido. Pero el Apocalipsis no sería 'global' sino simplemente Europeo, porque los países del Tercer Mundo, esos llamados ahora '*mercados emergentes*' no tendrán una elevación de sus costos en la producción y abastecimiento de energía, y no perderán competitividad internacional sino que la ganarán ante los países que hayan decidido suicidarse económicamente, o como dice Strong, **'derrumben su civilización industrial.'**

Un detalle interesante y significativo es que Strong vive hoy en China, como refugiado después de que la justicia norteamericana lo reclamase como imputado en el gran negociado y estafa cometida por el hijo del ex secretario de las Naciones Unidas, Kofi Annan, en el Programa Petróleo por Alimentos. Strong asesora a China en el campo de la energía y el desarrollo industrial. El colapso de la civilización industrial que promueve Strong mediante todas las exigencias del Tratado de Kioto, no afectará a China, India, Brasil, y demás países en vías de desarrollo porque ellos no están obligados por el tratado a reducir sus emisiones de CO_2. Por su parte, Rusia sólo necesita denunciar al tratado y retirarse del mismo sin cumplir con la reducción de gases invernadero. Pondrá a estos países al frente del mundo. Strong asesora a China, y ésta da un ejemplo que siguen las demás naciones del Tercer Mundo. Occidente está condenado a la bancarrota si implementa al tratado de Kioto.

Mi opinión es: **no lo harán**. Pero el tiempo dirá qué sucederá –yo creo que no habrá ni un solo país que realmente reduzca sus emisiones y atente contra sus posibilidades de poder competir en los mercados del mundo. *Nadie se pega un tiro en el pie antes de correr el Maratón – por lo menos si quiere ganarlo*. Y los meses previos a la Conferencia del clima del IPCC, la COP15, realizada en Diciembre de 2009 en Copenhague, dieronn una clara muestra de no hay nadie que quiera *hacer la punta* reduciendo sus emisiones de CO2 y esperando que el resto lo sigan en su salto al abismo.

Pero la conclusión final es que el peligro proviene del G300, ese poder en las sombras que decide lo que comerá usted en el desayuno de la semana que viene – si es que ellos deciden que la semana que viene puede llegar, y que todavía podemos elegir con qué desayunar. Que no es poca cosa.

En el Capítulo 2 del libro de Alan B. Jones, *'Cómo Funciona Realmente el Mundo'*, se analiza el libro escrito por Carroll Quigley *'Tragedy and Hope,'* donde afirma:

"El poder del capitalismo financiero tiene un objetivo trascendental, nada menos que crear un sistema de control financiero mundial en manos privadas capaz de dominar el sistema político de cada país y la economía del mundo como un todo."

Todo el problema se reduce nada más que a dos palabras: ***Dinero y Poder***, y a las que la combinación de ellas dan origen, codicia, avaricia, corrupción... Aunque no soy católico y mi opinión sobre la Iglesia Católica es bastante crítica, considero relevante escuchar lo que dijeron algunos

Papas al respecto, en diversas encíclicas papales. Juan XXIII en su *Mater et Magistra* de 1961, cuando las cosas no habían llegado al punto actual:

> *'A la libertad de mercado ha sucedido la hegemonía económica; a la avaricia de lucro ha seguido la desenfrenada codicia del predominio; así toda la economía ha ser llegado a ser horriblemente dura, inexorable, cruel, determinando el servilismo de los poderes públicos a los intereses de grupo, y desembocando en el imperialismo internacional del dinero.'*

Esto había sido ya descrito por el papa Pío XI en su dura encíclica **Cuadragésimo Anno** de 1931, que conmemoraba los 40 años de la famosa encíclica de León XIII, **Rerum Novarum** de 1891. En ambas encíclicas se dice que el capitalismo es un tipo de economía donde unos ponen el capital y otros el trabajo, y en las que **'ni el capital puede subsistir sin el trabajo, ni el trabajo sin el capital,'** lo que no es condenable en sí, ni tampoco de naturaleza viciosa. Pero que el capitalismo es condenable...

> *'...sólo cuando el capital abusa de los obreros y de la clase proletaria con la finalidad y de tal forma que los negocios e incluso toda la economía se plieguen a su exclusiva voluntad y provecho, sin tener en cuenta para nada ni la dignidad humana de los trabajadores, ni el carácter social de la economía, ni aún siquiera la justicia social y el bien común.'*

Pío XI define con claridad total lo que estaba sucediendo en 1931, y que había evolucionado desde la denuncia de León XIII hasta límites intolerables. Si era intolerable en 1931, ¿qué calificativo se debería usar para describir el estado actual de las cosas? Decía Pío XI:

> *'...dueños absolutos del dinero, gobiernan el crédito y lo distribuyen a su gusto; diríase que administran la sangre de la cual vive toda la economía, y que de tal modo tienen en sus manos, por decirlo así, el alma de la vida económica, que nadie podría respirar contra su voluntad.'* ...*'La libre concurrencia se ha destruido a sí misma; la dictadura económica se ha adueñado del mercado libre; al deseo de lucro ha sucedido la desenfrenada ambición de poder; la economía toda se ha hecho horrendamente dura, cruel, atroz.'*

El dominio de las políticas de cada una de las naciones y su diseño en base a los intereses de la banca internacional se basa en la aplicación de la llamada '**Fórmula Rothschild,'** que se atribuye el fundador de esa dinastía de banqueros Meyer Amschel, **'Permítanme emitir y controlar la moneda de una nación, y no me preocuparé por quien haga las leyes.'**

También el papa Paulo VI se ocupa de este problema que tiende a agravarse con el tiempo. En su **Populorum Progressio** habla del capitalismo neoliberal diciendo:

> *'Pero por desgracia, sobre estas nuevas condiciones de la sociedad ha sido construido un sistema que considera el lucro como el motor esencial del progreso económico; la competencia, como la ley suprema de la economía; la propiedad privada de los medios de producción, como un derecho absoluto, sin límites ni obligaciones sociales correspondientes.'*

Alguien podría creer, equivocadamente, que estoy en contra del capitalismo. Nada de eso. Lo considero como el único sistema posible de **generar riqueza y distribuirla**. Para repartir de manera equitativa una torta hay que hornearla primero. El socialismo, como se dice acertadamente *"es la mejor y más rápida manera de redistribuir la pobreza,"* o *"es fácil ser generoso con el dinero de los demás"*. El socialismo, al ser incapaz de producir riqueza, basa sus ingresos en la recaudación de impuestos –el dinero de los demás- y se asegura su perduración mediante la demagogia de darle al pueblo *"pan y circo"*, entregando limosnas a los clientes del circo –el dinero que les saca a los que trabajan.

El capitalismo no puede, de ninguna manera, generar esa riqueza si está profundamente regulado y limitado por los sistemas demagógicos que imperan en el mundo. No hay hoy ningún mercado que pueda ser llamado *"libre"*. Las restricciones que se imponen al capitalismo sólo hacen florecer los abusos que tan claramente se observan en el sistema financiero internacional, con una banca central que continúa generando con sus regulaciones una serie de crisis económicas y financieras cíclicas que no terminarán de producirse mientras el actual sistema financiero se mantenga en uso. El capitalismo tiene que ver con la producción de bienes de consumo y no con las finanzas.

No es la herramienta la culpable de su mal uso, sino que es el usuario de esa herramienta quien comete los errores. No es el revólver el culpable de la muerte de una persona sino quien oprimió el gatillo. Si se usa para reprimir al crimen es de una utilidad inmensa, pero si se usa para asaltar a los demás es contraproducente. Y no se resolverá la cuestión prohibiendo a los revólveres porque los asaltantes usarán entonces cuchillos, garrotes, espadas o las filosas punteras metálicas de zapatos diseñados para matar de una patada.

No es el capitalismo el culpable de los abusos, sino de quienes usan al capitalismo y al dinero para especular y generar poder y desigualdades.

¿Entonces, qué podemos hacer para salvarnos del G300, su estructura dominante de las finanzas mundiales y sus agendas políticas? **En verdad, poco y nada.** Primero, porque resulta muy difícil convencer a la gente **de la existencia del G300**, por otra parte porque la gente todavía cree que podrá mejorar el nivel de vida de su familia, o la del país mediante un esperanzado voto que introduce en una urna. Sueños de niño! Como dice el tango, **'Despertá, Pierrot'**, porque las cosas que no consigamos nosotros, **no nos la regalará ningún politicastro** con la boca llena de truenos –que después resultan ser cuetes de pólvora mojada.

Pero sí podemos hacer que una de las más poderosas herramientas del G300 pierda su eficacia. Desconfíe del movimiento ecologista, en especial de las **poderosas organizaciones que solicitan donaciones en efectivo para 'salvar al mundo'** – de inexistentes peligros. Instruya y eduque a sus hijos en el cuidado del ambiente, en el cuidado y protección de los animales, en la limpieza del entorno familiar y del vecindario. En respetar a sus semejantes, en especial a las personas mayores, a los necesitados y los desposeídos. Pero no permita que le asusten **con campañas alarmistas de horribles contaminantes en el aire**, con espantosos cánceres que no tienen relación con los químicos que hay en el ambiente. En una palabra: desconfíe del **'ecologismo de denuncia'. Algunos de ellos andan detrás de nuestras billeteras – los demás detrás del Poder Mundial Absoluto.**

Apenas si hemos rozado aquí el aspecto político del calentamiento global. Cuando sepa todo lo que hay detrás ingresará a un mundo que **hubiese preferido no conocer.**

Pero antes de terminar este libro, déjenme volver brevemente sobre el tema "conspiración". La reacción de muchas personas a la mención de 'conspiración' es desechar los argumentos con desdén, y con aire de superioridad dejar caer términos como '*conspiranoicos*', lo cual no es un argumento que presente evidencias que apoyen su desprecio por la idea de una conspiración.

Cuando se revisan los textos de historia y muchas novelas del pasado, la palara 'intriga' se repite con una frecuencia notable. '*Intriga palaciega*' es un clásico en la literatura. Y las intrigas no sólo se dan en los palacios sino también en los gobiernos, empresas, corporaciones, clubes de toda clase y hasta en cualquier familia.

¿Qué es una 'intriga'? La Real Academia de la Lengua Española nos puede ayudar a comprender el asunto:

Intriga. - (De *intrigar*). **1.** f. Manejo cauteloso, acción que se ejecuta con astucia y ocultamente, para conseguir un fin.

Bien. Y ¿qué es conspirar?: **Conspirar.** (Del lat. *conspirāre*). **1.** intr. Dicho de varias personas: Unirse contra su superior o soberano. - **2.** intr. Dicho de varias personas: Unirse contra un particular para hacerle daño. **3.** intr. Dicho de dos o más cosas: *Concurrir a un mismo fin*.

Pensando un poco nos damos cuenta de que 'conspirar' e 'intrigar' son la misma cosa. Se trata de la unión de dos o más personas con el objeto de lograr alguna cosa por medios discretos, ocultos o secretos – ya que si la intención se hace pública las probabilidades de éxito desaparecen. La intriga o conspiración para imponer en el público la idea de que el CO_2 causa un calentamiento irreversible y catastrófico del clima tiene como objeto lograr que:

1) La gente tenga miedo a la catástrofe y ruegue a las autoridades por su salvación,
2) La salvación, claro, tiene un precio muy elevado. La gente debe aceptar ciegamente la imposición de toda clase de impuestos a la energía y el racionamiento de combustibles y la producción de energía por medio del carbón o el petróleo.

A mediados del siglo 20, el periodista y pensador norteamericano, H.L. Mencken, entre sus numerosas opiniones y dichos, nos dejó algo que describe con total precisión lo que es la política del cambio climático y el método de gobierno de los países atrasados:

"Todo el objeto práctico de la política es mantener al populacho asustado –y de ahí implorante para ser conducido a la salvación-mediante una serie inagotable de fantasmas, todos inventados."

Bibliografía consultada

- Bernardin, Pascal, *"L'Empire écologique; la subversión de l'écologie par le mondialisme"*, Editions Notre Dame dse Grâces, 1998, ISBN 2-9509570-1-3
- Orduna, Jorge, *"Ecofascismo, Las internacionales ecologistas y las soberanías nacionales,"* Martínez Roca, 2008, ISBN 978-950-870-111-4
- Jones, Alan, *"Cómo funciona realmente el mundo,"* Ed. Segunda Independencia, ISBN987-98226—1-7
- Sanahuja, J. Claudio, "El desarrollo sustentable,: la nueva ética internacional", Ed. Vórtice, 2003, ISBN 987-9222-12-1
- Salbuchi, Adrián, "Argentina, Colonia Financier," Ed. Del Copista, 2000, ISBN 987-9192-48-6
- The High Priests of Globalization, http://www.bilderberg.org/
- Prince Bernhard of the Netherlands, http://www.bilderberg.org/bernhard.htm#explored
- L'Ordre des Illuminatis de Bavière, http://www.nouvelordremondial.cc/lordre-des-illuminatis/

EPÍLOGO

El subtítulo de este libro era: ¿Catástrofe inminente, o la Mayor estafa de la Historia? Ya se pudo ir abriendo una puerta hacia la segunda de las posibilidades. Vimos quienes son algunos de los grupos del poder financiero y político que idearon y siguen impulsando a lo que hoy se ve claramente como un fraude. Es cierto que lo ven claro quienes poseen la información que lo demuestra, información que el público en general la ignora. Entonces ahora veremos cómo están las cosas hoy, el rol de la prensa en este fraude ya casi mítico, qué pueden hacer los ciudadanos comunes para defenderse del saqueo.

Viendo que una gran parte de la ciencia que rodea a la climatología está equivocada o ha sido desvirtuada, ¿cuál es la verdadera motivación de todo el fraude? Ya vimos que una de ellas es la desmedida ambición de poder, el afán de ganar desmesuradas cantidades de dinero, la necesidad de científicos de seguir proveyendo del material que los poderosos pagan muy bien, y el gran negocio de la noticia catastrófica, el maná de las grandes empresas periodísticas y editoras de revistas populares, y también las científicas.

No es casi necesario hablar del Nuevo Orden Mundial que proponía el Informe de la Montaña de Hierro, ya que son los mismos globalizadores quienes están hablando de ello en cada oportunidad que se presenta. *"Asuntos globales exigen soluciones globales,"* es el coro que se oye cada vez los dirigentes políticos en la cúspide del mundo abren la boca para referirse al cambio climático y a la crisis financiera mundial. Hemos escuchado al Secretario de la ONU, Ban Ki-Moon, decir precisamente lo que dije antes: "Asuntos globales exigen soluciones globales. Y las Naciones Unidas son realmente, la única institución global."

Decía Ban-Ki-Moon a continuación, hablando en un encuentro organizado por el Consejo de Asuntos Mundiales", en julio de 2007[13]: "Las encuestas muestran que hasta las grandes mayorías –el 74 por ciento para ser exactos– creen que las Naciones Unidas deberían jugar un papel más grande en el mundo." Hablandoen San Francisco, Ban KI-Moon le dijo a la audiencia que el cambio climático es la oportunidad para el masivo crecimiento del poder e influencia de la ONU." La idea es comenzando con la autoridad irrestricta del IPCC, luego por la creación de una Agencia de Protección Ambiental Global, al estilo de la norteamericana EPA, con poder de policía –una verdadera Gestapo Verde– dirigida por el Programa de las Naciones para el Ambiente, o UNEP.

"San Francisco es la cuna de las Naciones Unidas, que fue creada para salvar al mundo del flagelo de la guerra. Estoy aquí para discutir el futuro de nuestro planeta Tierra, y este lugar puede convertirse en la cuna de un nuevo movimiento para salvarlo para las nuevas generaciones," dijo Ki-Moon.

Suena tan noble, con tanto sentido común, que es difícil que la gente crea que el origen de la industria del calentamiento global –la verdadera agenda– es un relato de sordidez, burócratas hambrientos de poder, y una impía alianza de las grandes corporaciones y una miríada de organizaciones no gubernamentales, todas "salvadoras del ambiente" que vieron la oportunidad de colgarse del pánico por el cambio climático y controlar los mercados mundiales y las políticas ambientales.

Saben ya que el científico-activista de la NASA James Hansen fue uno de los primero de publicitar la exageración de la amenaza del calentamiento global en la famosa audiencia en el Senado de EEUU donde, para ayudar a convencer a los senadores de lo malo que es el calor, primero desconectaron al sistema de aire acondicionado e hicieron abrir las ventanas de la sala para permitir el ingreso del aire caliente de verano hasta que los presentes chorreaban transpiración.

Recordarán que Hansen fue el asesor de Al Gore para el guión de la documental 'Una Verdad Incómoda,', y que había recibido us$250.000 como subsidio de la Fundación Heinz, propiedad de la esposa de John Kerry, fracasado candidato a la vicepresidencia junto a Al Gore en 2004. Es el mismo Hansen que fue también asesor, junto a Al Gore, de la corporación ENRON, la petrolera y gasífera que quebró estafando a sus accionistas en más de us$ 6.000 millones. No es relévate aquí la causa por la que ENRON fue a la quiebra, sino el central rol que jugó la compañía en el escenario previo al diseño y firma del Tratado de Kioto.

Enron era una norteamericana corporación gigantesca. Estaba diversificando su campo de acción del carbón al gas natural y a las energías renovables, eólica y solar. Al Gore era su asesor y por eso sabía que el futuro era la prohibición de emisiones que se estaba planeando.

---

[13] Publicación de la ONU, 26 de julio 2007 -
http:un.org/apps/news/story/.?aspNewsID=23345&Cr=San&Cr1=Francisco

Creía que podría copar el mercado del gas natural y convertir en poco económico al carbón, sus accionistas podrían ganar billones con los subsidios que se planeaban para las energías eólicas y la solar. Pero necesitaba la ayuda del gobierno de EEUU para llevar adelante sus planes. Como lo atestigua Chris Enron, abogado contratado por Enron para dar forma al Tratado de Kioto y las prohibiciones que vendrían, se realizó en 1997 una reunión clave en la Casa Blanca con Clinton, y Gore recomendando el plan. El negocio era -y lo sigue siendo- fabuloso. No contaban con que Horner era una persona honesta que se horrorizó ante el contenido del proyecto y renunció a seguir colaborando.

En 2005 la revista *Investigate* publicó un dossier sobre el nexo Enron-Tratado de Kioto, compilado por el meteorólogo Ken Ring.[14]:

> "Sin Enron no existiría el Protocolo de Kioto. Hace unos 20 años Enron era la dueña y operadora de una red interestatal de gasoductos, y se había convertido en un comerciante de mil millones de dólares diarios, vendiendo y comprando contratos y sus derivados para entregar gas natural, electricidad, ancho de banda de internet, etc."
>
> El Acta del Aire Limpio de 1990 autorizaba a la EPA a imponer un tope sobre la cantidad de contaminantes que podía emitir el operador de una planta productora que usara combustibles fósiles. ... Luego vino la inevitable pregunta: "¿Qué sigue? ¿Qué tal un programa de "tope e intercambio" (cap-&-trade) para el dióxido de carbono? El problema es que CO2 no era un contaminante y la EPA no podía poner un tope a sus emisiones. Al Gore ocupó la vicepresidencia en 193 y de inmediato se enamoró de la idea de un régimen internacional de regulaciones ambientales.
>
> Enron se dedicó a solventar organizaciones ecologistas para que promoviesen la idea de la restricción a las emisiones de CO2, ente ellas a Nature Conservancy, cuyo programa Climate Change Project promovía las teorías del calentamiento global."

Haciendo corta una larga y sórdida historia, Al Gore firmó el Tratado de Kioto en diciembre de 1997 y Enron creyó que se había sacado la lotería. Pero, sin embargo, los sueños se derrumbaron porque, a pesar de los millones de dólares invertidos por Enron en el negocio de Kioto, los senadores de Estados Unidos se negaron rotundamente a ratificar al nefasto tratado en una histórica votación de 95 a cero; la única vez en la historia de los EEUU en que una resolución fue votada *por unanimidad*.

La razón era simple: ratificando a Kioto el precio de los combustibles aumentaría más del 50%, y el precio de la electricidad casi se duplicaría. El costo para la economía americana se estimó en más de $400 mil millones de dólares al año, y las ganancias, según los asesores de Clinton serían insignificantes sin ninguna reducción en las temperaturas globales.

---

[14] "The Kyoto conspiracy: How Enron hyped global warming to profit," Ken Ring, *Investigate*, Octubre 2005.

El fracaso de los planes de Enron le llevó a una quiebra fraudulenta, pero el sueño del recorte de emisiones de CO2 no ha muerto. La identidad de los jugadores puede haber cambiando, con varios directivos de Enron purgando penas de más de 25 años en la cárcel pero, lo mismo que el óxido, las Naciones Unidas, sus partidarios y las corporaciones de energía no duermen. La elección del presidente Obama, con su intención de implementar el proyecto Cap&Trade para reducir emisiones de carbono mediante gravosos impuestos y multas, demuestra que la idea de Enron/Gore sigue tan firme como en 1997.

Al Gore sigue esperanzado en que sus inversiones en compañías que negocian con los bonos de carbono finalmente le harán la persona más rica del mundo. Ha trabajado largo y duro en su sueño, y hasta consiguió que le otorgaran un Oscar a su documental y un Premio Nobel por haber "alertado" al mundo sobre el peligro del calentamiento global.

El Rol de los Medios

Salvo algunas publicaciones de aficionados y "bloggeros" en Internet, la industria del periodismo es un comercio y los profesionales que trabajan en ella lo hacen por un salario. El alimento que mantiene vivos a los medios de comunicación es la ***noticia catastrófica***. Los medios menos serios viven de los escándalos de la farándula y la alta sociedad. En los días que corren, el periodismo está vestido con ropajes "amarillos".

Los grupos de lobistas comprendieron hace mucho la importancia de estar en la lista de "expertos" que las redacciones de diarios contactan de manera regular para darle forma a los informes, artículos, editoriales, etc. Así pueden manipular a las agencias de noticias, revistas, diarios y televisoras para lograr la promoción de sus agendas.

Si un lobby puede presentar un mensaje aterrador, catastrófico, fácilmente digerible en pocos segundos por los crédulos lectores y los periodistas –la polución humana está enfermando al planeta, por ejemplo- y tienen a los expertos apropiados con los correspondientes títulos y diplomas universitarios en su currículum, entonces está asegurado que la industria basada en "las malas noticias venden", marche a todo vapor.

A los periodistas de "investigación" y a los investigadores de fraudes se les enseña a "seguir la ruta del dinero". El comportamiento humano está manejado en su mayor parte por la ganancia personal ya sea en dinero, notoriedad, o fama –que le ayudarán a conseguir más dinero. Y cuando hay enormes sumas del dinero público en juego, y decenas de millones de puestos trabajo sufren los avatares de leyes que el periodismo impulsa siguiendo recomendaciones u órdenes "de arriba", es importante comprobar la motivación de los lobbistas que son "expertos asesores" de las redacciones de diarios y canales de televisión, y la verdad que hay detrás de sus afirmaciones.

Por desgracia, la mayoría de las redacciones no hacen su trabajo como deberían. Creen que si descubren un interés financiero en el asunto, ese es el final de la historia. Por eso es que la mayoría de los escépticos han sido relegados a la categoría de "al servicio de la industria," o "pagados por los contaminadores," y otros calificativos y ello invalida de manera automática cualquier cosa que digan. Muchos científicos escépticos del cambio del clima han sido acusados de estar a la altura de quienes defendían a las compañías de tabaco porque tenían amigos en institutos que intentaban demostrar, por ejemplo, la falsedad del mito del *"fumador pasivo"* o fumador de *"segunda mano"*.

Es bueno apuntar a posibles conflictos de intereses, pero es absurdo suponer que es lo único que se necesita para desacreditar un argumento. Si fuese tan simple como eso, se podría comenzar a desvirtuar al miedo por el calentamiento global diciendo," El famoso creyente en el calentamiento global, James Hansen de la NASA, recibió $250.000 de intereses políticos para ayudarle a promover la creencia de público en el calentamiento global. ¿Sería eso el fin del asunto? No, porque debería primero probar dónde Hansen y sus seguidores están equivocados. Los escépticos tienen que lidiar con la descalificación *ad hominem* sin que se presenten los argumentos científicos para rebatir sus ideas.

Los medios de prensa se atropellan para publicar y dar cámara a cualquier cosa que dice Greenpeace, pero Greenpeace no vende ciencia –sólo vende culpa. Hace y aumenta su fortuna exagerando o inventando casi inevitables Apocalipsis –si no hace la gente lo que ellos recomiendan: primero donar dinero para sus campañas "Salvemos al Planeta." Si Greenpeace tiene algún tipo de ciencia válida que le apoye, a los periodistas no les compete ni les interesa. Sólo la noticia alarmante que rendirá réditos en tiraje de ejemplares o elevará el ráting de la televisora.

En el caso del adagio *"seguir la ruta del dinero"* es importante reconocer que ambos bandos en el debate del clima tienen motivaciones financieras, pero la de los creyentes en el calentamiento global es mucho más grande. En la comunidad científica es conocido el chiste de *"No problema – no subsidio"*. En otras palabras, para seguir recibiendo el dinero para su investigación, los científicos tienen que seguir presentando problemas para los que hace falta más dinero para investigar y resolver. No hay científico en el mundo que recibiría dinero para investigar, *"el casi nulo efecto del CO2 en la variación de la temperatura del planeta."*

Por ejemplo, el famoso oceanógrafo Nils-Axel Mörner dijo en una entrevista con un periodista, *"Dan una interminable cantidad de dinero al lado que está de acuerdo con el IPCC. La Comunidad Europea", ha ido muy lejos en este asunto: Si usted quiere un subsidio para un proyecto de investigación en climatología, está **escrito en el documento** que debe hacerse foco en el calentamiento global. El resto de nosotros no conseguiremos ni una moneda allí, porque no estamos cumpliendo con sus expectativas. Eso es malo porque entonces uno comienza preguntando cuál es la respuesta que ellos quieren. Eso es lo que las dictaduras hicieron; las autocracias. Ellas demandaban que los científicos produjesen lo que a ellas les interesaba."*

Y si recordamos la historia de Trofim Lysenko, produciendo las teorías que Stalin quería para su propaganda de Rusia como gran productora de trigo y cereales, comprobamos la razón que Mörner tiene en su reproche a las autoridades.

Los íconos del alarmismo

Llegando al final de este libro y habiendo visto y analizado gran cantidad, pero no todos los elementos que forman parte del sistema climático y su interacción, sólo queda hacer un breve *racconto* de lo que son los íconos del alarmismo climático, sin entrar en muchos detalles, y emitiendo un veredicto sobre el actual status de los mismos.

Si mi opinión sobre el estado de la ciencia del clima y todo el asunto que gira alrededor del calentamiento global no le impresiona, o le parece que mis credenciales científicas no le convencen, entonces le presento la opinión de un académico cuya opinión podría merecer su atención.

Hace pocos días un profesor de leyes de la Universidad de Pennsylvania publicó un 'paper' con el título, *"Ciencia de Apoyo al Calentamiento Global: Un Examen Cruzado"* y está redactado por el Prof. Jason Scott Johnston del Joint Research Center del Law School del Wharton School, y el Department of Economics in the School of Arts and Sciences de la mencionada Universidad. El resumen de lo expresado en el estudio:[15] es que un examen entrecruzado de la ciencia del calentamiento global, llegó a la conclusión de que virtualmente todas las afirmaciones hechas por sus proponentes sobre el calentamiento global fracasan en sostener su posición ante un escrutinio.

Abstracto

La práctica académica legal ha llegado a aceptar como ciertos a varios pronunciamientos del Panel Intergubernamental del Cambio Climático (IPCC) y otros científicos que estuvieron activos en el movimiento para la reducción en las emisiones de gases de invernadero para combatir al calentamiento global. La única crítica que los académicos tuvieron de la historia contada por este grupo de científicos activistas –lo que puede ser llamado el establishment climático– es que es demasiado conservador al no prestar la suficiente atención al posible daño catastrófico de un potencialmente alto aumento de la temperatura.

Este 'paper' se aparta de dicha fe en el establishment climático comparando la imagen de la ciencia del clima presentada por el IPCC y otros científicos abogados del calentamiento global, con la literatura científica sobre el cambio climático editada con revisión de los pares. Una revisión de la literatura revisada por los pares revela una tendencia sistemática del establishment climático para enzarzase en técnicas retóricas que parecen sobrevender lo que actualmente se conoce sobre el cambio climático, mientras que se ocultan incertezas funda-

15 Jason Scott Johnston, 2010, "Global Warming Advocacy Science: A Cross Examination", Pennsylvania University, Research paper No. 10-08, http://www.probeinternational.org/UPennCross.pdf

mentales y preguntas abiertas relacionadas con los muchos procesos involucrados en el cambio climático.

Las preguntas abiertas fundamentales incluyen no sólo al tamaño sino también la dirección de los efectos de realimentación que son responsables por el bruto del aumento de la temperatura predicha como resultado del aumento de los gases invernadero: mientras que los modelos del clima presumen todos que tales efectos de realimentación son en balance fuertemente positivos, más y más 'papers' científicos con revisión de los pares parece sugerir que los efectos de realimentación podría ser pequeños o hasta negativos.

El examen entrecruzado conducido en este 'paper' revela muchas áreas adicional donde la literatura con revisión de los pares parecen estar en conflicto con el cuadro pintado por el establishment de la ciencia del clima, yendo desde la magnitud del aumento de las temperaturas de superficie durante el siglo 20 y su relación a las temperaturas del pasado; la posibilidad de una variabilidad inherente en el sistema climático no-lineal de la Tierra, y no el aumento en CO_2, podría explicar el calentamiento observado de la parte final del siglo 20; la habilidad de los modelos para explicar con rigor las temperaturas del pasado; y, finalmente, las dudas sustanciales sobre la validez metodológica de los modelos usados para hacer predicciones altamente publicitadas del impacto del calentamiento global, como la pérdida de especies.

En tanto que el establishment de la ciencia climática ha obnubilado y minimizado tales cuestiones e incertezas fundamentales en la ciencia climática, ha creado una extendidas erradas impresiones que tienen serias consecuencias para el óptimo diseño de las políticas. Tales impresiones erradas tienden de manera uniforme a apoyar el caso para una rápida y costosa descarbonización de la economía Americana sin embargo ellas caracterizan el trabajo de hasta los académicos legales más rigurosos.

Una visión más balanceada y sensata del estado de la ciencia del clima apoya más a las políticas más graduales y fácilmente reversibles en relación con la reducción de las emisiones de gases de invernadero, y también urgen a un redireccionamiento en la financiación pública de la ciencia climática alejada del continuado subsidio del refinamiento de los modelos computados en dirección a un aumento del gasto en el desarrollo de conjuntos de datos observacionales estandarizados contra los cuales se puedan cotejar a los actuales modelos del clima.

El profesor Johnston, que expresó sorpresa porque el caso del calentamiento global sea tan débil, examinó sistemáticamente las afirmaciones hechas en las publicaciones del IPCC y otros trabajos similares hechos por los principales científicos, y los comparó con lo que se encuentra en la literatura científica con 'peer review'. Encontró que el establishment climático no sigue el método científico. En vez de ello, *"parece ser en general comprender un esfuerzo para forzar de manera policíaca la evidencia a favor de una preferencia política predeterminada."*

Que es exactamente lo mismo que he venido afirmando y apoyando con evidencias desde el comienzo de este libro. Es redundante, pero necesario, seguir insistiendo en que las políticas que se pretenden imponer a través del miedo a la catástrofe climática, tiene sus raíces en lo expuesto en el capítulo La Política de Kioto, y que sus consecuencias serían verdaderamente penosas para la humanidad por dos razones que sobresalen: el colapso de las economías de los países industrializados y su dependencia de los países que como China, India, Brasil y Rusia no están obligados a las regulaciones de Kioto, y la pérdida de las libertades individuales fundamentales que surgen de la instauración de un Gobierno Único Mundial en manos de los que han ideado y llevado adelante este gigantesco fraude científico. Es nuestra obligación moral para con nuestros hijos y nietos hacer todo lo que esté a nuestro limitado alcance para impedir que este mundo Orwelliano se haga realidad.

Y no se olvide que este es el estado del debate sobre el cambio climático supuestamente causado por el hombre.

Hereje! ¿Se atreve usted a desafiar al
calentamiento global con **debate científico**?

www.ingramcontent.com/pod-product-compliance
Lightning Source LLC
Chambersburg PA
CBHW021541200526
45163CB00014B/440